高等职业教育“十三五”规划教材

计算机组装与维护

主　编　林　杰　陈中标　陈　辉
副主编　阿不来提·玉素甫　贾金岚　孙立珍
编　委　马雪山　倪　伟

電子工業出版社
Publishing House of Electronics Industry
北京·BEIJING

内 容 简 介

本书根据计算机组装与维护的主要操作内容和顺序，采用项目化的编排方式，以计算机组装与维护作为教学主项目，分设六个子项目。每个子项目再分为若干个学习任务。每个学习任务由“任务描述、任务分析、相关知识点、任务实施和总结提高”五个环节组成。依次介绍了计算机部件的识别与选购、硬件与软件的安装、性能测试、系统维护、外设使用的方法，以及计算机常见故障的处理技术。每个项目结尾附有练习题，供学生复习巩固之用。

根据高等职业教育“理论够用，重在实践”的教学原则，结合本课程特点，采取理论知识与实际操作紧密结合的方式，重点放在对基础知识和基本上机操作技能的讲解上，突出时效性、实用性、操作性，注重对学生创新能力、实践能力和自学能力的培养。内容选择得当，条理清晰，图文并茂，浅析易懂。

本书适合高职高专院校、高级技师学院信息类专业及其相近专业使用，也可供各类计算机短期培训班以及广大社会青年、DIY 爱好者自学参考。

图书在版编目（CIP）数据

计算机组装与维护 / 林杰，陈中标，陈辉主编. —北京：电子工业出版社，2017.8

ISBN 978-7-121-32567-0

Ⅰ. ①计… Ⅱ. ①林… ②陈… ③陈… Ⅲ. ①电子计算机－组装－高等学校－教材②计算机维护－高等学校－教材 Ⅳ. ①TP30

中国版本图书馆 CIP 数据核字（2017）第 209695 号

策划编辑：祁玉芹

责任编辑：张瑞喜

印　　刷：中国电影出版社印刷厂

装　　订：中国电影出版社印刷厂

出版发行：电子工业出版社

北京市海淀区万寿路 173 信箱　邮编　100036

开　　本：787×1092　1/16　印张：16　字数：389 千字

版　　次：2017 年 8 月第 1 版

印　　次：2021 年 3 月第 3 次印刷

定　　价：39.80 元

凡所购买电子工业出版社图书有缺损问题，请向购买书店调换。若书店售缺，请与本社发行部联系，联系及邮购电话：（010）88254888，88258888。

质量投诉请发邮件至 zlts@phei.com.cn，盗版侵权举报请发邮件至 dbqq@phei.com.cn。

本书咨询联系方式：394992521@qq.com。

前言 | Preface

计算机组装与维护是一门实践性很强的课程。无论对计算机类专业学生，还是对普通计算机用户来说，计算机部件的识别与选购、硬件与软件的安装、性能测试、系统维护、外设使用的方法、计算机常见故障的处理技术等都具有实用价值。

本书内容选择得当、条理清晰，图文并茂、通俗易懂，突出实用性、操作性。硬件规格收集至完稿时的最新系列，工具软件采用完稿时的最新版本，操作系统安装以 Windows 8 为例，采用最实用的 U 盘启动安装法，性能测试采用当前流行软件，非常适合学时在 32 至 54 课时的教学需要。

根据教改的需要，本书采用项目化方式编写，以便更好地组织教学。全书共分 6 个项目 20 个任务，各个项目的主要内容如下：

项目一：认识与选购计算机部件。主要介绍计算机各部件的外观特征、产品系列、性能指标，以及部件选购需要考虑的各个因素，如价格、品牌、参数、性价比及部件之间的搭配等。

项目二：拆装计算机。介绍台式机的拆装步骤、要领、注意事项、通电测试及开机故障排除等。

项目三：安装软件系统。介绍 BIOS 设置、硬盘分区格式化、U 盘启动盘制作、Windows 8 操作系统安装、驱动程序及应用软件安装。

项目四：测试计算机性能。介绍用多种软件来测试计算机主要部件参数、性能及整机性能。

项目五：系统维护。介绍计算机常用维护方法，如：病毒防治、系统备份与恢复、数据恢复、光盘刻录及故障排除等。

项目六：使用外设与网络。介绍音响、打印机、扫描仪安装与设置，路由器与网络配置。

本书由华南理工大学公共管理学院林杰、无锡科技职业学院陈中标、克拉玛依职业技术学院陈辉担任主编，克拉玛依职业技术学院阿不来提 • 玉素甫、江苏省扬州技师学院贾金岚、内蒙建筑职业技术学院孙立珍担任副主编，参与编写的还有克拉玛依职业技术学院马雪山、江苏省扬州技师学院倪伟老师。全书由林杰统稿审核。

由于编者水平有限，加之时间仓促，书中难免存在不足之处，敬请同行、专家和读者批评、指正，以便我们修订时改进。

为了使本书更好地服务于授课教师的教学，我们为本书配了教学讲义，期中、末考卷答案，拓展资源，教学案例演练，素材库，教学检测，案例库，PPT 课件和课后习题、答案。请使用本书作为教材授课的教师，如果需要本书的教学软件，可到华信教育资源网 www.hxedu.com.cn 下载。如有问题，可与我们联系，联系电话：(010)69730296、13331005816。

编　者

2017 年 7 月

目录 Contents

项目一　认识与选购计算机部件

在当今信息化时代，人们的学习、工作和生活都离不开计算机。计算机类专业学生必须对计算机有比较全面的了解，掌握计算机组装、维护及简单故障的排除方法，本课程就是为了达到这个目的而开设的。学习计算机组装与维护，首先要认识计算机硬件。通过拆装计算机，了解计算机硬件实体，进而学习计算机硬件知识，学会计算机软硬件维护的基本技能。

计算机部件是构成计算机硬件系统的实体，主要包括主板、CPU、内存、显卡、硬盘、光驱、显示器、键盘和鼠标等。认识计算机部件是攒机的第一步，也是正确选购和使用计算机部件的基础。由于计算机部件制造技术发展迅速，更新换代快，所以我们必须紧盯计算机硬件市场的变化，不断学习、研究涌现出的新技术、新产品。只有这样，才能把握计算机硬件市场行情，选购合适的部件，组装一台称心的计算机。

任务一　认识计算机部件

一、任务描述

在实训室里，观看各种不同的计算机部件，了解各个部件的结构与组成，学习各部件的性能指标、作用和使用方法。

二、任务分析

认识部件的目的是为了更好地使用和选购部件。通过观察部件，了解各部件的结构特点，学习各部件的性能指标、产品类别、使用方法，为选购部件和组装计算机做准备。

三、相关知识点

1. 微型计算机形式

本书所说的计算机（电脑）指的是微型计算机，也就是我们平时使用的计算机。随着科技的发展，计算机的形式变得多样化，如：台式机、笔记本电脑、一体机、平板电脑、智能手机等，如图 1-1-1 至图 1-1-5 所示。

图 1-1-1　台式机

图 1-1-2　一体机

图 1-1-3　笔记本电脑

图 1-1-4　平板电脑

图 1-1-5　智能手机

台式机最具高性能和高性价比。对性能要求较高的场合，如图形处理、设计、影视制作、大型游戏等都要使用台式机。台式机这种款式使用时间很长了，部件丰富，价格便宜，花不多的钱可以组装一台性能不错的计算机。台式机特别适合 DIY 爱好者，从组装硬件中感受到无限的乐趣。台式机的缺点是款式老化，占用空间较多，移动不方便。

笔记本电脑与台式机相比，最大的优点是便于携带，适合移动办公，另外，笔记本电脑自带电池，可以在没有电的情况下使用。现在笔记本电脑硬件性能在不断提高，与台式机的差距在减小，SSD 取代机械硬盘减轻了笔记本电脑的重量，厚度也越做越薄，外观设计越来越考究，名字也换成好听的超极本电脑了。

一体机是机箱和显示器合二为一，结构紧凑，减小了体积，方便摆放也少占空间，相比台式机更显得美观。由于一体机受到散热限制，内部难以放置高性能的部件，从而性能不如台式机。品牌一体机，价格贵，性价比低，适合追求外观美观的家庭使用以及一些对电脑性能要求不高的公共场合使用。

平板电脑携带方面更加出色，但应用方面限制较多，只适合上网、看电视、娱乐等方面。

智能手机虽然不能称为电脑，但完全具备计算机的属性，可以归入微型计算机门下，何况它是移动互联网终端的主力军。

2. 计算机硬件构成

以台式机为例，一台完整的计算机由机箱、键盘、鼠标、显示器、音箱等组成，机箱内部装有主板、CPU、内存、显卡、声卡、网卡、光驱、硬盘以及机箱电源等部件。按照功能来划分，计算机硬件系统由控制器、运算器、存储器、输入设备和输出设备组成。

（1） 机箱

机箱是安装计算机主要部件的场所，主板、硬盘、光驱、软驱及各种扩展卡都要安装于机箱内。同时，机箱也是各个部件的保护外壳，如图 1-1-6 所示。

图 1-1-6 机箱

（2） CPU

CPU 的英文全称为 Central Processing Unit，中文意思是中央处理器，如图 1-1-7 所示。CPU 是计算机最重要的部件，是计算机的运算核心和控制核心。CPU 档次的高低是衡量一台计算机档次高低的一个重要指标。历史上，人们把 CPU 的型号作为计算机名称的代名词，如 386、486、Pentium（奔腾）、酷睿计算机等。

图 1-1-7 CPU 正反面

（3） 内存

内存又叫做主存（Main Memory），全称是内部存储器（或主要存储器），由于其外观为条状，常称为内存条，如图 1-1-8 所示。内存是计算机存储器中的一种，也是非常重要和必不可少的一种记忆部件。它主要用于存放当前正在使用或随时都要使用的程序或数据。

图 1-1-8　内存条

（4）　主板

主板（Main Board）又叫做系统板（System Board）、母板（Mother Board），如图 1-1-9 所示。主板安装在机箱内，为其他部件提供支持和连接接口。主板是一块矩形多层印刷电路板，上有 CPU 插座、内存插槽、各类控制芯片、各种扩展槽、各类外部设备接口（如 SATA、IDE、USB、PS/2、VGA、COM 口等）。

（5）　显卡

显卡又叫做显示卡或显示适配器，如图 1-1-10 所示。显卡是 CPU 与显示器之间的接口电路。显卡的主要作用是将 CPU 传送过来的数据转换成显示器所能显示的格式，然后送到显示屏上将其显示出来。因此，显卡的好坏直接影响着画面显示质量。

图 1-1-9　主板

图 1-1-10　显卡

（6）　声卡

声卡是计算机中专门用来采集和播放声音的部件，如图 1-1-11 所示。有了声卡，计算机系统才可以连接各种“声源”，才能播放出动听的音乐。现在主板上都集成声卡，不必再另外配置独立声卡。

（7）　网卡

网卡也叫做网络适配器，如图 1-1-12 所示。网卡是计算机接入网络的设备，通过它，计算机之间才能交换数据、共享资源。如主板上集成网卡的话，无须配置独立网卡。

（8）　光驱

光盘驱动器简称光驱，如图 1-1-13 所示。光驱是一种利用激光技术存储信息的装置。光驱是多媒体计算机系统中一种不可缺少的硬件设备，需要与光盘配合使用。光盘是计算机系统中一种外部存储器载体，具有存储容量大、存储时间长的优点。

图 1-1-11 声卡

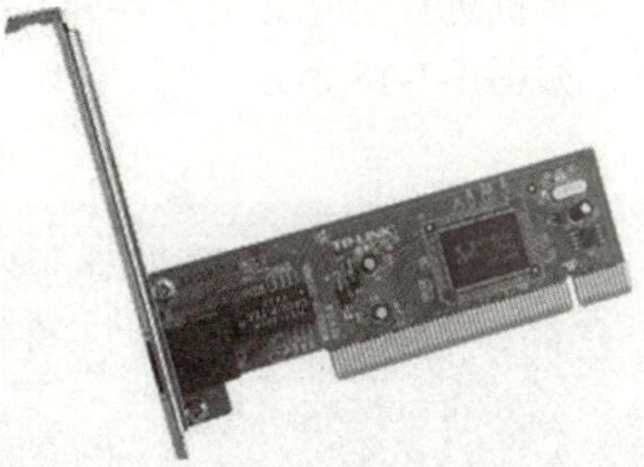

图 1-1-12 网卡

（9） 硬盘

硬盘是计算机系统中非常重要的存储器，如图 1-1-14 所示。硬盘因其盘片是金属质地硬而得名。硬盘主要用来存储各种类型的文件，可以长期保存数据。

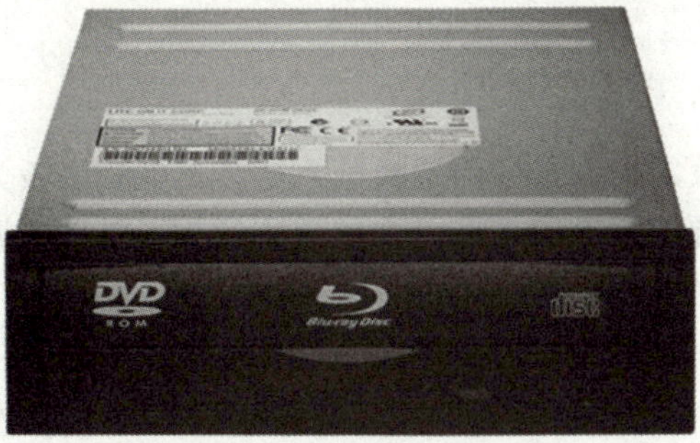

图 1-1-13 光驱

图 1-1-14 硬盘

（10） 电源

电源是将交流电转化为不同电压的直流电，供计算机各个部件使用，如图 1-1-15 所示。

（11） 显示器

显示器是计算机系统中不可缺少的输出设备。用户输入的信息、计算机处理的信息都要通过它显示出来，如图 1-1-16 所示。

图 1-1-15 电源

图 1-1-16 显示器

（12） 键鼠

键盘（Keyboard）和鼠标（Mouse）是计算机系统中最主要的两种输入设备。键盘是用户与计算机进行交互的主要媒介，如图 1-1-17 所示。鼠标是窗口式操作系统下使用的输入设备，如图 1-1-18 所示。

图 1-1-17　键盘

图 1-1-18　鼠标

四、任务实施

1. 认识主板

主板是安装在机箱内的一块矩形印刷电路板，一般采用四层板或六层板。低档主板为节省成本多为四层板：主信号层、接地层、电源层、次信号层。六层板则增加了辅助电源层和中信号层，因此，抗电磁干扰能力更强，也更加稳定。

计算机通过主板将 CPU、内存、显卡等部件连接在一起，是整个硬件系统的枢纽。主板对系统的稳定性、兼容性和整机性能的影响非常大，所以了解主板的结构、主要性能及选购方法，对于组装与维护计算机系统至关重要。

在主板表面，可以看到错落有致的电路布线，上面分布着精心设计的各个部件：CPU 插座、插槽、接口、芯片等，还有密密麻麻的电阻、电容、电感等元件，如图 1-1-19 所示。

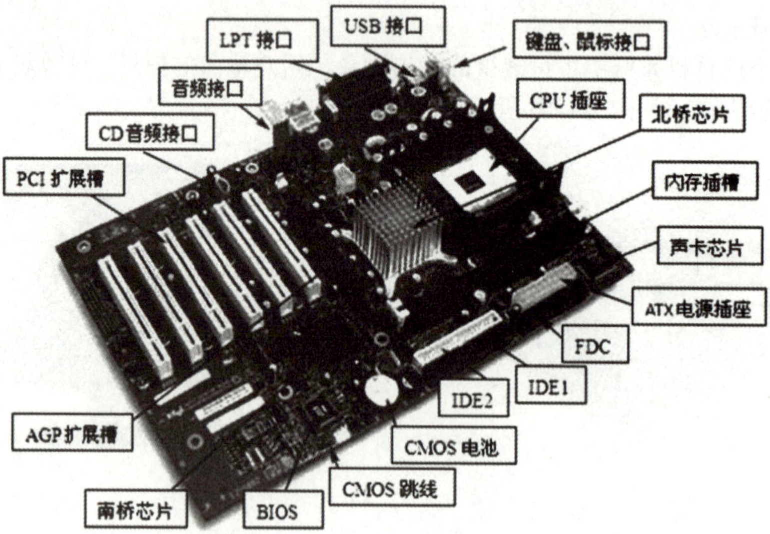

图 1-1-19　主板的组成

下面逐一介绍主板上的各个部件。

（1） CPU 插座

CPU 插座是主板上安装 CPU 的地方。一般一块主板只有一个 CPU 插座。目前 CPU 插座有两种：Intel 的触须式 LGA（Land Grid Array）架构和 AMD 的针孔式 PGA 架构，对应的 CPU 封装分别为触点式和针脚式。从外观上看，Intel 的 CPU 插座采用金属结构，AMD 则为塑料结构，如图 1-1-20 所示。CPU 接口形式众多，只有当 CPU 的类型与主板的 CPU 插座类型相一致时，才能安装。

图 1-1-20　CPU 插座

（2） 芯片组

芯片组（Chipset）是主板的核心组成部分，起着协调和控制数据在 CPU、内存和各个部件之间传输的作用。主板所采用的芯片组型号往往决定了主板的主要性能，如主板所支持的 CPU 类型与最高工作频率、内存类型与最大容量、扩展槽的种类和数量等。所以常常把采用某某芯片组的主板称为某某主板（如采用 Intel X79 芯片组的主板称为 X79 主板）。目前常见芯片组的生产厂商只剩两家：Intel 和 AMD。人们常将采用 Intel 芯片组的主板，称为 Intel 平台；采用 AMD 芯片组的主板，称为 AMD 平台。值得注意的是，Intel 的芯片组只支持 Intel 的 CPU；AMD 的芯片组只支持 AMD 的 CPU。

老的主板芯片组由 2 颗组成，根据芯片在主板上所处的位置不同，通常称为北桥芯片和南桥芯片，如图 1-1-21 所示。北桥芯片位置与 CPU 插座、内存插槽近，南桥芯片离 CPU 插座远，与 I/O 接口、扩展槽近。北桥芯片提供对 CPU 的类型和主频、内存的类型和最大容量、AGP 插槽、ECC 纠错等支持，其管理的是计算机中的高速设备部分。南桥芯片则提供对 KBC（键盘控制器）、RTC（实时时钟控制器）、USB（通用串行总线）、IDE 数据传输方式和 ACPI（高级能源管理）等的支持，其管理的是计算机中的低速设备部分。在双芯片组形式中，北桥芯片起着主导性作用，也称为主桥（Host Bridge）。

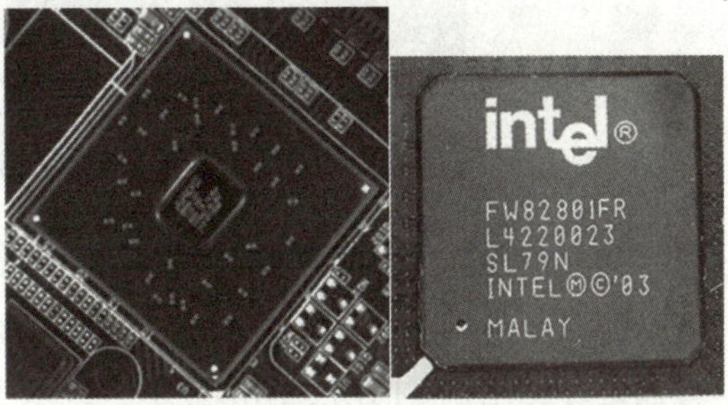

图 1-1-21　主板芯片组

近年来，随着微电子技术的发展，CPU 制作工艺的提高，把原本属于北桥芯片的功能部分也制作到 CPU 芯片内，主板上只剩下一个芯片，称为单芯片组，位于原南桥芯片的位置上。

（3） 内存插槽

内存插槽是安装内存条的地方，外观为条形结构，一般在 CPU 插座附近，非常容易识别，如图 1-1-22 所示。一般主板上有 2 条以上内存插槽，如果只安装一条内存条，可以插在任意一条内存插槽上，如果安装 2 条内存条构成双通道，则插在相同颜色的插槽上。目前内存插槽都是 DIMM 类型，但内存条类型有 DDR4、DDR3、DDR2、DDR 等，它们长度一样，但缺口位置不同，工作电压不同，不能混插。

图 1-1-22 内存插槽

（4） 显卡插槽

显卡插槽是插独立显卡的地方。大部分主板都集成显卡功能，所以无须插显卡就能输出图像信号，如果主板不集成显卡功能，就必须插块显卡才能工作。目前最新显卡插槽类型为 PCI-E3.0x16，老式的主板上是 AGP 插槽，如图 1-1-23 所示。从外观上看，PCI-Ex16 插槽长，AGP 短，AGP 插槽通常是棕色的。

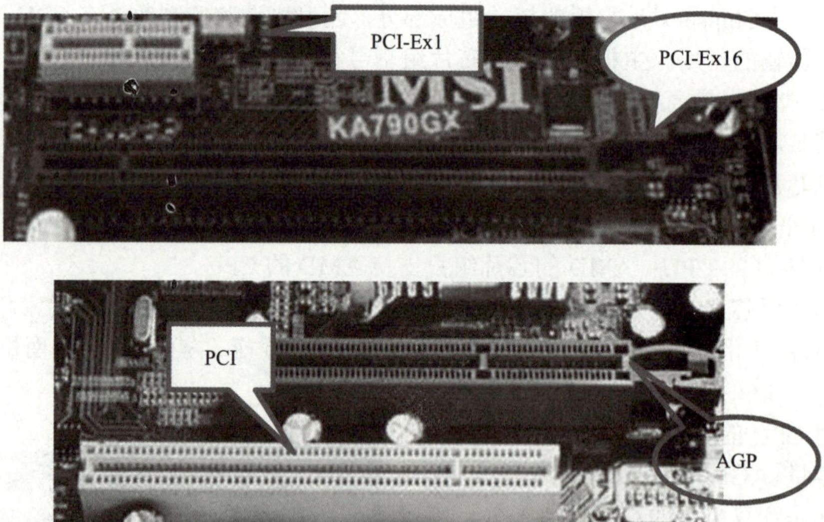

图 1-1-23 扩展槽

AGP（Accelerated Graphics Port）是在 PCI 总线基础上发展起来的，主要针对图形显示方面进行优化，专门用于图形显示卡。AGP 标准从最初的 AGP 1.0、AGP2.0，发展到最后的 AGP 3.0，如果按倍速来区分的话，主要经历了 AGP 1X、AGP 2X、AGP 4X、AGP 8X。

随着显卡速度的提高，AGP 插槽已不能满足显卡传输数据速率的要求，淘汰是必然的，取代它的是 PCI Express 插槽。PCI-Express 是最新的总线和接口标准，是由 Intel 提出的，目前已发展到 3.0。PCI Express 有多种规格，从 PCI Express X1 到 PCI Express X16，最终目的是实现总线标准的统一。它的主要优势就是数据传输速率高，PCI-E3.0 X16 双向传输速率达到惊人的 32GB/s，远大于 AGP 的最大速率 2132MB/s。目前，PCI-E 已完全取代 AGP，新主板上再也没有 AGP 的影子。

AGP 插槽的数据传输率见表 1-1-1，PCI-E 插槽的数据传输率见表 1-1-2。

表 1-1-1　AGP 插槽的数据传输率

	AGP1.0		AGP 2.0	AGP 3.0
	AGP 1X	AGP 2X	AGP 4X	AGP 8X
工作频率	66MHz	66MHz	66MHz	66MHz
传输带宽	266MB/s	533MB/s	1066MB/s	2132MB/s
工作电压	3.3V	3.3V	1.5V	1.5V
单信号触发次数	1	2	4	4
数据传输位宽	32Bit	32Bit	32Bit	32Bit
触发信号频率	66MHz	66MHz	133MHz	266MHz

表 1-1-2　PCI-E 插槽的数据传输率

插槽名称	工作频率	最大数据传输率	
		单向	双向
PCI -E1.0 X1	2.5GT/S	250MB/s	500MB/s
PCI- E1.0 X2	2.5GT/S	500MB/s	1GB/s
PCI- E1.0 X4	2.5GT/S	1GB/s	2GB/s
PCI- E1.0 X8	2.5GT/S	2GB/s	4GB/s
PCI- E1.0 X16	2.5GT/S	4GB/s	8GB/s
PCI -E2.0 X1	5GT/S	500MB/s	1GB/s
PCI- E2.0 X2	5GT/S	1GB/s	2GB/s
PCI- E2.0 X4	5GT/S	2GB/s	4GB/s
PCI- E2.0 X8	5GT/S	4GB/s	8GB/s
PCI- E2.0 X16	5GT/S	8GB/s	16GB/s
PCI -E3.0 X1	8GT/S	1GB/s	2GB/s
PCI- E3.0 X2	8GT/S	2GB/s	4GB/s
PCI- E3.0 X4	8GT/S	4GB/s	8GB/s
PCI- E3.0 X8	8GT/S	8GB/s	16GB/s
PCI- E3.0 X16	8GT/S	16GB/s	32GB/s

（5） I/O 扩展槽

主板的 I/O 扩展槽是用于扩展计算机功能的插槽，其他设备通过相应插卡将其连接到系统总线上，实现与计算机的连接。例如，不满意主板集成显卡的性能，可以添加独立显卡来增强显示性能；不满意板载声卡的音质，可以添加独立声卡来增强音效；没有集成网卡的主板，插上一块独立网卡就可以连接网络；插上一块电视卡就可以收看电视节目等。目前主板上主流扩展槽是 PCI-Ex1 插槽，部分主板仍保留 PCI 插槽，以适应数量众多的 PCI 接口卡。

PCI 插槽是基于 PCI 局部总线(Peripheral Component Interconnect，周边元件扩展接口)的扩展插槽，其颜色一般为乳白色。最早推出的 PCI 总线工作在 33MHz 频率之下，传输带宽达到 133MB/s（33MHz * 32bit/s），基本上满足了当时处理器的发展需要。1993 年又推出了 64bit 的 PCI 总线，后来又把 PCI 总线的频率提升到 66MHz。可以插声卡、网卡、内置 Modem、内置 ADSL Modem、IEEE1394 卡、IDE 接口卡、RAID 卡、电视卡、视频采集卡以及其他种类繁多的扩展卡，曾经是名副其实的“万用”插槽，但目前基本被 PCI Ex1 插槽取代。PCI 插槽的数据传输率见表 1-1-3。

表 1-1-3　PCI 插槽的数据传输率

标　准	位　数	时　钟	传输速率（双向）
PCI 2.3	32Bit	33MHz	133MB/s
PCI 2.3	32Bit	66MHz	266MB/s
PCI 64	64Bit	33MHz	266MB/s
PCI 64	64Bit	66MHz	533MB/s

（6）　硬盘（光驱）接口

目前主板上的硬盘（光驱）接口为 SATA 接口，取代老旧的 IDE 接口，如图 1-1-24 所示。SATA 即 Serial ATA，采用串行 ATA 传输方式，与并行 ATA 传输方式相比，SATA 接口传输速率更快。SATA 1.0 为 150MB/s，SATA 2.0 为 300MB/s，SATA 3.0 为 600MB/s。SATA 接口非常小巧，排线也很细，支持热插拔。

IDE 是 Integrated Device Electronics 的缩写，中文意思为集成设备电子部件，又叫 PATA 接口（并行口）。IDE 接口形状为长方形，内有 39 针，不支持热插拔。IDE 的各种标准都具有向下兼容的特性，如 ATA100 就兼容 ATA33/66 标准。ATA66 及以上的 IDE 接口传输标准，都使用了 80 芯专门的 IDE 排线，比普通的 40 芯排线更能增加信号的稳定性。IDE 接口最后一个传输标准为 ATA133，传输速率为 133MB/s。

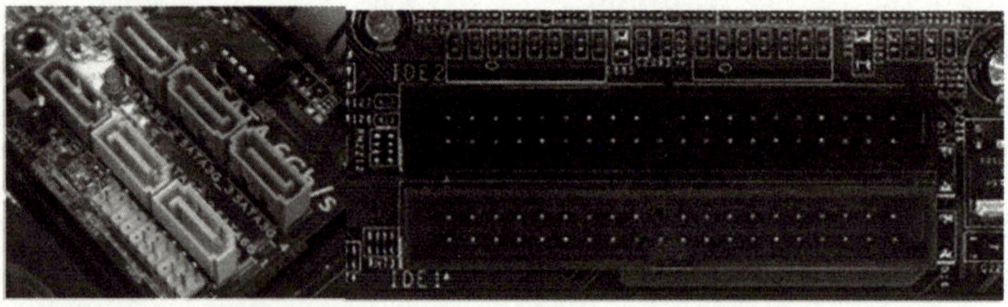

图 1-1-24　SATA 接口和 IDE 接口

（7）　I/O 接口

I/O 接口位于主板的侧面，主机箱的背面，用来连接显示器、键鼠、网线、音响及 USB 接口的设备等。不同主板的 I/O 接口有所不同，图 1-1-25 是常见的 I/O 接口，从左到右依次介绍如下。

图 1-1-25 I/O 接口

PS/2 接口：圆形 6 针孔，只能连接键盘、鼠标，主板上有 1～2 个 PS/2 接口。接键盘的为紫色，接鼠标的为绿色，若半边紫色半边绿色，则键盘和鼠标均可接。

USB 接口：是现在最为流行的接口，一块主板上有多个 USB 接口，理论上最多可以有 127 个，支持热插拔。USB 接口从主板上获得 500mA 的电流，为 USB 接口的设备供电。一个 USB 接口由四芯电缆连接，其中两条是电源线，另外两条是数据传输线。目前主板上 USB 接口有 2 种传输速率，USB2.0 标准最高传输速率为 480Mb/s，USB3.0 标准最高传输速率达到 5Gb/s，是 USB2.0 的 10 倍，USB3.0 接口中间的塑料片为蓝色。

连接显示器的接口类型有：DisplayPort、HDMI、VGA、DVI。

HDMI（High Definition Multimedia Interface，高清晰度多媒体接口）是一种数字化视频/音频接口，是影像传输的专用型数字化接口，可以同时传送音频和影像信号，最高数据传输速率为 10.2Gb/s。同时无须在信号传送前进行数/模或者模/数转换，广泛应用于视频设备和计算机中。

DisplayPort 是一种高清数字显示接口标准，可以连接电脑和显示器，也可以连接电脑和家庭影院，DisplayPort 1.1 最大支持 10.8Gb/S 的传输带宽。和 HDMI 一样，DisplayPort 也允许音频与视频信号共用一条线缆传输，支持多种高质量数字音频。但比 HDMI 更先进的是，DisplayPort 在一条线缆上还可实现更多的功能。在四条主传输通道之外，DisplayPort 还提供了一条功能强大的辅助通道。该辅助通道的传输带宽为 1Mb/s，最高延迟仅为 500μs，可以直接作为语音、视频等低带宽数据的传输通道，另外也可用于无延迟的游戏控制。

VGA（Video Graphics Array）接口，也叫 D-Sub 接口，上面有 15 个针孔，分成三排，每排五个。VGA 接口输出的是模拟信号，而计算机内部以数字方式生成的图像信息，需要显卡中的数/模转换器将数字信息转变为 R、G、B 三原色信号和行、场同步信号，通过电缆传输到显示设备中。对于模拟显示设备，如模拟 CRT 显示器，信号被直接送到相应的处理电路，驱动控制显像管生成图像。对于 LCD 数字显示设备，显示设备中需配置相应的 A/D（模/数）转换器，将模拟信号重新转变为数字信号。在经过 D/A 和 A/D 两次转换后，不可避免地造成了一些图像细节的损失。在液晶显示器普遍使用的今天，VGA 接口处于淘汰边缘。

DVI（Digital Visual Interface）数字视频接口，目前的 DVI 接口分为两种，一种是 DVI-D 接口，只能接收数字信号，接口上只有 3 排 8 列共 24 个针脚，其中右上角的一个针脚为空，不兼容模拟信号；另外一种则是 DVI-I 接口，可同时兼容模拟和数字信号，目前应用主要以 DVI-D 为主。DVI 传输的是数字信号，数字图像信息不需要经过任何转换，就会直接被传送到显示设备上，因此减少了数字→模拟→数字烦琐的转换过程，节省了时间，因此它的速度更快，能有效消除拖影现象，而且使用 DVI 进行数据传输，信号没有衰减，色彩更纯净，更逼真。DVI 接口在主板中普遍采用。

e-SATA 接口：全称是 External Serial ATA（外部串行 ATA），它是 SATA 接口的外部扩展规范。换言之，e-SATA 就是“外置”版的 SATA，它是用来连接外部而非内部 SATA 设备的。拥有 e-SATA 接口，可以轻松地将 SATA 硬盘与主板的 eSATA 接口连接，而不用打开机箱。相对于 SATA 接口来说，e-SATA 在硬件规格上有些变化，数据线接口连接处加装了金属弹片来保证物理连接的牢固性。

网线接口：用于连接计算机网络，常用的是 RJ-45 接口，这主要得益于双绞线以太网应用的普及。在网卡上还自带两个状态批示灯，通过这两个指示灯颜色可初步判断网卡的工作状态。

音频接口：常见的为 3 个一组或 6 个一组圆孔，并以不同颜色区分。音频接口传输的是模拟信号，可以直接连接耳机、音箱等设备实现音频播放。目前主板上的音频接口主要有 5.1 声道和 7.1 声道两种。

（8） 电源接口

主板、显卡、CPU 通过电源接口获得供电。主板上电源接口有：主板主供电电源接口、显卡供电电源接口、CPU 专用供电电源接口。目前，主板供电插孔为 24 孔，显卡供电插孔为 6 孔或 8 孔，CPU 供电插孔为 4 孔或 8 孔，插孔外边有卡扣，如图 1-1-26 所示。电源插孔采用防呆设计，只能一种方向插入，故不必担心插错。

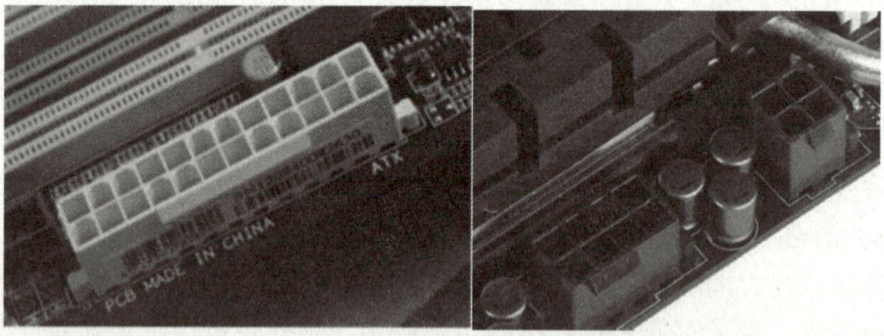

图 1-1-26 电源接口

（9） 面板线插针

面板线插针用来连接机箱面板上的按钮、指示灯、前置 USB 接口等，如图 1-1-27 所示。各插针的功能见表 1-1-4。

图 1-1-27 面板线插针

表 1-1-4 面板线功能

插针标注	含义及用途
HDD LED	硬盘工作指示灯插针，该指示灯为红色，灯亮时表示硬盘正在读写
POWER LED	电源指示灯插针，该指示灯为绿色，灯亮时表示电源接通
RESET	复位插针，用于重新启动计算机
POWER SWITH	电源开关插针，用于开关计算机
SPEAKER	蜂鸣器插针，当计算机异常时会发出报警声
FUSB	用来连接面板上的 USB 接口，一般 2 个 USB 接口为一组

（10） 电池与 CMOS 跳线

电池是关机后用来给主板上某些部件供电，比如 CMOS 和时钟。CMOS 中存储的数据失电后会丢失，时钟失电后停止工作从而引起时钟不准。目前主板均采用纽扣电池，电压为 3V，使用寿命为 5 年左右，当发现计算机的时钟不准确时，就得换电池了。电池附近有一个 CMOS 跳线，如图 1-1-28 所示。跳线有 3 个针，平时将跳线帽套在 1～2 针上，若将跳线帽套在 2～3 针上，可以清除存储在 CMOS 里的数据。

（11） 其他主板芯片

BIOS 芯片：是一种闪存芯片（Flash ROM），有 8 个引脚，如图 1-1-29 所示。它具有只读特性，即正常情况下，只能读出数据，不能写入，关机后里面的数据也不会丢失。BIOS 芯片里面写入了 BIOS（Basic Input/Output System，基本输入输出系统）、自诊断程序、CMOS 设置程序、系统自举程序等。我们开启计算机时，首先运行的就是 BIOS 芯片里面的程序，开机后系统自检和初始化，然后将操作系统装入内存并运行。BIOS 对计算机硬件系统提供最低级的、最直接的控制。

图 1-1-28 电池与 CMOS 跳线

图 1-1-29 BIOS 芯片

I/O 芯片：是为计算机用户提供一系列输入输出接口，比如用于连接键盘、鼠标的 PS/2 口。目前 I/O 芯片还负责对硬件进行监控，比如对硬件健康状况、风扇转速、CPU 核心电压与温度等进行检测，这样，我们可以在 BIOS 信息里或通过其他软件看到计算机硬件方面的工作状态和工作情况。目前主板上常见的 I/O 芯片是联阳公司的产品，编号为：IT87***，如图 1-1-30 所示。

桥接芯片：是将一种接口标准转换为另一种接口标准。比如，Intel 自 6 系列芯片组开始，不再对 PCI 插槽提供支持，而主板厂商为了照顾 PCI 接口的板卡能在新主板上继续使用，保留了 PCI 插槽，就必须使用第三方提供的桥接芯片，将 PCI-Ex1 转化为 PCI。图 1-1-31 就是 PCI-Ex1 转化为 PCI 的桥接芯片。

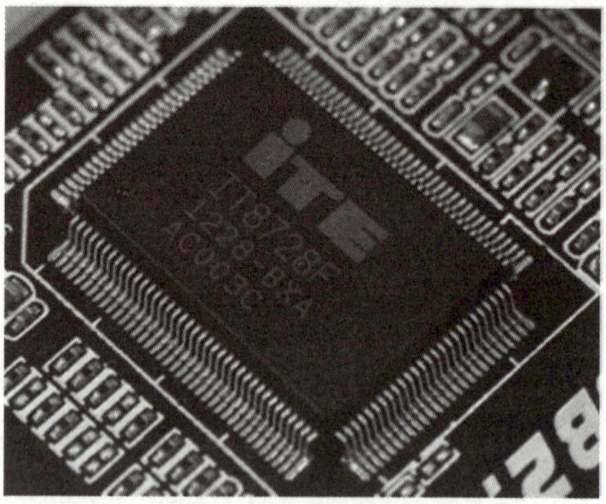

图 1-1-30　I/O 芯片

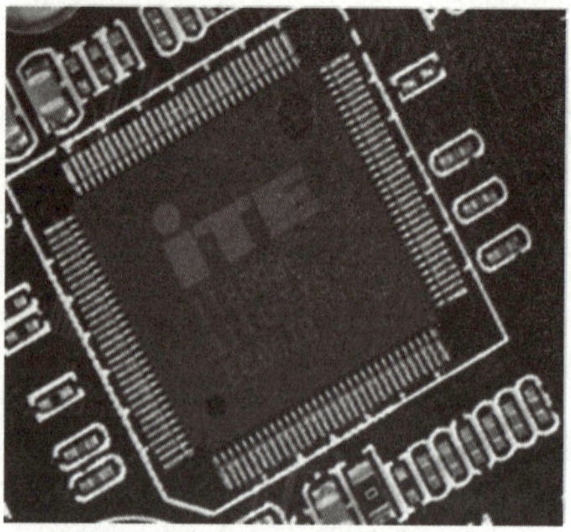

图 1-1-31　桥接芯片

网卡芯片：提供连接网络服务。目前主板上均有网卡芯片，与之对应，在主板的背板上也有相应的网卡接口（RJ-45）。网卡芯片用得最多的是 Realtek 的产品，RTL8111C 是千兆网卡芯片，如图 1-1-32 所示。

音效芯片：用来处理声音信号。图 1-1-33 是 Realtek 公司的产品：ALC888。它是高性能 7.1 +2 声道高清晰音频编解码器，支持 7.1 声音播放，加上 2 路独立的立体声输出，集成双立体声 ADC，支持立体声麦克风和声学回声消除及噪声抑制技术。

图 1-1-32　网卡芯片

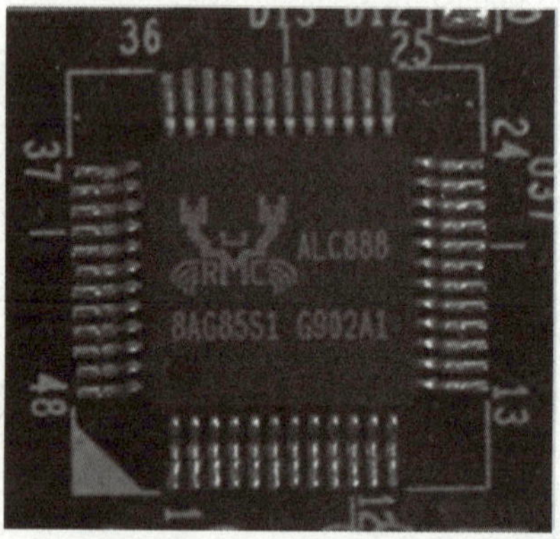

图 1-1-33　音效芯片

2. 认识 CPU

CPU 是计算机硬件系统的核心部件，在很大程度上决定了计算机的性能。目前消费市场上只有 Intel 和 AMD 生产的 CPU。Intel 的 CPU 采用 LGA 封装，底面用触点取代针脚；AMD 的 CPU 仍然采用 PGA 封装，底面可以见到针脚，如图 1-1-34 所示。

（1） CPU 的结构与原理

CPU 是一块超大规模的集成电路部件，在一块纯净的单晶硅上采用光刻的方法制造出许多元件，目前 CPU 集成的晶体管数量已经超过 10 亿个，内部结构极其复杂，按功能分为运算器、寄存器、控制器以及缓存（Cache memory）等。运算器由算术逻辑单元（ALU）、累加寄存器、数据缓冲寄存器和状态条件寄存器组成，它是数据加工处理部件，完成计算机的各种算术和逻辑运算。控制器由程序计数器、指令寄存器、指令译码器、时序产生器和操作控制器组成。它是计算机指挥系统，完成计算机的指挥工作。缓存是 CPU 内部的高速存储器，用来存储即将要执行的指令与数据，其作用是提高 CPU 的使用效率。目前 CPU 缓存由一级缓存、二级缓存和三级缓存组成。

图 1-1-34　AMD CPU 的背面与底面

随着 CPU 制作工艺的提高，CPU 内部还集成内存控制器、图形核心等。图 1-1-35 是 Intel 酷睿 i 系列四代智能处理器核心架构图。

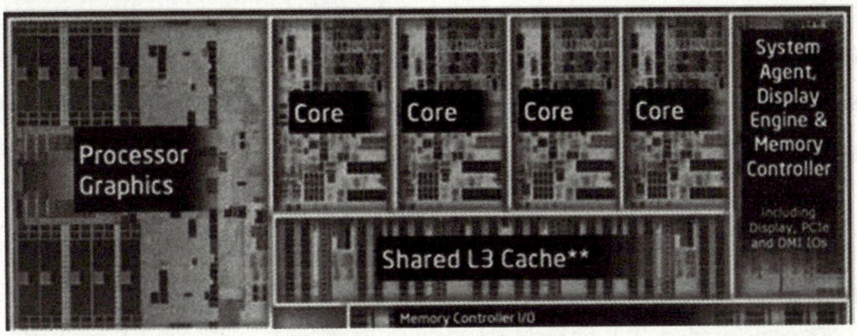

图 1-1-35　Haswell 内部架构

CPU 的工作过程就是一步一步执行指令的过程。现代计算机都是按照冯·诺伊曼提出的“存储程序，程序控制”的思想设计制造的。即计算机运行一个程序，先把程序读入内存，然后执行程序。CPU 的工作过程可分为四个阶段：取指令、分析指令、执行指令和回写。

（2） CPU 的主要性能指标

主频：反映 CPU 的运算速率，是 CPU 内核（整数和浮点运算器）电路的实际运行频率，英文全拼为 CPU Clock Speed，单位是 GHz（吉赫）。主频越高，CPU 在一个时钟周期里所能完成的指令条数也就越多，CPU 的运算速率也就越快。CPU 主频与 CPU 的外频和倍频有关：

主频＝外频×倍频

外频是 CPU 的基准频率，单位是 MHz。CPU 外频也就是常说的 CPU 总线频率，是主板为 CPU 提供的基准时钟频率。倍频是指 CPU 外频与主频相差的倍数。例如一块外频为 100MHz、倍频为 38 的 CPU，其主频为：

100MHz×38＝3.8GHz

核心数：CPU 内包含的核心个数。CPU 主频的提高造成 CPU 功耗大大增加，所以一味地追求高主频是不现实的，通过增加核心个数，同样能提高 CPU 的性能。一般来讲，核心个数多，性能强。目前市场上，Intel 最新 Haswell-ECPU 最多核心数达到 8 个，AMD FX 系列 CPU 最多核心数也为 8 个。

CPU 的字长：是指 CPU 一次执行指令的数据位宽。CPU 在核心数和主频一定的前提下，每次执行的数据位数越多，单位时间内处理的数据越多，计算机运行就越快。CPU 的字长经历了最初的 4 位、8 位，到 16 位、32 位，目前 CPU 的字长都是 64 位。32 位 CPU 的最大寻址空间为 4GB，使得很多需要大容量内存的大规模的数据处理程序会显得捉襟见肘，成为运行效率的瓶颈。64 位的 CPU 在理论上可以达到 1670 多万个 TB（1TB=1024GB），彻底解决了 32 位计算系统所遇到的瓶颈现象。

缓存：缓存大小对 CPU 性能影响很大。CPU 工作时，往往需要重复读取同样的数据块，而缓存容量的增大，可以大幅度提高 CPU 内部读取数据的命中率，从而不用到速度相对较慢的内存或者硬盘上寻找，因而提高了系统性能。如果 CPU 只有二级缓存，则第二级缓存大小是重要指标；如果有三级缓存，则第三级缓存大小是重要指标。CPU 各级缓存容量大小大致范围：L1：16～128KB，L2：256KB～8MB，L3：2～15MB。

制作工艺：反应 CPU 制造技术的精细程度，用多少纳米来表示。制作工艺的趋势是向高密集度的方向发展。密集度愈高的集成电路设计，意味着在同样大小面积的芯片中，可以拥有密度更高、功能更复杂的电路设计。制作工艺的提高使晶体管电路大为缩小，能耗越来越低，CPU 也就越来越省电，这样可以极大地提高 CPU 的集成度和工作频率。目前 Intel 的 CPU 达到 22 纳米，未来向 14 纳米、10 纳米发展；AMD 的 CPU 达到 28 纳米。

指令集：CPU 用来计算和控制计算机系统的一套指令的集合，每一种新型 CPU 在设计时就规定了一系列与其他硬件电路相配合的指令系统。而指令集的先进与否，关系到 CPU 的性能发挥，它也是 CPU 性能体现的一个重要标志。指令集可分为扩展指令集和精简指令集两部分，如 Intel 的 MMX，SSE（1，2，3，3S，4.1，4.2），EM64T，VT-x，AES，AVX 和 AMD 的 x86-64，AMD-V，AES 等都是 CPU 的扩展指令集。

（3） CPU 编号

CPU 编号是由刻制或印刷在 CPU 背面的若干字母数字构成的，用来标识 CPU 的型号、主要参数、生产日期、产地等信息，通过对 CPU 编号的解读，可以全面了解 CPU 的参数，还可根据 CPU 编号查询 CPU 的真实身份。图 1-1-36 是 Intel（左）和 AMD（右）的 CPU 编号。

图 1-1-36 CPU 的编号

3. 认识内存

内存是内存储器的简称，又称主存储器（主存），是计算机核心部件之一，对计算机的整体性能影响很大。内存与 CPU 直接连通，存放当前正在使用的程序和数据，一旦关闭电源或断电，其中的程序和数据就会丢失。内存的最小存储单元是位（bit），8 位是一个字节（Byte）。内存容量以 MB 或 GB 为单位。与内存相对应的是外存，诸如硬盘、光盘、固态硬盘、U 盘等。外存能长期保存信息，并且不依赖于供电来保存信息，但读写速率与内存相比要慢得多。

（1） 内存的结构

内存外观为长条状，故称内存条，在一条多层电路板上由焊接多颗内存芯片（颗粒）组成，如图 1-1-37 所示。

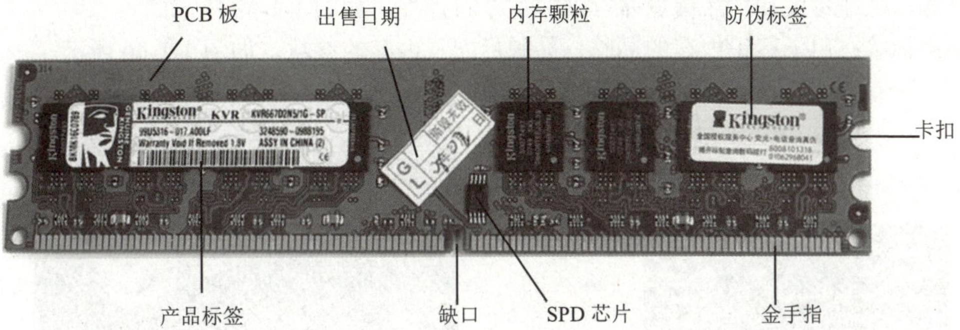

图 1-1-37 内存的结构

PCB 板：多为绿色，4 层或 6 层的电路板，内部有金属布线，6 层设计要比 4 层的电气性能好，性能更稳定，名牌内存条大多采用 6 层设计。

内存颗粒：是内存条存储数据的地方，一般由 8 颗组成，双面为 16 颗。中间预留的一个内存芯片位置，是一个 ECC 校验模块位置。内存颗粒的质量直接关系到内存条的性能，所以名牌内存均采用大厂生产的内存颗粒。常见内存颗粒有：镁光、三星、海力士、奇梦达、尔必达、光威、南亚、华亿等，如图 1-1-38 所示。

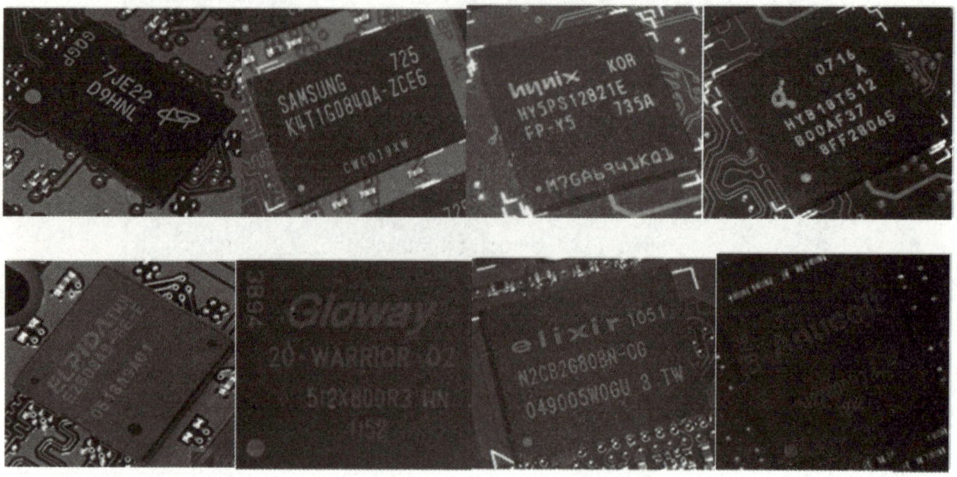

图 1-1-38　内存颗粒品牌

金手指：金黄色的触点，通过它与主板上的内存插槽触点相连接，数据通过“金手指”传输。金手指表面镀金，以增加导电性能。

内存缺口：属于防呆设计，不同类型内存条缺口位置不同，对应的内存插槽上突起的位置也不同，以防止插错。DDR、DDR2、DDR3 内存只有一个缺口，以前 SDRAM 内存有两个缺口。

内存卡口：内存插到主板上的内存插槽后，插槽两端的两个夹子便扣入该缺口，固定内存条。

SPD：是一个八脚的小芯片，实际上是一个 EEPROM，可擦写存储器。内存的容量、组成结构、性能参数和厂家信息就存储在这个芯片里，如图 1-1-39 所示。

品牌标签：用于标识内存的品牌、品牌标志及内存的参数，如图 1-1-40 所示。

图 1-1-39　SPD 芯片

图 1-1-40　品牌标签

防伪标签：提供给用户验证产品真假的方法，一般通过拨打服务电话或发短信进行验证。

（2）　内存的分类

内存与其他计算机部件一样，一直在发展，最近 10 年来，内存经历了 SDRAM 内存、DDR SDRAM 内存、DDR2 SDRAM 内存、DDR3 SDRAM 内存以及最新上市的 DDR4 SDRAM 内存。内存的发展不仅在读写速率上越来越快，而且内存的容量也越来越大，目前单条内存已达到 8GB。

SDRAM 内存（Synchronous DRAM，同步动态随机存储器）：与系统总线速度同步，也就是与系统时钟同步，这样就避免了不必要的等待周期，减少数据存储时间。SDRAM 在时钟脉冲的上升沿传输数据，一个时钟周期内只传输一次数据。同步内存的外观特征是金手指上有 2 个缺口，如图 1-1-41 所示，工作电压为 3.3V，针脚数 168 个。

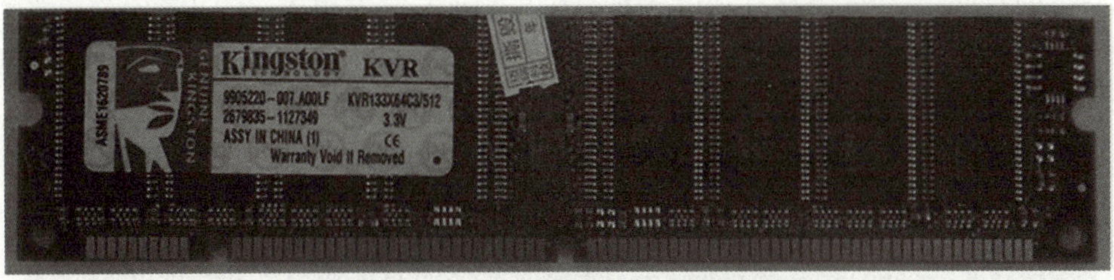

图 1-1-41　SDRAM 内存条

DDR SDRAM 内存（Double Data Rate SDRAM）：简称 DDR，是在 SDRAM 内存基础上发展而来的，DDR 内存在一个时钟周期内传输两次数据，它能够在时钟的上升沿和下降沿各传输一次数据，因此称为双倍速率同步动态随机存储器。DDR 内存可以在与 SDRAM 相同的总线频率下，达到更高的数据传输率。从外观上看，DDR 内存金手指上只有 1 个缺口，如图 1-1-42 所示，工作电压降为 2.5V，针脚数 184 个。

图 1-1-42　DDR 内存条

DDR2 SDRAM 内存：即第二代的 DDR 内存，也在时钟的上升/下降沿传输数据，DDR2 内存拥有两倍于 DDR 内存预读取能力（即：4bit 数据预读取）。换句话说，DDR2 内存每个时钟能够以 4 倍外部总线的速率读/写数据，并且能够以内部控制总线 4 倍的速率运行。此外，由于 DDR2 标准规定所有 DDR2 内存均采用 FBGA 封装形式，不同于以前的 TSOP/TSOP-II 封装形式，FBGA 封装提供了更为良好的电气性能与散热性。从外观上看，DDR2 内存金手指上也只有 1 个缺口，如图 1-1-43 所示，工作电压为 1.8V，针脚数 240 个。

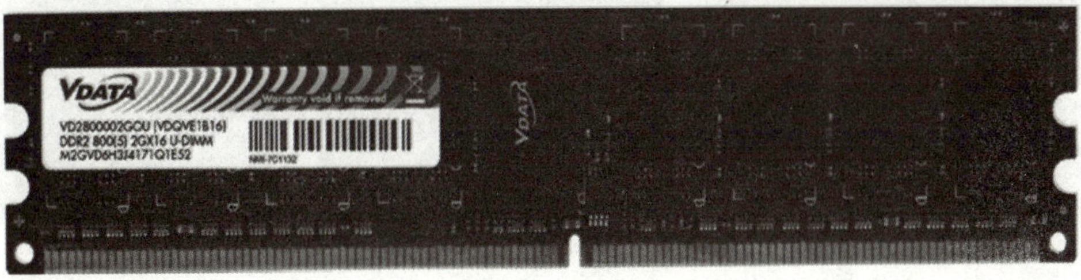

图 1-1-43　DDR2 内存条

DDR3 SDRAM 内存：即第三代的 DDR 内存，也在时钟的上升/下降沿传输数据，拥有 8bit 数据读预取，因此读写速率是 DDR2 内存的 2 倍。突发长度（BL，Burst Length）固定为 8，而 DDR2 和早期的 DDR 架构的系统，BL=4，DDR3 为此增加了一个 4-bit Burst Chop（突发突变）模式，即由一个 BL=4 的读取操作加上一个 BL=4 的写入操作来合成一个 BL=8 的数据突发传输，通过 A12 地址线来控制这一突发模式。DDR3 内存在达到高带宽的同时，其功耗反而可以降低，其核心工作电压从 DDR2 的 1.8V 降至 1.5V，DDR3 比 DDR2 节省 30%的功耗。DDR3 内存如图 1-1-44 所示，针脚数也是 240 个。

图 1-1-44　DDR3 内存条

DDR4 SDRAM 内存：全称为 Double-Data-Rate Fourth Generation Synchronous Dynamic Random Access Memory，简称 DDR4 SDRAM 或 DDR4 或 D4，是一种高带宽的计算机存储器规格。它属于 SDRAM 家族的存储器产品，提供了相较于 DDR3 SDRAM 更高的运行性能与更低的电压（1.2V）。

（3）　内存的封装

我们实际看到的内存颗粒并不是真正的内存芯片的大小和面貌，而是内存芯片经过打包即封装后的产品。内存芯片必须与外界隔离，以防止空气中的杂质对芯片电路的腐蚀而造成电学性能下降。这种内存芯片的打包方式就是我们通常所说的内存封装方式。内存封装方式主要有 TSOP、BGA、CSP 等。

TSOP：是 Thin Small Outline Package 的缩写，意思是薄型小尺寸封装。TSOP 内存是在芯片的周围做出引脚，采用 SMT 技术（表面安装技术）直接附着在 PCB 板的表面，如图 1-1-45 所示。

BGA：是 Ball Grid Array Package 的缩写，意思是球栅阵列封装，如图 1-1-46 所示。

CSP：是 Chip Scale Package 的缩写，是芯片级封装的意思，如图 1-1-47 所示。

图 1-1-45　TSOP 封装

图 1-1-46　BGA 封装

图 1-1-47　CSP 封装

（4） 内存的主要性能指标

内存的主要性能指标包括容量、工作频率、内存带宽、CL 延迟、工作电压等，下面做简单介绍。

内存容量：是指一条内存存储二进制数据的字节数，单位 GB。目前 DDR3 内存单条容量为 2GB、4GB、8GB。理论上讲，内存越大越好，但大容量内存能否发挥作用还得看操作系统，如 32 位 Windows 操作系统最大支持内存不超过 4GB，所以配置 4GB 以上内存实际上根本不起作用。另外，同样容量的内存，双通道内存性能优于单通道内存，如单条 4GB 内存性能不如两条 2GB 双通道内存。

工作频率：是指内存的数据传输频率，单位 MHz。频率越高，传输越快。比如 DDR3 内存工作频率有 1333MHz、1600MHz、1800MHz、2000MHz 等。需要注意的是，内存工作实际频率由主板决定。

内存带宽：是指内存的数据传输率，也就是内存一秒内传输的数据量。它是衡量内存性能的重要标准。内存带宽与内存频率密切相关，可用下式计算：

内存带宽=工作频率*内存数据总线位数/8

CL 延迟：是指内存纵向地址脉冲的反应时间。内存和 CPU 在数据传输前双方必须进行必要的通信，而这种操作就会造成传输的一定延迟时间。CL 延迟时间一定程度上反映出了该内存在接到读取数据的指令后，到正式开始读取数据所需的等待时间。CL 延迟时间用 CL 来表示，CL=3 表示内存在 CPU 接到读取指令后，到正式开始读取数据需等待 3 个时钟周期。

工作电压：内存正常工作所需要的电压值，不同类型的内存电压是不同的。SDRAM：3.3V、DDR：2.5V、DDR2：1.8V、DDR3：1.5V、DDR4：1.2V。电压越低功耗越小。

（5） 内存的标签

内存条上都有一张标签，列出了内存品牌、内存类型、技术参数等信息。不同的厂家标签写法各不相同，下面以金士顿内存标签为例说明各项含义。

金士顿内存的标签中有一串字符序列：KVR1333D3N9/8G，其含义如下：

KVR 表示 Kingston Value RAM 内存，指符合一般业界标准的内存；KHR 表示 Kingston HyperX RAM 内存，指专为玩家设计的高效能 DDR3 内存，能提供更高的频率，同时加装铝制散热片增强散热。

1333 表示内存的工作频率为 1333MHz。

D3 表示内存类型为 DDR3，若为 D2 则表示内存类型为 DDR2。

N 表示该内存没有 ECC 校验功能，若为 U 则也表示该内存没有 ECC 校验功能；若为 E 则表示该内存有 ECC 校验功能。

9 表示内存的 CL 延迟时间为 9 个时钟周期。

8G 表示内存的容量为 8GB。

4. 认识硬盘

硬盘作为计算机的外存储器，存放着操作系统、应用程序、用户重要数据，一旦损坏，将给用户带来巨大损失，所以用户一定要选一块高质量的硬盘。另外，由于硬盘的脆弱性，在使用计算机时，一定要注意保护好硬盘。

（1） 硬盘的结构

我们先看硬盘的外观，正反两面如图 1-1-48 所示。在硬盘的正面贴有标签，标签上有产品型号、产地、出厂日期、产品序列号等信息，而背面可见控制电路板。电路板由主轴调速电路、磁头驱动与伺服定位电路、读写电路、控制与接口电路等组成。目前电路板采用反面安装，即有元器件的一面在里边，起到保护电路板上元件的作用。在硬盘的一端有电源接口、跳线和数据线接口。电源接口与机箱电源相连接，为硬盘提供直流电压；数据接口是硬盘与主板控制芯片之间进行数据传输交换的通道，使用时用一根数据电缆将其与主板 SATA 接口或 IDE 接口或与其他控制适配器的接口相连接。在 IDE 接口的硬盘上，跳线主要用来设置主从盘，这在一条 IDE 数据线连接 2 个硬盘或光驱时才需要。

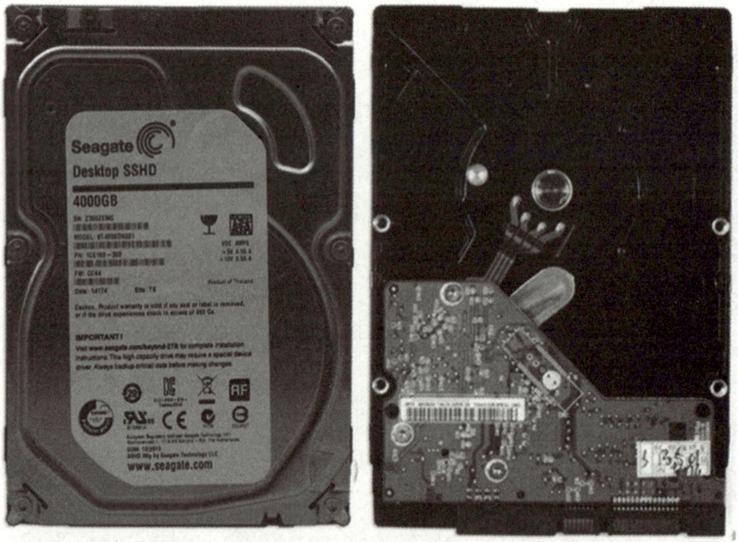

图 1-1-48　硬盘外观

下面我们来看硬盘的内部结构。打开硬盘金属盒，可以见到里面的盘片、主轴、主轴马达、磁头、磁头臂、音圈马达、永磁铁等部件，如图 1-1-49 所示。盘片是由金属制成的，故称硬盘。一个硬盘有一张或多张盘片，盘片之间是平行的，所有盘片都固定在同一个主轴上，由主轴马达带动高速旋转。盘片表面涂有一层磁性材料，数据就存储在这个磁层里。每张盘片上面有一个磁头，用来读写磁层里的数据。音圈马达可以来回转动，带动磁头臂转动，使磁头沿磁盘径向移动。拆下硬盘控制电路板，可以看到电路板正面上的硬盘主控芯片、马达控制芯片和缓存芯片。硬盘控制芯片主要负责数据的交换与处理，是硬盘的核心部件之一；硬盘缓存的作用是与硬盘内部进行数据交换，是实现硬盘数据“预处理”操作的芯片，以提高硬盘的数据传输率；马达控制芯片对主轴马达进行控制，使硬盘盘片保持一定的转速旋转。

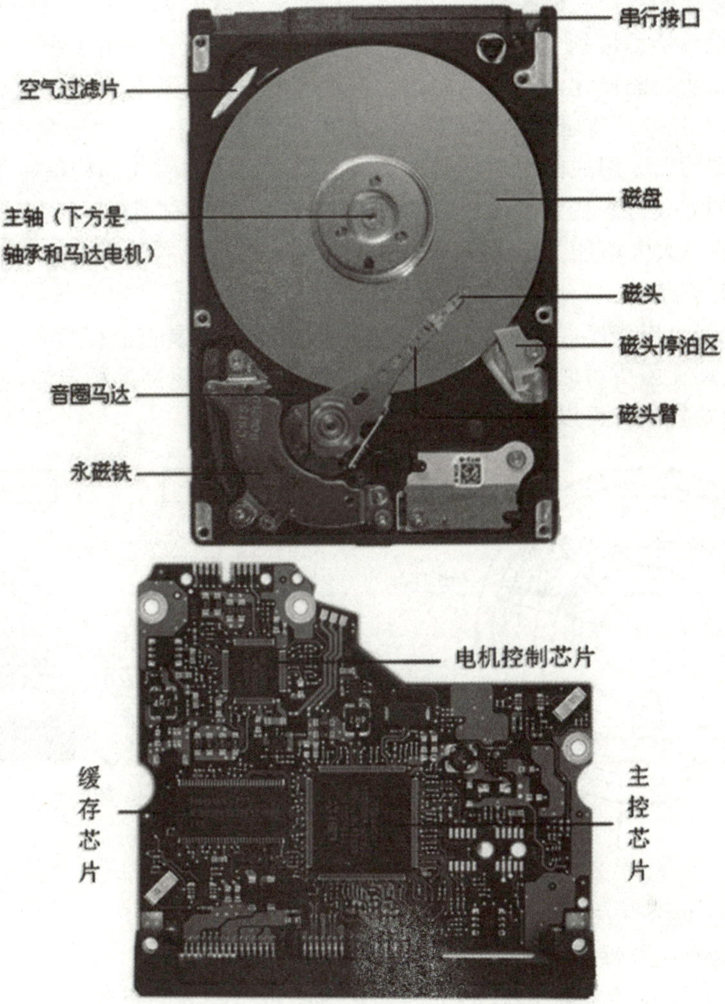

图 1-1-49 硬盘内部

现在的硬盘都是按“温彻斯特”技术制造的，有以下特点：

- 磁头、盘片及运动机构密封。没有专门设备不能打开硬盘盒，否则，硬盘极易报废。
- 固定并高速旋转的磁盘片表面平整光滑。
- 磁头沿盘片径向移动。
- 磁头对盘片接触式启停，工作时呈飞行状态不与盘片接触。故硬盘工作时不允许剧烈震动。

（2） 硬盘的工作原理

硬盘存储数据的原理是利用磁性材料的剩磁现象，即磁性材料磁化后会继续保持磁性的现象。磁盘片表面涂上一层很薄的磁性材料，利用磁层的磁化极性来记录数据。磁头在读取数据时，将不同位置的磁层的不同极性转换成不同的电脉冲信号，再利用数据转换器将这些原始信号变成电脑可以使用的数据。写操作正好相反。

为了便于管理磁盘，将磁盘划分为磁道、柱面、扇区，如图 1-1-50 所示。

目前，硬盘容量已达到 TB 级，垂直记录技术功不可没。应用了垂直记录技术的硬盘在结构上没什么明显的变化，仍然是由磁盘（超平滑表面、薄磁涂层、保护涂层、表面润滑剂）、传导写入元件（软磁极、写入线圈）和磁阻读出元件（检测磁变换的 GMR 传感器或磁盘最新型传感器）组成的。但在微观上看，垂直记录的磁头的构造有了改进，使得磁记录单元的排列方式有了变化，从原来的“首尾相接”的水平排列，变为了“肩并肩”的垂直排列，这样，大大增加了记录密度，如图 1-1-51 所示。同时磁盘相应地增加了软磁底层。这样做的好处是：

- 磁盘材料可以增厚，让小型磁粒更能抵御超顺磁现象的不利影响；
- 软磁底层让磁头可以提供更强的磁场，让其能够以更高的稳定性将数据写入介质；
- 相邻的垂直比特可以互相稳定。

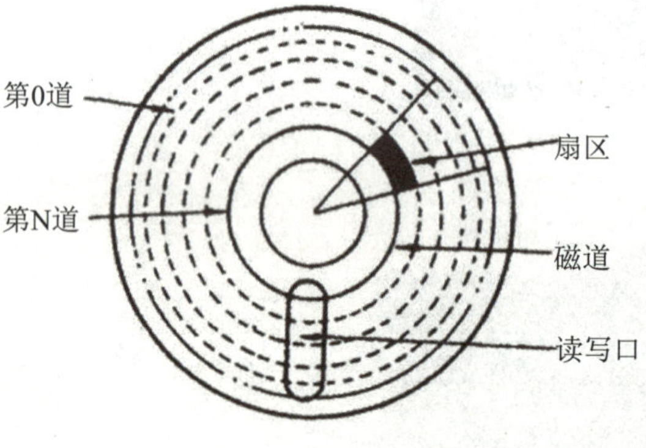

图 1-1-50　磁道与扇区

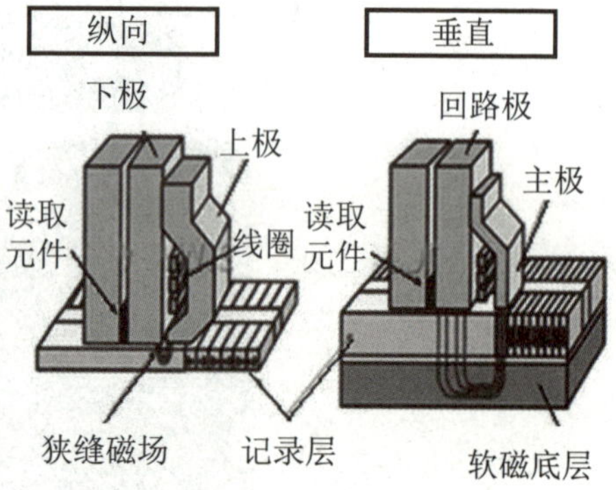

图 1-1-51　垂直记录原理

（3）　硬盘的性能指标

下面介绍硬盘主要性能指标。

主轴转速：是硬盘的重要指标，决定硬盘内部数据传输率的重要因素之一，转速越快，数据传输越快。目前，7200r/m 的硬盘具有性价比高的优势，是国内市场上的主流产品，而 SAS 硬盘的主轴转速已经达到 10000r/m 甚至 15000r/m 了，但由于价格原因让普通用户难以接受，主要面向企业用户。

单碟容量：硬盘是由多个存储盘片组合而成的，单碟容量就是一个存储盘片（2 面）所能存储的最大数据量。硬盘厂商在增加硬盘容量时，可以通过两种手段：一是增加存储盘片的数量，但受到硬盘整体体积和生产成本的限制，盘片数量受到限制，一般都在 5 片以内；二是增加单碟容量。只有提高每张盘片的容量才能从根本上解决这个问题。现在由于采用垂直记录技术，单碟容量达到 1TB，3TB 的硬盘只有 3 张盘片。

单碟容量还影响硬盘的数据传输率。数据传输率与记录密度是成正比的，单碟容量越高，硬盘的数据传输也就越快。

缓存容量：缓存是硬盘与外部总线交换数据的场所。硬盘读数据的过程是将要读取的数据存入缓存，等缓存中填充满数据或者要读取的数据全部读完后再从缓存传向硬盘外的数据总线，它起到了内部和外部数据传输的平衡作用。缓存容量越大越好，目前常见硬盘缓存有 16MB、32MB、64MB、128MB。

硬盘的数据传输率：也称吞吐率，它表示在磁头定位后，硬盘读写数据的速率。硬盘的数据传输率有两个指标：外部数据传输率（External Transfer Rate，又称突发传输速率）和内部数据传输（Internal Transfer Rate，又称持续传输率）率。

突发传输速率也称为外部传输率或接口传输率，即计算机系统总线与硬盘缓冲区之间的数据传输率。突发数据传输率与硬盘接口类型和硬盘缓冲区容量大小有关。如 SATA3.0 接口的硬盘，其外部数据传输率理论值是 600MB/s。

持续传输速率（Sustained Transfer Rate）也称为内部传输率，它反映硬盘缓冲区未用时的性能，指磁头至硬盘缓存间的数据传输率。内部数据传输率主要依赖硬盘的转速。

平均寻道时间（Average Seek Time）：从硬盘接到相应指令开始到磁头移到指定磁道为止所用的平均时间，单位为毫秒（ms），一般平均寻道时间在 10ms 以下。

连续无故障时间（MTBF）：是指硬盘从开始运行到出现故障的最长时间，单位是小时。一般硬盘的 MTBF 至少在 3 万小时以上。这项指标一般在产品常见技术特性表中并不提供，需要时可上硬盘公司网站中查询。

（4） 硬盘的接口

硬盘接口是硬盘与主机系统之间的连接部件，作用是硬盘缓存与主机内存之间传输数据。不同的硬盘接口决定着硬盘与主机之间的数据传输速率。目前硬盘接口主要有 IDE 接口、SATA 接口、SCSI 接口、SAS 接口、USB 接口等几种。

IDE 接口：IDE 即 Integrated Drive Electronics，它的本意是指把控制器与盘体集成在一起的硬盘驱动器。IDE 接口也叫 ATA（Advanced Technology Attachment）接口，40 针，需要用一根 80 芯扁平电缆线连接，如图 1-1-52 所示。传输标准主要有 ATA100、ATA133，对应接口速率为 100MB/s、133MB/s。由于 IDE 接口采用并行传输，速率较慢，不支持热插拔，目前已被 SATA 接口淘汰。

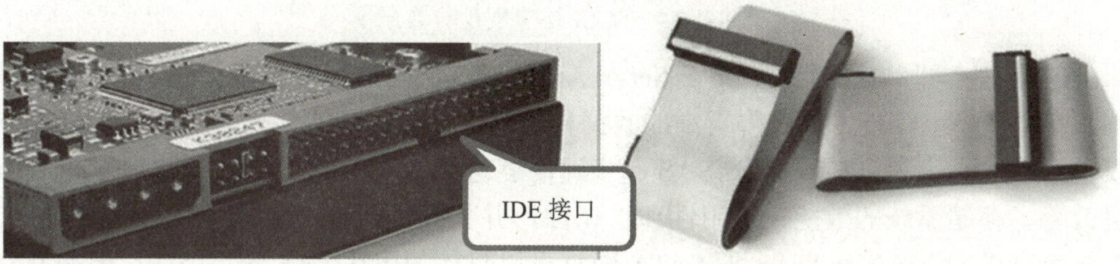

图 1-1-52 硬盘 IDE 接口和数据线

SATA 接口：SATA（Serial ATA）口的硬盘又叫串口硬盘，是目前硬盘的主流接口。它一改以往 IDE 接口并行传输数据的方式，而采用连续串行的方式传送数据。串行 ATA 总线使用嵌入式时钟信号，具备了更强的纠错能力，与以往并口相比其最大的区别在于能对传输指令（不仅仅是数据）进行检查，如果发现错误会自动矫正，从而提高了数据传输的可靠性。

SATA 接口标准起点高、发展潜力大，SATA 1.0 定义的数据传输率可达 150MB/s，比最快的并行 ATA（即 ATA133）所能达到 133MB/s 的最高数据传输率还高，而 SATA 2.0 的数据传输率达到 300MB/s，目前 SATA3.0 达到 600MB/s 的数据传输率。串行接口还具有结构简单、支持热插拔的优点，其连接的数据线比 IDE 细得多，如图 1-1-53 所示。

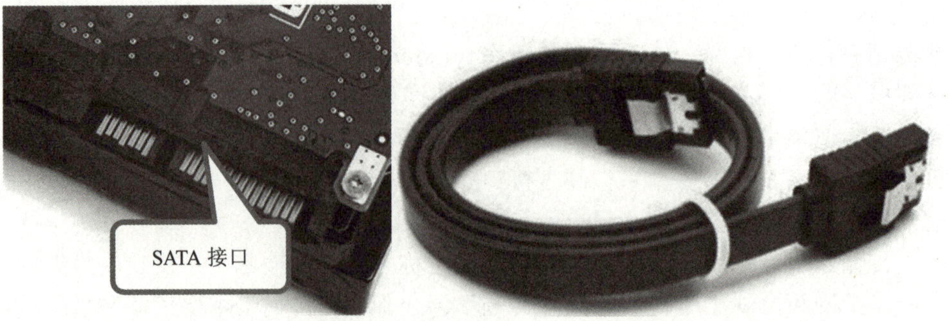

图 1-1-53　SATA 接口与数据线

SCSI 接口：是指 Small Computer System Interface（小型计算机系统接口），1979 年由美国的施加特（Shugart）公司（希捷的前身）研发并制定，并于 1986 年获得 ANSI（美国标准协会）承认，如图 1-1-54 所示。由于较其他标准接口的传输速率快，将它作为硬盘及其他存储装置的接口用在工作站、服务器上。SCSI 接口具有应用范围广、多任务、带宽大、CPU 占用率低，以及热插拔等优点，最高能提供 320MB/s 的接口传输速率，但价格较高。

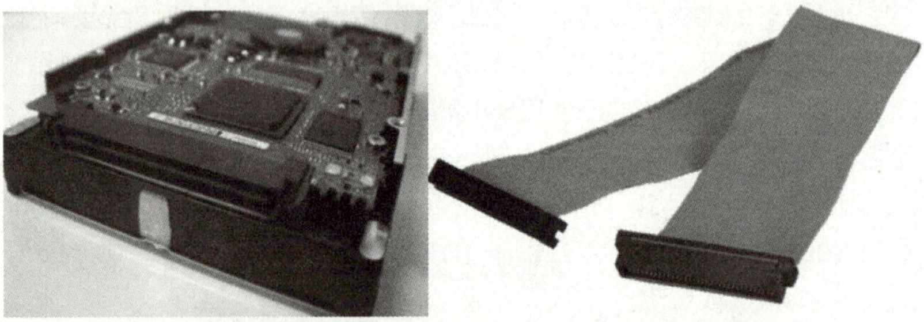

图 1-1-54　SCSI 接口硬盘与数据线

SAS 接口：即串行连接 SCSI （Serial Attached SCSI），和现在流行的 Serial ATA 硬盘相同，都是采用串行技术以获得更高的数据传输速率。与传统的并行 SCSI 接口相比，SAS 不仅在接口速率上得到显著提升(SAS 起步速率就达到 300MB/s，SAS 2.0 达到 600MB/s)，而且改善了存储系统的效能、可用性和扩充性，并且提供与 SATA 硬盘的兼容性。SAS 的接口技术可以向下兼容 SATA，即 SATA 硬盘可以直接使用在 SAS 的环境中，但是 SAS 却不能直接使用在 SATA 的环境中，这从两者的接口中可以印证，如图 1-1-55 所示。

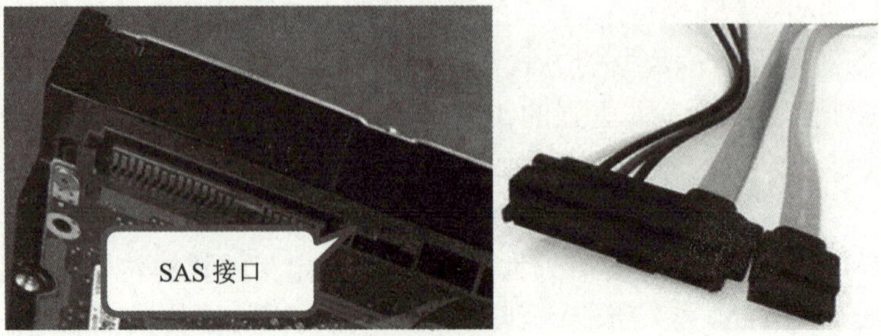

图 1-1-55　SAS 接口硬盘与连线

USB 接口：目前移动硬盘大多采用 USB 接口，如图 1-1-56 所示。

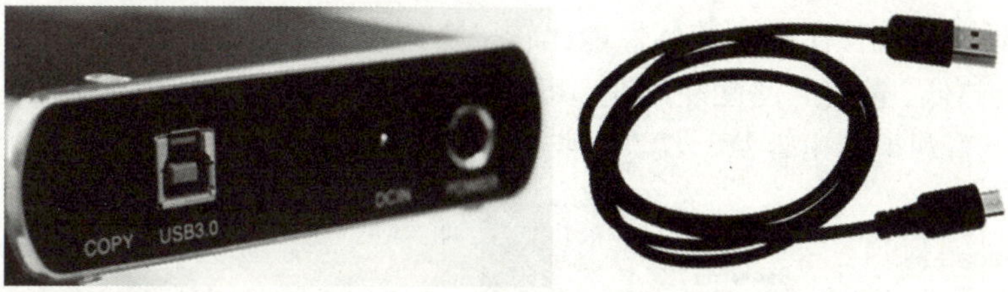

图 1-1-56　USB 接口移动硬盘与数据线

（5） 硬盘的分类

按硬盘尺寸分类，目前硬盘内部盘片有：3.5、2.5 和 1.8 英寸，如图 1-1-57 所示。后两种常用作移动硬盘、也用在笔记本及部分袖珍精密仪器中，台式机中常用 3.5 英寸盘片的硬盘。

图 1-1-57　3.5、2.5 和 1.8 英寸的硬盘

按硬盘接口分类，可将硬盘分为 IDE 接口硬盘、SATA 接口硬盘、SCSI 接口硬盘、SAS 接口硬盘、USB 接口硬盘等。

（6） 硬盘的编号

硬盘主要参数会在硬盘标签上直接标明，但一些小的参数如盘片数、接口类型并不直接标出，而是隐藏在编号里，所以我们就得了解其编号规则。目前市场上硬盘品牌主要有：希捷（Seagate）、西部数据（Western Digital）、东芝和三星（Samsung）等几家，各家的编号各不相同，需要我们细细品味。下面我们分别解读希捷和西部数据（简称西数）的编号。

希捷科技公司（Seagate Technology）是世界上最大的硬盘生产商，其产品质量得到业界的广泛认同。希捷在主流桌面市场，以酷鱼系列为主，此系列产品拥有平稳的整体性能，市场认知度较高。希捷硬盘的编号比较简单，其识别方法为："ST+硬盘尺寸+容量+主标识+副标识+接口类型"，如图 1-1-58 所示。此硬盘编号为"ST3320620AS"，各项含义在图中已注明。除编号外，标签上直观地标出硬盘容量、产地、生产日期代码以及酷鱼 7200 转第 10 代等信息。

西数硬盘的标签如图 1-1-59 所示，标签颜色分为黑、蓝、绿、红四色，相应地称为黑盘、蓝盘、绿盘、红盘。黑盘表示高性能、大缓存、速率快的硬盘，适用于企业用户；蓝盘针对家用型设计，性价比高，整体性能比较平衡，使用寿命长；绿盘属环保型，能自动调速，省电、发热低、静音，但性能一般，可做不太重要的数据盘使用，比如用作下载盘。西数硬盘标签上直观地标出容量、缓存、接口、产地等信息。

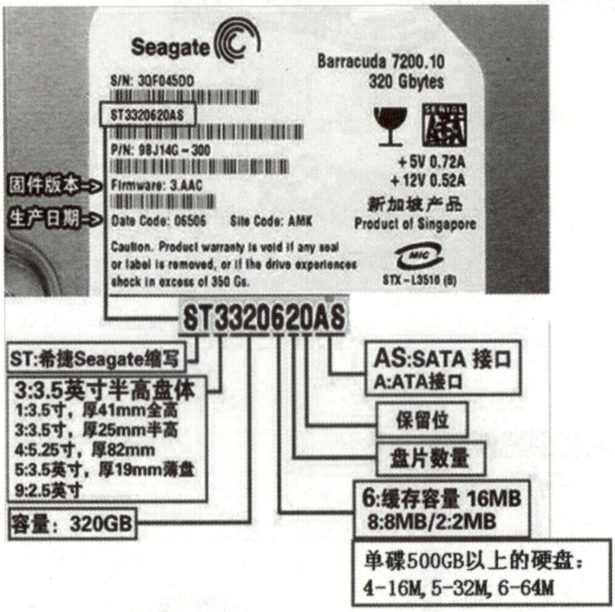

图 1-1-58　希捷硬盘编号识别

图 1-1-59　西数硬盘标签

图中编号为：WD20EADS-00R6B0，格式为：WD<XX><ABCD>-<EEFFGH>，前半段为主编号，后半段为附加编号。

（7）　固态硬盘

固态硬盘（Solid State Disk）是由固态电子存储芯片阵列组成的硬盘，其接口规范和定义、功能及使用方法上与普通硬盘基本一致，在产品外形和尺寸上也与机械硬盘相似，包括 3.5 英寸，2.5 英寸，1.8 英寸多种类型。固态硬盘广泛应用于军事、车载、工控、视频监控、网络监控、网络终端、电力、医疗、航空、导航设备等领域，近年来，逐步渗透到 DIY 市场。

固态硬盘内部是一块 PCB 板，在 PCB 板上有一颗主控芯片、缓存芯片和用于存储数据的闪存芯片，如图 1-1-60 所示。有一些廉价固态硬盘为了节省成本，省去了缓存芯片。

主控芯片是固态硬盘的心脏，实际上是一个处理器，主要分为压缩性算法和非压缩性算法两种。非压缩性算法的主控性能优秀但价格昂贵，该算法主控占据中高端市场，同时对入门级市场也有相当强的控制力。压缩算法的主控体现在价格优势，兼顾主流的性能。闪存芯片是固态硬盘的存储介质，决定了固态硬盘的使用寿命。按照闪存结构分为 SLC（单层）和 MLC（多层）2 种，层数越少，寿命越长，性能越好，价格越贵。目前主流的家用固态硬盘主要采用 MLC 闪存。

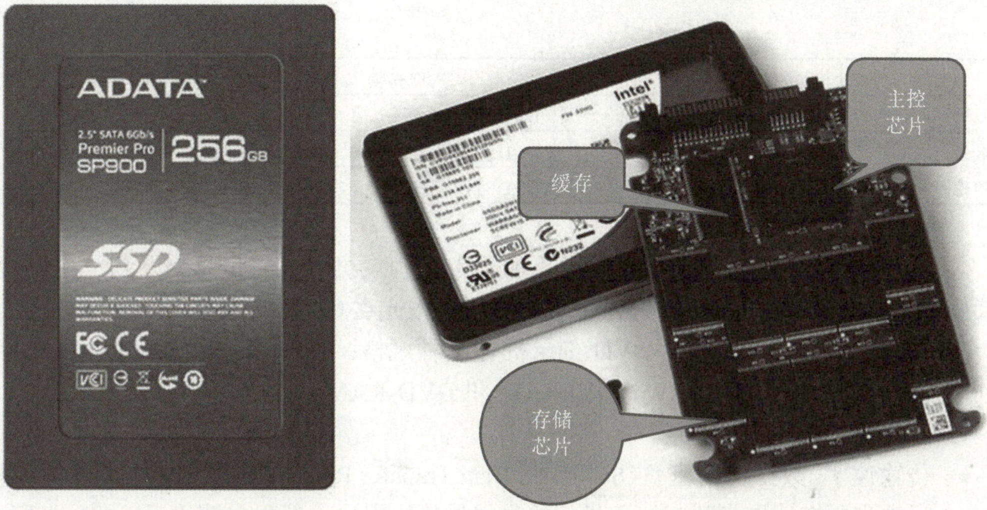

图 1-1-60　固态硬盘及其组成

总的来说，固态硬盘的优点就是稳定、轻薄、存取速度快、功耗低、发热量低，非常适合笔记本等移动存储设备。

5. 认识光驱

光驱是光盘驱动器的简称，是计算机常见的配置设备，用来读写光盘上的信息。光盘是记录信息的载体，具有容量大、成本低、保存时间长的优点。电子读物、高清电影、音乐、各类软件等常以光盘形式出版发行。

（1）　光驱的结构与原理

图 1-1-61 是常见的内置式台式机光驱。光驱大小为 5.25 英寸，所用光盘直径为 12 厘米，也可使用 8 厘米的光盘。光驱正面有光盘仓盒门、停止/弹出按钮、指示灯、应急弹出孔，以及耳机插孔、音量旋钮等，背面为数据接口和电源接口，内部有光盘仓盒、主轴电机、激光头等部件。

图 1-1-61　光驱

（2）　光驱的技术规范

根据光驱的技术规范可以将光驱分为 3 类：CD 光驱、DVD 光驱和 BD 光驱（Blue-ray Disc 蓝光光驱）。每一类又分为只读、刻录和可擦写三种，如表 1-1-5 所示。

表 1-1-5　光驱的种类

	CD 光驱	DVD 光驱	BD 光驱
只读	CD-ROM 光驱	DVD-ROM 光驱	BD-ROM 光驱
刻录	CD 刻录机	DVD 刻录机	BD 刻录机
可擦写	CD 可擦写刻录机	DVD 可擦写刻录机	BD 可擦写刻录机

只读光驱只能读取光盘上信息，而不能写入；刻录机可以将信息刻录到空白光盘上，刻录后就无法更改或删除；可擦写光驱可以对同一张光盘（特殊的光盘）进行多次的刻录。

CD 光驱目前已基本淘汰。DVD 刻录机有 2 种规格：DVD-R 和 DVD+R。DVD 可擦写刻录机有 3 种规格：DVD-RW、DVD+RW 和 DVD-RAM。

（3） 光驱的性能指标

- 传输速率。数据传输速率（Sustained Data Transfer Rate）是光驱最基本的性能指标，反映光驱在读取盘片或写入盘片的数据传输快慢，一般以倍速表示。CD 光驱基速 1X=150KB/s，48X=48*150KB/s=7.2MB/s；DVD 光驱 1X=1350KM/s，8X=8*1350KM/s =10.8MB/s；BD 1X=4.5MB/s，4X=4*4.5MB/s=18MB/s。
- 缓存容量。缓存大小对读盘影响不大，但刻录的话就非常重要。缓存过小，数据的准备跟不上刻录的速率，会造成缓存失载错误，导致刻录失败。目前刻录机缓存一般为 2MB、4MB 等几种。
- 接口类型。光驱普遍采用 SATA 接口，老式的采用 IDE 接口。外置式光驱大多采用 USB 接口。
- 支持盘片标准。光驱种类多，光盘种类也多。一种光驱往往能读写多种类型的光盘。
- 容错性。反映光驱的读盘能力，容错性强的光驱，能够读取有瑕疵的光盘，反之，则不能读出。

6. 认识显卡

显卡又称显示卡、显示适配器，是计算机硬件系统常用部件之一。显卡的作用是将 CPU 送来的图像数据进行处理，以数字或模拟信号的形式送到显示器，经过显示器的进一步处理，在显示屏上形成图像。显卡一般是一块独立的板卡，通过扩展槽插接在主板上，也有将显卡直接集成在主板上或做在 CPU 里面，称为集显或核显。在对图像处理要求比较高的计算机中，如：CAD 平面设计、3D 制图、大型游戏等方面，一般需要配置一块独立显卡。

（1） 显卡的组成

图 1-1-62 是一块显卡，右图拆除了外壳和散热器。显卡大多采用 4 层的 PCB 板，也有采用 6 层或 8 层的，6 层、8 层的 PCB 板增加了辅助信号层。显卡的下边是总线接口，与主板的显卡插槽相连。目前显卡总线接口都为 PCI-Ex16 接口，老的显卡为 AGP 接口。显卡后端为输出接口，与显示器相连。输出接口有多种形式，目前常见的有 DVI、HDMI、DP 数字接口，老式显卡有 VGA 模拟接口。显卡上电子元器件有：显示芯片、显存、显卡 BIOS 芯片以及电容、电感、电阻、晶振、场管等。

图 1-1-62 显卡

显示芯片（GPU）是显卡的核心，其主要任务是处理系统输入的图像信息并将其进行构建、渲染等工作，它的性能几乎决定了显卡的性能。不同的显示芯片，无论从内部结构还是其性能，都存在着差异，其价格差别也很大。目前显示芯片只有两个品牌：nVIDIA 和 AMD，如图 1-1-63 所示。采用 nVIDIA 显示芯片生产的显卡称为 N 卡；采用 AMD 显示芯片生产的显卡称为 A 卡。

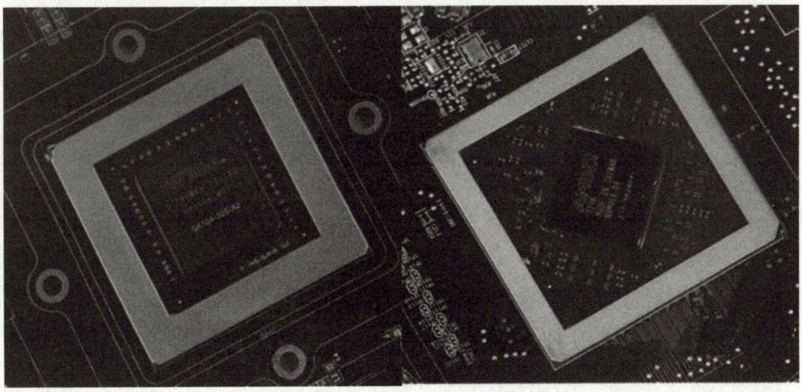

图 1-1-63 nVIDIA 和 AMD 显示芯片

显示内存（显存）的功能是暂时存储显示芯片要处理的数据和处理完毕的数据。图形核心的性能愈强，需要的显存也就越多。它的存储容量大小直接影响到显示卡可以显示的颜色数量和可以支持的最高分辨率。一般来说，显存越大显卡的性能就越好。显存芯片针对显卡进行特殊设计，与主板上的内存芯片有所不同，常用的是 GDDR5、GDDR3，老一点的是 GDDR2。显存生产厂家有三星、海士力、尔必达等，如图 1-1-64 所示。

显卡 BIOS 芯片类似于主板上的 BIOS 芯片，存储了显示芯片与驱动程序之间的控制程序以及显示卡的型号、规格、生产厂家及出厂时间等信息，是显卡的“基本输入输出系统”。系统正常启动后首先出现在显示器上的就是显卡 BIOS 的信息提示，开机后显卡 BIOS 中的数据被映射到内存里并控制整个显卡的工作。目前显卡 BIOS 芯片为 8 个引脚的一个小集成块，如图 1-1-65 所示，常见型号有 Pm25LD010、Pm25LD020、MCP25020T 等。

图 1-1-64　显存

图 1-1-65　显卡 BIOS 芯片

（2） 显卡的工作原理

显卡是负责计算机图像最终输出的重要部件。它从 CPU 接受显示数据和控制命令，然后将处理过的图像信号发送给显示器。显卡本身是一个智能的嵌入式系统，其核心是图形处理芯片（GPU），负责完成大量的图像运算和内部控制工作，显示所需的相关数据存放在显存中。

显卡处理图像数据的过程如下：

① CPU 到显卡。CPU 将有关图像的指令和数据通过总线传输给显卡。由于图像数据量大，因而对显卡的接口数据传输率要求高，最新的 PCI-E3.0x16 接口达到惊人的 32GB/s。

② 显卡内部图像处理。GPU 按照 CPU 的要求，完成图像处理过程，并将最终图像数据保存在显存中。

③ 图像输出。对于具有数字输出接口的显卡，则直接将数据传递给数字显示器。对于 VGA 接口的显卡，显卡芯片中的数模转换器（RAMDAC）从显存中读取图像数据，转换成模拟信号传送给显示器。RAMDAC 的转换速度越快，频带越宽，高分辨率时图像显示就会越快，图像质量越好越稳定。

（3） 显卡的主要性能指标

核心频率：显卡的核心频率是指显示核心的工作频率，其工作频率在一定程度上可以反映出显示核心的性能，但显卡的性能是由核心频率、显存、流处理器个数等多方面因素决定的，因此在显示核心不同的情况下，核心频率高并不代表此显卡性能强劲。但在同样级别的芯片中，核心频率高的则性能要强一些，提高核心频率也是显卡超频的方法之一。

流处理器数：在 DX10 显卡出来以前，并没有“流处理器”这个说法。GPU 内部由“管线”构成，分为像素管线和顶点管线，它们的数目是固定的。简单来说，顶点管线主要负责 3D 建模，像素管线负责 3D 渲染。由于它们的数量是固定的，这就出现了一个问题，当某个游戏场景需要大量的 3D 建模而不需要太多的像素处理时，就会造成顶点管线资源紧张而像素管线大量闲置，当然也有截然相反的另一种情况。在这样的情况下，人们在 DX10 时代提出了“统一渲染架构”，显卡取消了传统的“像素管线”和“顶点管线”，统一改为流处理器单元，它既可以进行顶点运算也可以进行像素运算，这样在不同的场景中，显卡就可以动态地分配进行定点运算和像素运算的流处理器数量，达到资源的充分利用。现在，流处理器的数量已经成为决定显卡性能高低的一个很重要的指标。

显存容量：即显存的大小。直接影响到显卡可以显示的颜色数量和可以支持的最高分辨率。显卡的分辨率越高，屏幕上显示的像素点就越多，所需的显存也就越多。一般来说，显存越大显卡的性能就越好。目前高档显卡显存达到 6GB。

显存位宽：是显存在一个时钟周期内所能传送数据的位数，是显存的重要指标之一，人们常说的 128 位显卡、256 位显卡和 512 位显卡就是指其相应的显存位宽。因显存带宽＝显存频率*显存位宽/8，所以在显存频率相当的情况下，显存位宽将决定显存带宽的大小，位数越大单位时间内传输的数据量就越大。因此高端显卡使用的显存位宽大，比如 512 位；而主流显卡大多采用 128 位、256 位显存。

显存频率：反映显存传输数据的快慢程度，以 MHz（兆赫兹）为单位。显存频率与显存的类型有关，GDDR3 显存在 1000MHz 以上，GDDR5 为 4000MHz 或以上。

分辨率：反映显卡在显示器上所能描绘的像素点的数量。用“横向像素点*纵向像素点”来表示，比如 1280*800。

色深：也称位深，是指显卡在当前的分辨率下所能够显示的颜色数量。一般以多少色或多少位（Bit）色来表示，例如，某显卡在 1280*800 的分辨率下的色深是 32 位。

刷新频率：是指影像在显示器上的更新速率，也就是图像每秒在屏幕上出现的帧数。刷新频率越高，屏幕上的图像闪烁感就越小，图像就越稳定，视觉效果就越好，眼睛也不会感觉疲劳。

（4）　显卡的分类

集成显卡是将显示芯片、显存及其相关电路都做在主板上，与主板融为一体。显示芯片集成在北桥芯片中，显存共享系统的内存，也有一些主板单独安装了显存，但其容量较小。集成显卡的优点是功耗低、发热量小，部分集成显卡的性能可以媲美入门级的独立显卡，可以为用户省下购买显卡的资金。缺点是性能相对较弱，且固化在主板上，本身无法更换，要换只能和主板一起更换。但可以通过 CMOS 调节频率或刷入新 BIOS 文件实现软件升级来挖掘显示芯片的潜能。

独立显卡是将显示芯片、显存及其相关电路单独做在一块电路板上，自成一体，作为一块独立的板卡存在，它需占用主板的扩展插槽（PCI-E 或 AGP）。独立显卡的优点是单独安装显存，在技术上也较集成显卡先进得多，具有比集成显卡更好的显示效果和性能，且容易进行显卡的硬件升级。缺点是系统功耗加大，发热量也较大，需额外花费购买显卡的资金，同时（特别是笔记本电脑）占用更多空间。

核芯显卡是将图形核心（GPU）和处理核心（CPU）整合到同一块基板上，构成一颗完整的处理器。GPU 与 CPU 紧密结合大大缩减了处理核心、图形核心、内存及内存控制器间的数据周转时间，提升了处理效能并大幅降低芯片组整体功耗，有助于缩小核心组件的尺寸，为笔记本电脑、一体机等产品的设计提供了更大选择空间。低功耗是核芯显卡的最主要优势，由于新的精简架构及整合设计，核芯显卡对整体能耗的控制更加优异，高效的处理性能大幅缩短了运算时间，进一步缩减了系统平台的能耗。高性能也是它的一大优势，核芯显卡拥有诸多新技术，可支持 DX10、SM4.0、OpenGL2.0，以及全高清 Full HD

MPEG2/H.264/VC-1 格式解码等技术，性能动态调节技术可大幅提升核芯显卡的处理能力，能完全满足普通用户的需求。核芯显卡缺点是配置核芯显卡的 CPU 通常价格较高，却难以胜任大型 3D 游戏等。

7. 认识显示器

显示器是计算机必不可少的输出设备，是计算机与用户沟通的窗口。显卡处理后的数值、文字、图表、图像等信息，只有通过显示器才能为我们的眼睛所接受。显卡对显示数据处理的精细程度，要靠显示器来实现。显示器作为显示系统的最后一个环节，其性能的高低，直接决定显示质量。所以我们必须对显示器要有一定的了解，才能选购一台符合自己需要的显示器。由于 CRT 显示器基本淡出市场，所以这里重点介绍液晶显示器。

（1） 显示器的分类

按照显示原理，显示器分为 CRT 显示器和液晶显示器（LCD：Liquid Crystal Display），如图 1-1-66 所示。CRT 显示器主要部件是阴极射线管（Cathode Ray Tube），主要由五部分组成：电子枪、偏转线圈、荫罩、荧光粉层及玻璃外壳。其原理是利用电子束轰击荧光粉使荧光粉发光来显示图像，其优点是色彩还原度高、色度均匀、可调节的多分辨率模式、响应时间极短等，故在特殊行业还需要 CRT 显示器。但由于其体积大、笨重、存在辐射等缺点，基本被淘汰。液晶显示器以其体积小、厚度薄、重量轻、耗能省、无电磁辐射、画面无闪烁、无几何失真、抗干扰强等诸多优点被业界和用户一致看好。随着关键技术的突破和成本的大幅削减，使它的价格也变得平易近人，目前显示领域基本上是液晶显示器的天下。

按照显示器屏幕大小，可把显示器分为 14 英寸及以下、15 英寸、17 英寸、19 英寸、21 英寸、22 英寸、23 英寸、24 英寸、26 英寸、27 英寸及以上等。屏幕尺寸是屏幕对角线的长度，屏幕越大，价格就越高。

图 1-1-66　CRT 显示器和液晶显示器

按照显示器屏幕比例，可以把显示器分为普屏、宽屏和超宽屏，如图 1-1-67 所示。

普屏有两种：4∶3 和 5∶4；宽屏也有两种：16∶10 和 16∶9；超宽屏：21∶9。普屏是早期显示器屏幕形式，现在流行宽屏，宽屏适合高清播放，超宽屏是最新款式。由于 21∶9 符合好莱坞大片宽屏幕标准的播放格式，在全屏幕播放时能够接近 100%显示电影内容，能够带来真正的影院级画面效果和视听享受，也许有望超越全高清而成为显示器的新标准。

图 1-1-67　普屏、宽屏和超宽屏对比

（2）　液晶显示器的工作原理

液晶具有液体的流动性，又具有晶体的特性。大多数液晶属于有机复合物，由长棒状的分子构成。将液晶倒入一个精良加工的开槽平面，液晶分子就会顺着槽的方向排列。当液晶被置于两个槽状表面中间，且槽的方向相互垂直时，液晶分子的排列为：上表面液晶分子沿着上表面开槽方向排列，下表面液晶分子沿着下表面开槽方向排列，介于上下表面中间的液晶分子排列发生扭转，如图 1-1-68 所示。当一束偏振光经过这样的液晶时，由于偏振光的偏振方向顺着液晶分子的排列方向，偏振方向因此随着液晶分子的旋转而旋转，如图 1-1-69 所示。但当液晶加上电压时，液晶分子便会顺着电场方向排列，不再发生扭转现象，经过的光线也不会发生扭转。

自然光不是偏振光。自然光通过偏光片后被过滤成偏振光。如图 1-1-70 所示，当自然光通过 a 方向的偏光片时，光线被过滤成与 a 方向平行的偏振光，当第二块偏光片偏振方向与前一块相同时(上图)，偏振光通过第二片偏光片；当偏振方向与前一块垂直时(下图)，光线被完全阻止，通不过第二块偏振片。

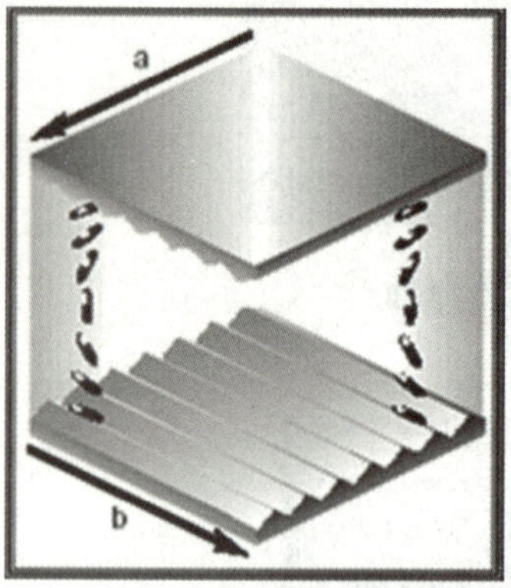

图 1-1-68　液晶沿开槽方向排列

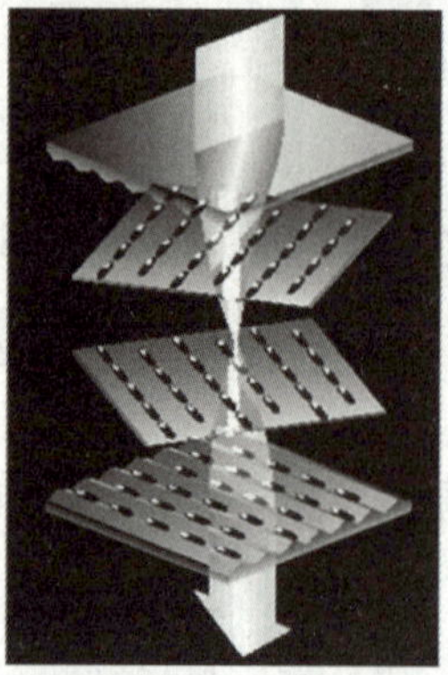

图 1-1-69　偏振光经过液晶发生扭转

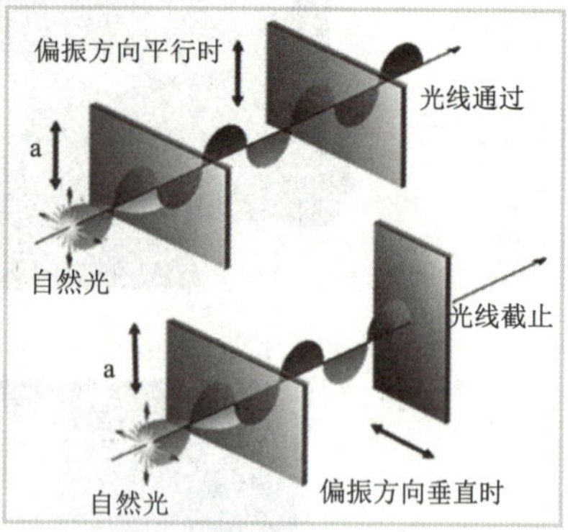

图 1-1-70　偏振光通过与截止

图 1-1-71 是液晶显示器结构示意图，由多层构成。最前面是一片偏振片，下面是一片彩色滤光片，接下来是用两块玻璃基板围成的液晶盒。液晶被分割成许多小格，每个小格都由一个薄膜场效应管（TFT）控制其状态，一个液晶小格即为一个像素点。液晶盒下面也是一片偏振片，不过，其偏振方向与前面一片刚好垂直。由于液晶本身不会发光，所以需要一个背光系统。背光系统由光源（LED 或 CCFL）、导光板、反光板、散射光板等组成，目的就是为液晶提供亮度均匀的平面光。

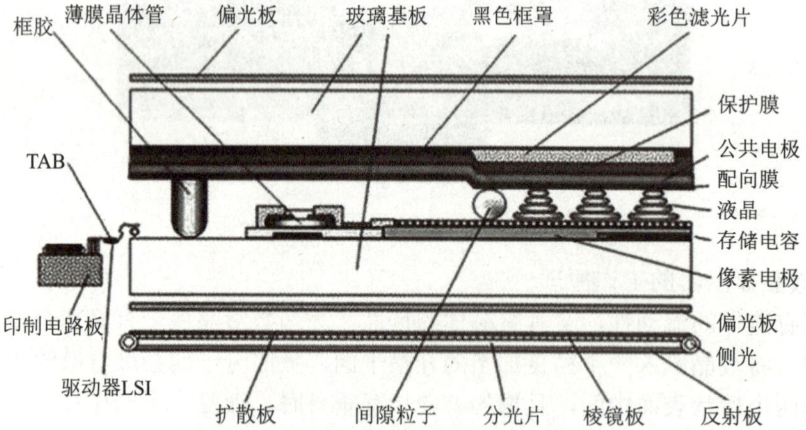

图 1-1-71　液晶显示器结构示意图

背光源发出的光线穿过第一层偏振过滤层后进入包含成千上万液晶液滴的液晶层，当 TFT 不加电压时，液晶处在 90°扭转状态，根据上面分析得知，背光能透过前面一片偏光片，形成亮点；当 TFT 加上电压时，液晶不再发生扭转，背光就不能透过前面一片偏光片，形成暗点。显然，液晶起到光阀门的作用。这样，图像信号控制 TFT 的加电与不加电，就能实现屏幕上的是亮点还是暗点，从而还原出图像。

对于彩色显示器，每个像素点分成红绿蓝 3 个小格，每一个单元格前面都分别有红绿蓝过滤器。每一个小格分别用一个 TFT 控制，从而实现彩色显示。

LCD 克服了 CRT 体积庞大、耗电和闪烁的缺点，但也同时带来了造价过高、视角不广以及彩色显示不理想等问题。CRT 显示可选择一系列分辨率，而且能按屏幕要求加以调整，但 LCD 只含有固定数量的液晶单元，只能在全屏幕使用一种最佳分辨率显示。

CRT 有三个电子枪，射出的电子束必须精确聚集，否则就得不到清晰的图像显示。但 LCD 不存在聚焦问题，因为每个液晶单元都是单独开关的。所以同样一幅图在 LCD 屏幕上显示就显得清晰。LCD 也不必关心刷新频率和闪烁，液晶单元要么开，要么关，所以在 40～60Hz 这样的低刷新频率下显示的图像不会比 75Hz 下显示的图像更闪烁。不过，LCD 屏的液晶单元会很容易出现瑕疵。对 1024×768 的屏幕来说，每个像素都由三个单元构成，分别负责红、绿和蓝色的显示，所以总共约需 240 万个单元（1024×768×3＝2359296）。很难保证所有这些单元都完好无损。若某一个 TFT 已经短路或者断路，则对应的屏幕上就会出现始终是“黑点”或“亮点”，称为液晶屏的坏点，按照国家标准，不超过 3 个坏点的液晶屏算合格品。

（3） 液晶显示器的主要性能指标

可视面积：是指液晶显示器屏幕对角线的长度，单位为英寸。液晶显示器采用的标称尺寸就是它实际屏幕的尺寸。

点距：指显示屏上相邻两个像素点之间的距离，一般在 0.2～0.3mm 左右，点距越小，图像越精细。

分辨率：是指显示器所能显示像素的多少，用“横向像素点数”×“纵向像素点数”来表示。由于屏幕上的点、线和面都是由像素组成的，显示器可显示的像素越多，画面就越精细，相同屏幕区域内能显示的信息也越多。LCD 的分辨率在出厂时已经确定，设置的分辨率与显示器分辨率相同时画面质量最佳。

亮度与对比度：亮度是指画面的明亮程度，一般为 250 cd/m^2。对比度是指画面上某一点最亮时（白色）与最暗时（黑色）的亮度比值，高的对比度能表现出丰富的色阶，目前主流的液晶显示器（静态）对比度一般在 1000∶1 到 1500∶1 之间。是在原有基础上加进了一个自动调整显示亮度的功能，这样就将原有对比度提高了几百倍甚至几千倍，但本质上真正的对比度没有改变，所以画面细节并不会显示得更清晰，但高的动态对比度在很多游戏中会有比较好的表现。

响应时间：指液晶显示器各像素点对输入信号反应的速率，此值越小越好。响应时间过长的话，在显示动态图像时有尾影拖动的感觉。响应时间分为黑白响应时间和灰阶响应时间两种。黑白响应时间，指像素点由全黑变为全白或由全白变为全黑所需要的时间，一般为几个毫秒至几十毫秒。但是，屏幕内容只是最黑与最白之间的切换不多，大部分是五颜六色的多彩画面、深浅不同的层次变化，这些都是在做灰阶之间的转换。所以，灰阶响应时间更能体现液晶显示器的实际响应时间。不同明暗的灰度切换，实现起来比黑白切换更难，时间更长。厂商通过特殊的技术，使灰阶响应时间大大缩短，比黑白响应时间还短，目前一般为几个毫秒。

视角：视角的全称是可视角度，它是指用户从不同的方向清晰地观察屏幕上所有内容的角度。数值越大越好，目前达到 170 多度。

最大显示色彩数：它是衡量显示器的色彩表现能力的一个参数，最大显示色彩数越多，所显示的画面色彩就越丰富，层次感也越好。一个像素色彩是由红、绿、蓝（R、G、B）三种基本色来控制的，每个基色（R、G、B）达到 8 位的话，有 256 种色阶，那么一个像素就有 256×256×256=16 777 216 种色彩，即 16.7M。

（4） 液晶显示器的维护与保养

- 避免进水。
- 避免长时间工作。
- 避免“硬碰伤”。
- 不要私自拆卸液晶显示器。

8. 认识机箱和电源

机箱是计算机的外部形象。它为主板、扩展卡、硬盘、光驱及电源等硬件提供存放空间，并起保护作用。因此，机箱要有一定的整体刚度和抗冲击、抗变形能力，还要屏蔽外界电磁场对主机的干扰以及主机对外界和人体的电磁辐射。电源为机箱内部件提供合适的供电电压，其供电质量影响计算机工作的稳定性。

（1） 机箱

机箱包括外壳、支架、开关、指示灯、接口等，如图 1-1-72 所示。机箱外壳是用双层冷镀锌钢板制成的，钢板的厚度与材质均直接影响到机箱质量的好坏，尤其是影响机箱的抗冲击力和防电磁波辐射的能力。一款品质优良的机箱，它的外壳的钢板厚度达 0.8～1mm。外壳钢板的材质要具有韧性好、不变形和高导电性的特点。机箱面板大多用硬塑料制成（ABS 工程塑料，硬度较高），比较结实稳定，长期使用不会褪色和开裂。若采用普通塑料制作，时间一长，机箱面板就会发黄，也易断裂。机箱支架所用的材料也是一些硬度较高的优质钢材，折成角钢形状或条型安于机箱内部。机箱的面板上还提供有一些常见的按钮、指示灯和设备接口，如电源按钮、复位按钮（Reset）、电源指示灯、硬盘工作状态指示灯（H.D.D）、前置 USB 接口和前置音频接口等。

图 1-1-72 机箱及其内部结构

按摆放方式分，机箱主要有立式和卧式两种，目前常见的是立式机箱。按结构方式分，机箱主要有两种类型：ATX 机箱和 Micro ATX 机箱。ATX 机箱空间大，可以安装 ATX 和 Micro ATX 主板。Micro ATX 机箱比 ATX 机箱体积要小一些，以节省存放空间，一般只能安装 Micro ATX 主板。

（2） 电源的组成与功能

电源是将 220V 交流电转化成不同电压的直流电，为计算机各部件提供直流电压。电源及其输出插头如图 1-1-73 所示，各部分介绍如下。

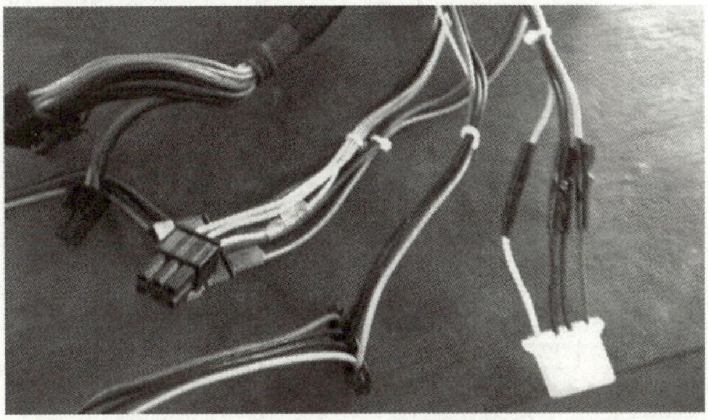

图 1-1-73　电源及其输出插头

电源插口：通过电源线将 220V 交流电与电源相连。

开关：接通或断开交流电源。

风扇：散发电源工作时产生的热量。

主板电源插头：用于电源与主板的连接。ATX12V 电源的主板电源插头为 20 针（ATX12V 1.0）或 24 针（ATX12V 2.0），20 针和 24 针插头只要功率符合要求，可以相互兼容。

“D”型插头：用来连接 IDE 硬盘、IDE 光驱设备。

SATA 插头：用来连接串口硬盘、串口光驱。

方 4 针插头：为 CPU 提供供电；6 针插头为显卡供电；8 针插头：为 CPU 或显卡供电。各种插头外观见图 1-1-74。

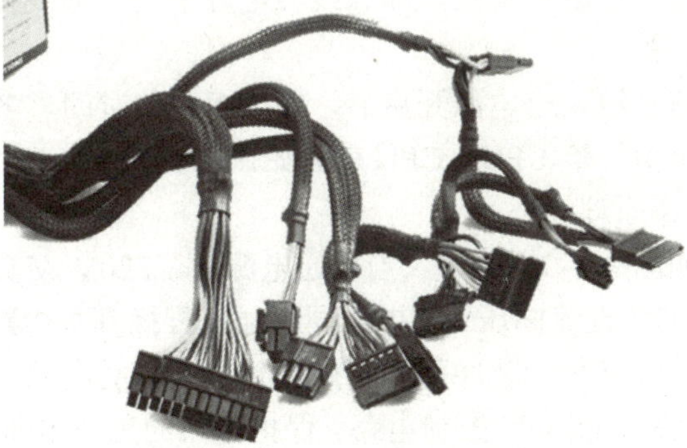

图 1-1-74　电源各种插头

电源线用颜色区分电压，黄色为12V，红色为5V，橙色为3.3V，黑色为地线。24芯主板供电插头引线功能见表1-1-6。

表1-1-6 24芯主板供电插头引线功能

Pin	导线颜色	功　能	Pin	导线颜色	功　能
1	橙色	3.3V	13	橙色	3.3V
2	橙色	3.3V	14	蓝色	-12V
3	黑色	地线	15	黑色	地线
4	红色	5V	16	绿色	PS-ON
5	黑色	地线	17	黑色	地线
6	红色	5V	18	黑色	地线
7	黑色	地线	19	黑色	地线
8	灰色	Power ok	20	白色	-5V
9	紫色	5VSB	21	红色	5V
10	黄色	12V	22	红色	5V
11	黄色	12V	23	红色	5V
12	橙色	3.3V	24	黑色	地线

ATX电源各线说明如下。

+3.3V：为主板、内存、SATA设备等供电。

+5V：为主板、USB设备供电，以及磁盘、光盘驱动器的控制电路供电。

+12V1：专门为CPU供电。

+12V2：为驱动磁盘驱动器马达、冷却风扇供电，或通过主板的总线插槽来驱动其他板卡。

-12V：主要用于某些串口电路，其放大电路需要用到+12V和-12V，通常输出小于1A。

-5V（白）：在较早的PC中用于软驱控制器及某些ISA总线板卡电路，目前系统中已经不再使用-5V电压，有的电源不再提供-5V输出。

+5V Stand-By：在系统关闭后，保留一个+5V的待机电压，用于电源及系统的唤醒服务。由于+5V Stand-By是一个单独的电源电路，只要有输入电压，+5VSB就存在，这样就使电脑能实现远程Modem唤醒或网络唤醒功能。

绿线：为开机信号线，低电平有效。即绿线与电源中任一地线相连，开关电源就开始工作。

灰线：称为电源好信号线。当电源开启后，经过短暂的时间，各输出线达到正常电压时，电源通过灰线发一个信号给CPU，CPU就开始工作。

（3） 开关电源的工作原理

开关电源原理框图如图1-1-75所示。当接通电源后，220V交流电压经滤波、桥式整流滤波电路后，输出＋300V直流高压。此电压同时加到推挽开关电路和辅助电源上，因推挽开关电路的开关功率管没有激励脉冲而处于待机状态。辅助电源一经得到工作电压便开始工作，送出脉宽调制电路、PS-ON控制电路、保护电路的工作电压以及主板的+5VSB待机电压，但此时没有得到PS-ON主机的控制信号，PS-ON控制电路输出高电平锁住PWM

脉宽调制电路使其不起振，此时电源处于待机状态。当按下机箱面板上的开机按钮，PS-ON控制电路得到控制信号，解除对脉宽调制电路的锁定，PWM 电路开始工作，输出受控的脉宽可变的交流脉冲推动推挽开关电路中的推挽功率管，并时刻根据输出电压的脉动来调整脉冲宽度，以保证输出电压的稳定。推挽开关电路中，推挽功率管依次开关，产生的脉动交变电压被开关变压器感应到副级，经输出电路整流滤波，形成主机所需各路电压。保护电路则监视各路输出电压，当发生过压、欠压故障时及时启动，使 PWM 电路停止工作，以保证电路及主机的安全。

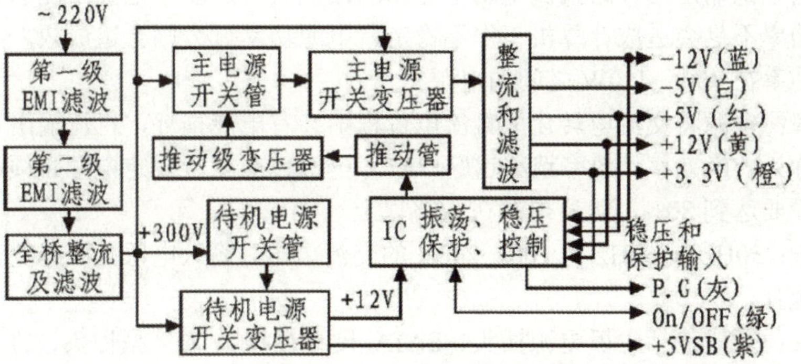

图 1-1-75　电源原理框图

（4） ATX 电源标准

计算机电源最早是 AT 电源，应用在 286 到早期 Pentium 计算机上。AT 电源的功率一般在 150～250W 之间，输出线为 2 个 6 芯插头和几个 4 芯插头。

ATX（AT Extend）标准是 1995 年 Intel 公司制定的主板及电源结构标准。ATX 电源在外形尺寸上与 AT 电源一样，但它在 AT 电源的基础上增加了+3.3V、+5V Stand-By 和 PS-ON 三个输出。+3.3V 输出主要是为 CPU 供电，而+5VSB、PS-ON 输出则体现了 ATX 电源的特点。ATX 电源不采用传统的市电开关来控制电源是否工作，而是采用+5VSB、PS-ON 的组合来实现电源的开启和关闭，PS-ON 小于 1V 伏时开启电源，大于 4.5V 时关闭电源。另外，给主板供电的输出线插头改成了 20 芯，并增加了防反插的功能。ATX 标准经历了 ATX 1.1、ATX 2.0、ATX 2.01、ATX 2.02、ATX 2.03。

当前最新电源标准 ATX12V 2.31，作为对 ATX12V 2.3 规范的一个补充和完善，具体改进内容有：

- 将在 ATX12V 2.3 版规范上去掉 PW-OK 信号重新加回到 ATX12V 2.31 版当中。Intel 内部经过多次的试验后，发现在去除 PW-OK 的信号时会造成输出直流电的时间延长，从而增大电力损耗。
- 对 CFX12V 的交错负载进行一系列的调整，其中最小负载部分调整最为突出。这项调整几乎是针对所有的 ATX12V 规范。通过调整，使得交叉负载调整率有所提高；并通过对交叉调整的优化，从而使电源的输出电压更加稳定。
- 增加了 RoHS 环保标准，并提升至最高地位。RoHS-2002 环保标准是由欧盟议会和欧盟理事会于 2003 年 1 月 27 日正式公布的《关于在电子电气设备中禁止使用某些有害物质指令》，规定针对电气设备中的铅 Pb，镉 Cd，汞 Hg，六价铬 Cr6+，多溴二苯醚 PBDE，多溴联苯 PBB 等含量进行限制。

- 更严格地要求提升转换效率。这也是 Intel 为履行其提倡的节能环保计划而不断做出的努力，同时也接纳了中国 3C 强制认证针对 EMI 电路所做出的规定。在确保持续提升节能效果的同时，也带来了更高的稳定性。

（5） 电源的性能指标

电源的性能指标主要有：功率、转换效率、输入电压、电源插头种类与数量、可靠性和安全认证等。

功率：指电源输出的各路直流电功率之和的最大值，反映了电源所能承受负载设备的能力。电源功率不足会造成计算机工作不稳定，电源功率过大则会造成效率下降，普通用户一般选择功率在 300～450W 之间的电源。

转换效率：电源将交流电转化成直流电过程中会有电能损耗，直流输出功率与交流输入功率之比称为转换效率，效率越高越好。ATX 电源标准明确规定电源必须达到的效率要求，目前一般要达到 80%，优质电源在 85%以上。

输入电压：50Hz 或 60Hz 的 100～240V 的交流市电，输入电压范围越宽说明其适应电网变化能力越强。

电源插头：一般包括主板电源插头、SATA 硬盘插头、“D”型插头、方 4 芯插头、6 芯或 8 芯插头等。电源提供的插头种类和数量要以满足设备供电需要为原则，并适当留有余地。

可靠性：衡量电源的可靠性与衡量其他设备的可靠性一样，一般采用 MTBF（Mean Time Between Falure，平均无故障时间）作为衡量标准，单位为小时。电源的 MTBF 指标应在 10 000 小时以上。

安全认证：为确保电源的可靠性和稳定性，每个国家都根据自己区域的电网状况制定不同的安全标准。主要有 CCC 认证（中国强制认证，“China Compulsory Certification ”)、CE（欧盟国家电气和安全标准认证）、FCC（美国联邦通讯委员会认证）、TUV（德国 TUV 国际质量体认证）等。电源产品至少应具有这些认证标准中的一种或多种认证。

9. 认识键盘和鼠标

键盘是基本的计算机输入设备，有些计算机不接键盘不能开机。鼠标是图形化操作环境下不可缺少的计算机输入设备，方便用户操作。键盘和鼠标如图 1-1-76 所示。

图 1-1-76 键盘和鼠标

（1）　键盘的结构

台式机键盘作为一个独立的输入部件，自成一体。键盘面板根据档次采用不同的塑料压制而成，部分优质键盘的底部采用较厚的钢板以增加键盘的质感和刚性，廉价键盘直接采用塑料底座。键盘布局可以分为主键盘区、数字辅助键盘区、功能键盘区、控制键区，对于多功能键盘还增添了快捷键区。主键盘区沿用了英文打字机的字符排列。键帽的反面可见都是键柱塞，直接关系到键盘的寿命，其摩擦系数直接关系到按键的手感。键帽的字符印刷技术有：油墨印刷技术、激光蚀刻技术、二次成型技术和热升华印刷技术。

（2）　键盘的分类

按键盘接口分类，可以将键盘分为 AT 口键盘（已淘汰）、PS/2 口键盘、USB 口键盘和无线键盘。

按键盘的工作原理分类，可以将键盘分为机械式、塑料薄膜式、导电橡胶式和电容式键盘。按键结构如图 1-1-77 所示。计算机早期使用的机械键盘属于低档键盘，目前使用的机械键盘经过了技术改进，属于高档键盘。机械键盘的按键是一个微动开关，当一个键被按下时，微动开关闭合，被键盘里的扫描电路俘获，产生相应的编码信号，传给主机。机械键盘的特点是手感好、使用寿命长。塑料薄膜式键盘内部共分 4 层，其中 2 层有电路，中间隔了一层有孔的塑料薄膜，当一个按键被按下时，上下层 2 个触点接通，发出相应信号。塑料薄膜键盘的特点是结构简单、低成本、低价格和低噪声，目前大多数用户使用的就是塑料薄膜式键盘。导电橡胶式键盘内部有一层凸起的导电橡胶，每个按键都对应一个凸起，按下时把下面的触点接通。电容式键盘使用类似电容式开关的原理，通过按键时改变电极间的距离引起电容容量改变从而驱动编码器。特点是噪声小、无磨损，单键使用次数可以高达 3000 万次以上，且密封性较好。但生产成本偏高，只有极少数的厂商能够生产，市面上十分少见。

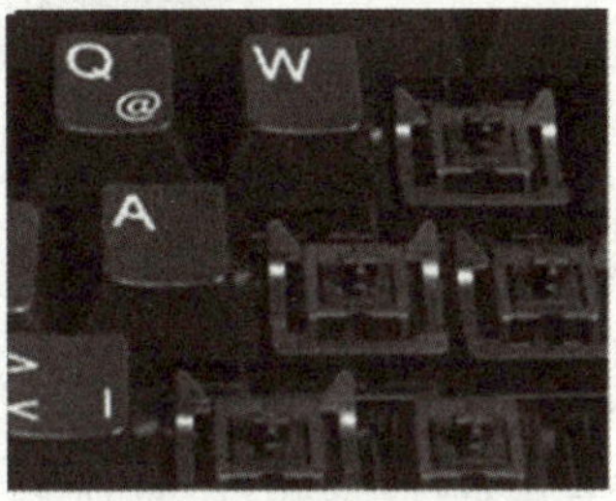

机械键盘

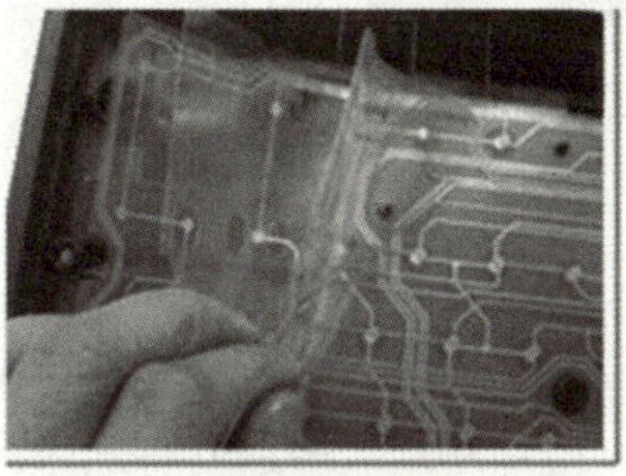

塑料薄膜式键盘

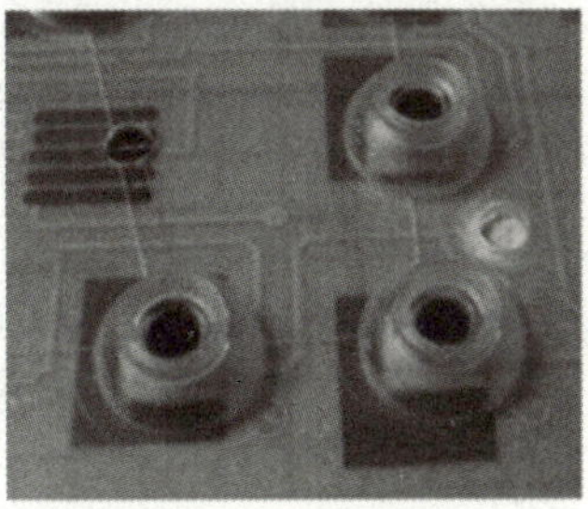

导电橡胶式键盘

电容式键盘

图 1-1-77　键盘按键结构

（3） 鼠标的分类

按鼠标的键数分类，可以把鼠标分为双键鼠标、三键鼠标和多键鼠标。三键鼠标的中间键改为滚轮，多键鼠标一般用于游戏等方面。

按鼠标的接口类型分类，可以把鼠标分为串行口（基本淘汰）、PS/2 口、USB 接口和无线鼠标，如图 1-1-78 所示。

图 1-1-78 不同接口的鼠标

按内部结构和工作原理分类，大致可以把鼠标分为机械式鼠标、光机式鼠标和光电式鼠标三种，如图 1-1-79 所示。机械式鼠标和光机式鼠标的特征是有一个滚球，目前这两类鼠标基本淘汰，光电式鼠标是目前广泛使用的一种鼠标。

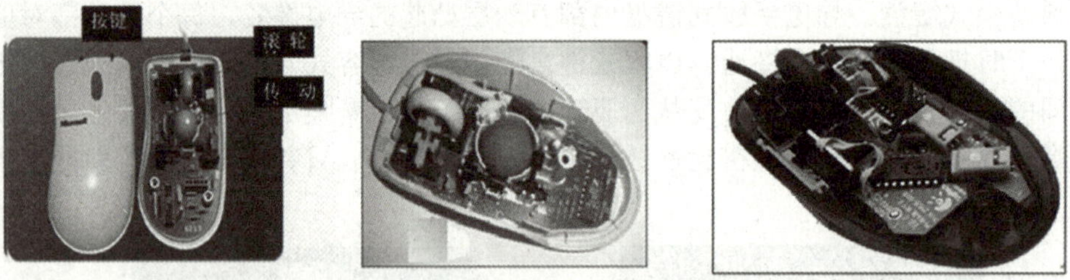

机械式鼠标　　光机式鼠标　　光电式鼠标

图 1-1-79 不同类型的鼠标

（4） 鼠标的工作原理

机械式鼠标的工作原理：机械式鼠标主要由滚球、辊柱和光栅信号传感器组成。当拖动鼠标时，带动滚球转动，滚球又带动辊柱转动，装在辊柱端部的光栅信号传感器产生的光电脉冲信号反映出鼠标器在垂直和水平方向的位移变化，产生相应的电信号传给主机，以确定光标在屏幕上的位置。

光机式鼠标原理：顾名思义，光机式鼠标器是一种光电和机械相结合的鼠标。它在机械鼠标的基础上，将磨损最厉害的接触式电刷和译码轮改为非接触式的 LED 对射光路元件。当小球滚动时，X、Y 方向的滚轴带动光栅轮旋转。光敏三极管在接收发光二极管发出的光时被光栅轮间断地阻挡，从而产生脉冲信号，通过鼠标内部的芯片处理之后被 CPU 接收，信号的数量和频率对应着屏幕上的距离和速度。由于采用了非接触部件，降低了磨损率，从而大大提高了鼠标的寿命并使鼠标的精度有所增加。

光电式鼠标的工作原理：在光电式鼠标内部有一个发光二极管，发光二极管发出的光线照亮光电式鼠标底部表面。一部分反射回的光线，经过一组光学透镜，传输到一个光感应器件（微成像器）内成像，如图 1-1-80 所示。当光电式鼠标移动时，其移动轨迹便会被记录为一组高速拍摄的连贯图像。利用光电式鼠标内部的一块专用图像分析芯片（DSP，数字微处理器）对移动轨迹上摄取的一系列图像进行分析处理，通过对这些图像上特征点位置的变化进行分析，来判断鼠标的移动方向和移动距离，从而完成光标的定位。

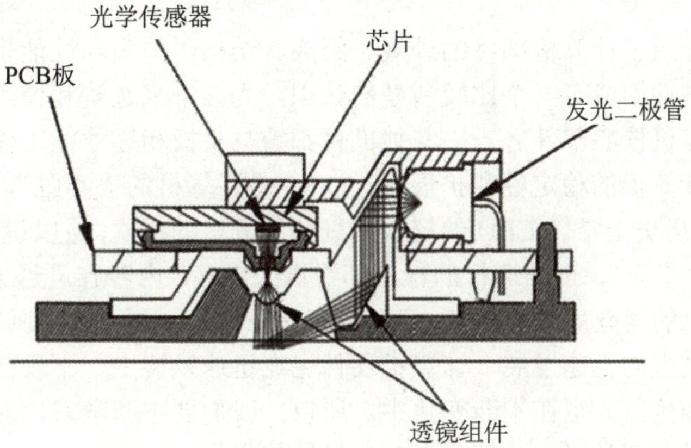

图 1-1-80　光电式鼠标原理

大部分光电式鼠标均采用红色 LED 灯作为光源，称为红光鼠标。在可见光谱中，红光的波长最长，它的穿透性也最强。市面上还有采用蓝光 LED 灯作为光源，称为蓝光鼠标。蓝光波长比红光短，蓝色鼠标的精度略高于红光，其他并无多少差别。还有采用红外线 LED 灯作为光源，虽见不到光，但是也属于普通的光电式鼠标，整体耗电与效果和普通的红光鼠标是相同的。

激光鼠标的工作原理和光电式鼠标也是相同的，但是工作方式不同，激光鼠标的工作方式是通过激光照射在物体表面所产生的干涉条纹而形成的光斑点反射到传感器上获得的，而传统的光电式鼠标是通过照射粗糙的表面所产生的阴影来获得的。由于激光能对表面的图像产生更大的反差，从而使得成像传感器得到的图像更容易辨别，使得激光鼠标的定位精准性更强。

蓝影鼠标是基于蓝影技术的高性能鼠标。使用蓝色光的短波优势提高了反射效果，使物体细节得到了更细致的反映。通过蓝色光源加上透镜汇聚效果使最终进入成像镜头的光束量达到激光引擎的 4 倍，能够让光学传感器获得更大的光量。成像端使用的是视角更宽的广角镜头，能够抓取更大范围的物体表面的细节图像，因此对鼠标移动轨迹的分析也会变得更加细致。上述特性赋予了蓝影技术更强的表面适应能力，无论是光滑的大理石台面上，还是粗糙的客厅地毯上，都能够精确定位。

（5）　鼠标的性能指标

分辨率：指鼠标移动 1 英寸采样的次数。用 DPI（Dots Per Inch ）或 CPI（Count Per Inch）表示。DPI 值越高，鼠标反应就越灵敏，定位越精确。目前鼠标分辨率基本上在 1000dpi 以上，高档游戏类鼠标最高分辨率达到 6400dpi。

刷新率：也叫鼠标的采样频率，指鼠标每秒钟能采集和处理的图像数量，一般以“FPS/s（帧/秒）”为单位。此指标仅针对光电式鼠标，目前鼠标的刷新频率为 3600FPS/S 左右。

按键寿命：这是衡量鼠标质量好坏的一个指标，优质的鼠标内每个微动开关的正常寿命都不少于 10 万次的点击，而且手感适中。现在主流鼠标按键寿命要远高于这个数值，如双飞燕 G11-580HX 无孔锂电鼠标按键寿命达到了 500 万次。

五、总结提高

本任务主要介绍了计算机部件的外观、组成、结构、原理和性能指标。通过本任务学习，应对计算机硬件构成有一个比较清楚的认识，为接下来选购和使用计算机部件打下了基础。主板是计算机核心部件之一，其他部件都得与主板相连才能工作，主板的稳定性和可扩展性决定了计算机的稳定性和扩展性。CPU 是计算机的“心脏”，基本上决定了计算机的性能和档次，历史上常以 CPU 的档次来划分计算机的档次，足以说明 CPU 的重要性。内存是计算机的“车间”，正在运行的程序都得调入内存，内容容量越大，工作环境就越宽敞。硬盘是计算机的“仓库”，文件、资料都存储在这里，需要细心呵护。

随着微电子技术的迅速发展，计算机硬件也在迅速发展中，不仅部件的性能在不断提高，而且外观（如接口）也在不断变化中。所以，我们要不断学习，对市场上出现的新产品、新技术要及时了解学习，才能跟上时代发展的步伐。

任务二　选购计算机

一、任务描述

计算机装机一般有两种情况：给定总价和指定用途。在总价不变的情况下，合理选购部件，尽可能提高性价比；在指定用途的情况下，根据用户经济实力，可以高配也可以低配，适当考虑可扩展性。

二、任务分析

选购计算机部件首先要了解当前计算机硬件市场行情，知道哪些计算机部件是最新产品，哪些是稍旧产品，哪些是老产品。新产品性能高，价格也高；老产品价格低，性价比高，但淘汰为时不远。其次要考虑主板、CPU、内存的搭配关系。主板 CPU 座与 CPU 接口要一致，内存类型与主板内存插槽相一致，否则将不能安装。最后要分配好各部件之间的资金比例，把钱用在刀刃上。

三、相关知识点

1. 选购主板

选购主板可以从以下几个方面着手：板型、芯片组、CPU 供电设计、用料与做工、品牌、功能特色、I/O 接口、可扩展性、售后服务、价格等。

（1） 板型

常见的主板板型有：ATX、Micro ATX、E-ATX、Mini-ITX。

ATX 是标准主板板型，俗称大板，尺寸为：30.5cm×24.4cm、30.5cm×22.0cm、30.5cm×19.0cm 等。ATX 板型拥有较大的主板空间，可以安排的元器件多，PCI-E 插槽和内存插槽也多，扩展性强。同时，充足的空间有利于散热。ATX 板型是用户经常选用的板型，相应地，机箱也要选购标准 ATX 机箱，否则大主板装在小机箱里空间会很小甚至装不下。

Micro ATX 又叫小板，尺寸为：24.4cm×24.4cm、24.4cm×21.0cm 等，小于标准的 ATX 主板，比 ATX 标准主板结构更为紧凑。主要目的是降低制造成本，节约能源和材料，从而降低售价。Micro ATX 主板提供的插槽比标准 ATX 主板少，PCI-E 扩展插槽减少为 3～4 条，DIMM 插槽一般为 2 条。目前很多品牌机主板使用了 Micro ATX 主板，在 DIY 市场上也有一部分主板是 Micro ATX 主板。如果用户对计算机性能要求不是很高的话，Micro ATX 主板是个不错的选择。

E-ATX 板型是比 ATX 板型大的板型，属于高性能主板，外形尺寸为：30.5cm×27.2cm，常用于服务器/工作站的主板产品。DIY 市场上基于 Intel X79 芯片组的主板也采用 E-ATX 板型。高端用户可以选用此类主板。

Mini-ITX 是由 VIA（威盛电子）定义和推出的一种结构紧凑的微型化的主板设计规范，目前已被多家厂商广泛应用于各种商业和工业应用中。它是用于设计小空间、小尺寸、相对低成本的专业计算机，如用在汽车、置顶盒以及网络设备中的电脑，也可用于制造瘦客户机。尺寸为：170mm×170mm，功率小于 100W。不过，DIY 用户很少采用此类主板。

（2） 芯片组

目前消费市场上，主板芯片组的生产厂商只有 Intel 和 AMD。人们将采用 Intel 芯片组的主板称为 Intel 平台；采用 AMD 芯片组的主板称为 AMD 平台。Intel 的芯片组只支持 Intel 的 CPU，AMD 的芯片组只支持 AMD 的 CPU，也就是说，两个平台互不兼容。从近几年两家的表现来看，AMD 平台的性价比相对较高，特别是 CPU 不锁频，受到一部分用户的青睐，对于那些预算有限的朋友而言，选用 AMD 平台搭配性价比较高的 AMD CPU，完全能够满足一般的办公、娱乐、学习要求。而 Intel 平台，则具备很高的稳定性，而且平台性能相对 AMD 而言也有明显的优势，尤其是在新一代 Core i7、i5 发布之后，Intel 的性能优势愈发明显，所以 Intel 平台比较适合游戏玩家或图形设计者。

下面我们来分析一下 Intel、AMD 平台的主板芯片组。

Intel 平台的芯片组，最新的是 8 系列，包括 Z87、H87、H81、Q87、B85 等；稍早一点的是 7 系列，包括 Q75、Q77、B75（商用平台）、H77、Z75、Z77（消费级平台）、X79；再早一点的是 6 系列，包括 H61、H67、P67、Z68；老产品有 P55、P57、H55、H57、X58、P45、P43、G45、G41、X48 等。

Intel 8 系列芯片组于 2013 年上半年面世，配合新一代 Haswell 处理器使用。8 系列芯片组除了支持更多的 Intel 新技术之外，相比 7 系列芯片组最大的变化在于增加了原生 USB 3.0 和 SATA 6Gbps 接口的数量，各有 6 个之多，同时还拥有更低的 TDP 和更小的发热量，以及更小巧的封装。另外一个改善是，核心显卡的输出不再经由 PCH 芯片，而是由 CPU 直接输出。而 PCI-E 通道方面依然为 8 条。

Z87 芯片组主打高端，适合游戏玩家，规格最为齐全，动态磁盘加速（Dynamic Storage Accelerator）、CPU 超频就只有它才支持，PCI-E 通道拆分也是最灵活的，还提供 6 个 USB 3.0、6 个 SATA 6Gbps。Z87 主板还预装了雷电 Thunderbolt 接口和 USB Port 充电接口，玩家可以用来给手机、平板电脑等设备充电。

H87 砍掉了动态磁盘加速、CPU 超频、×8/×4/×4，增加 SBA，其他与 Z87 一样。

H81 是最低端的，将会取代年迈的 H61，规格删减得也很厉害，比如仅支持单条×16、2 个 USB 3.0 和 2 个 SATA 6Gbps（还有 8 个 USB 2.0 和 2 个 SATA 3Gbps）、6 条 PCI-E 2.0，每通道内存也只能有一条（最多只能用 2 条内存）。

Q87、Q85 是商务平台的。B85 规格上也还凑合，SBA、4 个 USB 3.0 和 4 个 SATA 6Gbps（还有 8 个和 2 个老的）、8 条 PCI-E 2.0，就是只支持 AHCI 而没有高级磁盘功能。不知道能不能延续 B75 的辉煌，就看价格和推广力度了。Intel 8 系列芯片组规格见表 1-2-1。

表 1-2-1　Intel 8 系列芯片组规格

型　号	Z87	H87	H81	B85
接口	LGA1150	LGA1150	LGA1150	LGA1150
多卡支持	1×16、2×8、1×8+2×4	否	否	否
超频支持	是	否	否	否
快速存储	是	是	否	否
动态磁盘加速	是	否	否	否
智能响应	是	是	否	否
快速启动	是	是	否	是
USB 总数/USB3.0	14/6	14/6	10/2	12/4
SATA 总数/SATA3.0	6/6	6/4	4/2	6/4

Intel 7 系列 芯片组 Z77、Z75、H77、Q77、Q75、B75，支持 22nm 的 Ivy Bridge 处理器，也支持上一代 Sandy Bridge 处理器，原生支持 USB 3.0 接口，支持 PCI-E 3.0 接口。其中 Z77、Z75、H77 是桌面个人消费级平台的产品，用来取代 Z68、P67 和 H67。Q77、Q75 和 B75 则定位于商用平台，取代 Q67、Q65 和 B65。但是，经过市场筛选之后，Z77、H77、B75 三款主板走红。

Z77 主板最主要的特色是超频，通常搭配的 CPU 也是价位较高的型号，既然是为了追求高性能，价格差不多的情况下必然要选择最顶级规格的主板，所以人们选择 Z77 多于 Z75 主板。

H77 主板主要定位于中端消费级市场，支持 Ivy Bridge 处理器但不支持 CPU 超频，H77、Z77 支持固态硬盘混合加速技术。H77 主板支持集成显卡，仅支持单个的独立显卡。

B75 主板相比于 H61 主板，拥有高效能的 USB3.0 传输速度之外，更提供了 1A 的供电能力（USB 2.0 为 0.5A），相比需要外置供电的 ESATA 传输接口将更具方便性。因此，B75 主板取代 H61 主板理所当然。Intel 7 系列芯片组规格见表 1-2-2。

X79 主板芯片组搭配 LGA 2011 接口的 Sandy Bridge-E 系列处理器使用，构建顶级性能的硬件平台，是高端发烧友的独享产品。X79 芯片可提供 10 个支持 SAS 的 SATA 6Gbps

接口和 4 个 SATA 3Gbps 接口，同时还能提供 4 条 PCI-E 3.0 和 8 条 PCI-E2.0 通道，其中 PCI-E 3.0 通道将用于提供存储带宽。除此之外，X79 芯片还采用了 100MHz 的基准时钟频率，支持处理器和内存超频，支持 Intel RST 3.0 存储技术，完美支持双路显卡或四路 x8 显卡，整合四通道 DDR3 内存控制器，支持四通道 DDR3 1600 内存，可超频支持 DDR3 2133 也不在话下，唯一欠缺的是 X79 没有提供原生 USB 3.0 接口。

表 1-2-2 Intel 7 系列芯片组规格

	Z77	Z75	H77	Q77	Q75	B75
集成显卡输出	Yes	Yes	Yes	Yes	Yes	Yes
vPro 商用技术	No	No	No	Yes	No	No
RST 快速存储技术	Yes	Yes	Yes	Yes	No	No
智能混合硬盘	Yes	No	No	Yes	No	No
USB 接口数（USB 3.0）	14（4）	14（4）	14（4）	14（4）	14（4）	12（4）
SATA 接口数（6Gbps）	6（2）	6（2）	6（2）	6（2）	6（1）	6（1）
PCI-E3.0 信道数	8	8	8	8	8	8
PCI 插槽	No	No	No	Yes	Yes	Yes
最大内存条数	4	4	4	4	4	4
CPU 超频	Yes	Yes	No	No	No	No
显卡交火	Yes	CF	CF	CF	CF	Yes

Intel 6 系列芯片组 H61、H67、P67、Z68，支持 32nm 的 Sandy Bridge 处理器，通过刷 BIOS，也可支持 22nm 的 Ivy Bridge 处理器。Z68 是 Intel 6 系列芯片组的高端型号，支持 6 系列芯片组的所有功能，是 P67、H67 所有功能的集合。Z68 支持 CPU 集成显卡输出，支持 I7 2600K/I5 2500K 不锁倍频处理器以及超频，支持最高 DDR3 2133 内存，支持 8X8 甚至 16×16 的显卡 CF/SLI，支持磁盘阵列，并增加了磁盘缓存技术，配合固态硬盘使用增强磁盘性能。P67 支持双卡互联和超频，部分低价主板仅支持 16×4 的 AMD 显卡 CF，但不支持 CPU 集成显卡输出。H67 支持 CPU 集成显卡输出，不支持 I7 2600K/I5 2500K 等不锁倍频的高端 CPU，内存仅支持到 DDR3 1333。部分品牌主板支持 16×4 的 AMD 显卡 CF，不支持 NVIDIA 的 SLI。H61 是 H67 的缩减版，不支持 I7 2600K/I5 2500K 等不锁倍频的高端 CPU，内存仅支持到 DDR3 1333。不支持磁盘阵列，不支持 SATA 3.0，不支持显卡 CF/SLI。H61 是当时中低端玩家用来搭配 G620 与 I3 2105 的首选产品。6 系列芯片组规格见表 1-2-3。

表 1-2-3 Intel 6 系列芯片组规格

	Z68	P67	H67	H61
PCI-E 插槽	1*PCI-E 2.0 16/x8*2	1*PCI-E 2.0 x16/x8*2	1*PCI-E 2.0	1*PCI-E 2.0
内存	4*DDR3	4*DDR3	4*DDR3	2*DDR3
SATA 2/3	4/2	4/2	4/2	4/0
PCI-E 信道	8	8	8	6

（续表）

	Z68	P67	H67	H61
PCI-E 带宽	5GT/s	5GT/s	5GT/s	5GT/s
磁盘阵列	0，1，5，10	0，1，5，10	0，1，5，10	不支持
USB 2.0 接口	14	14	14	10
显示输出	支持	不支持	支持	支持
磁盘智能响应	支持	不支持	不支持	不支持

虽然 6 系列主板也可支持 Ivy Bridge 平台处理器，但 7 系列主板推出后 6 系列主板不可避免地要退出市场。首先，7 系列主板全面支持 PCI-E 3.0 接口，为用户保留了非常大的升级空间。其次，7 系列主板上 Intel 加入了原生 USB3.0，在使用 USB 3.0 设备时将不再弹出安装驱动提示，在用 USB 3.0 设备安装系统时，传导数据时效能更高。除此之外，在显示功能上也做了大胆突破，7 系列主板全线支持板载视频接口，并且可以实现核芯显卡三屏显示，还可通过 WIDI 技术实现无线连接显示器播放 1080P 视频。以上这些提升都意味着 SNB 已成为过去。

目前市场中 6 系列主板除 H61 以外已不多见。7 系列主板上市价格仅仅比 6 系列主板高出百余元，这对于一台计算机的性价比来讲，影响微乎其微，但性能提升却是实实在在的。

AMD 平台芯片组有：支持 APU 的 A88X、A85、A75、A55；支持 AM3/AM3+接口 CPU 的 970、990X、990FX、870、880G、890GX、890FX、760G、770、780G、785G、790GX、790X、790FX 等。

A88X 用于搭配 AMD 三代 APU，采用 FM2+接口，FM2+接口的主板可以向下兼容 FM2 接口的二代 APU，而 FM2+接口的 APU 必须购买 FM2+接口的主板。

A85、A75、A55 是 AMDAPU（加速处理器）相配套的主板芯片组。A75、A55 支持 Llano A 系列 APU，插座类型为 FM1，针脚数 905 个。A75 原生支持 4 个 USB 3.0 接口和 10 个 USB 2.0 接口，原生支持 6 个 SATA 3.0 接口，而 A55 仅支持 14 个 USB 2.0 接口，6 个 SATA 2.0 接口。A75 支持 FIS（帧信息结构切换）技术，而 A55 则不支持。考虑到 A75 主板比 A55 主板贵了只有几十元，所以从两者中选的话，A75 是不二的选择。

A85 是 A75、A55 的升级版，支持打桩机核心的 APU，插座类型为 FM2，针脚数 904 个。可见，A85 与 A75/55 互不兼容。A85 与 A75 芯片组对比见表 1-2-4。

表 1-2-4　A85 与 A75 芯片组对比

	A75	A85
CPU 座	FM1	FM2
RAID 0/1/10	是	是
RAID 5	否	是
USB 2.0	10 个	10 个
USB 3.0	4 个	4 个
DDR3 内存支持	1866MHz	1866MHz
SATA3	6 个	8 个
支持多屏数	3 联屏	4 联屏

从表中可以清晰地看到，A85 芯片组相对 A75 芯片组在规格方面还是有着不小的提升。首先在磁盘阵列（RAID）的功能上，A85 芯片组支持 RAID 5 功能，这是 A75 所不具备的。RAID 5 在提升磁盘性能的同时，还保障了数据的安全，是一种两全其美的 RAID 方式。其次，A85 芯片组原生提供了多达 8 个 SATA3 接口的支持。随着大容量高速存储设备的迅速普及，SATA3 接口正在逐步显示着自己的威力。另外，A85 将支持多屏的数量由 A75 的 3 个提升到了 4 个（需要 APU 的支持）。

970、990X、990FX 芯片组支持 Bulldozer（推土机）架构的 CPU，即 AMD 主打高端市场的 FX 系列 CPU，接口类型为 AM3+。也可以搭配 AM3+接口的 Phenom II/Athlon II。这三个主板芯片组主要区别在显卡交火上，970 支持单卡或者 16+4，990X 支持 8+8，990FX 支持 16+16 或者 8+8+8+8。其实交火，关键还要看 CPU 的性能和显卡的性能，主板芯片有影响，但不是很大。使用单显卡的话全一样，选 970 最实惠。

AM3+主板与 AM3 主板相比，有以下不同：

➢ 处理器插座有差异。AM3+处理器插座的针孔比 AM3 的针孔增加了 0.06mm，增大 11%的空隙能够有效避免处理器安装时弄弯阵脚的问题，如图 1-2-1 所示。

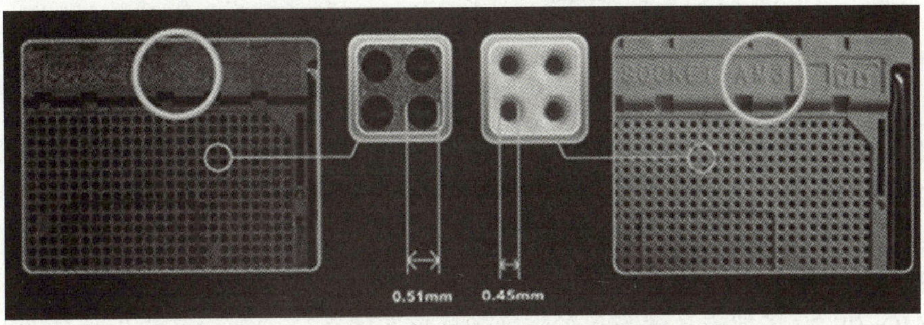

图 1-2-1　AM3+插座（左）针孔比 AM3（右）大 11%

➢ 提高了 CPU 与电压管理模块的连接速度。AM3+的连接带宽达到了 3.4MHz，而 AM3 仅工作在 400kHz，更高的传输速度能够保证 CPU 负载转换速度更高，提高了 CPU 电源的转换效率。

➢ 电源负载效率得到提高。9 系列芯片组支持新的节能技术，优化了芯片的负载管理，能够提高能源效率。在 CPU 负载不高的时候，关闭部分元件的供电，可节约 11.8%的电能。

➢ 供电质量得到提高。AM3+主板提供更稳定的供电电压，电压波动降低了 22%，能够使系统运行更稳定。

➢ CPU 供电电流提高到 145A。相对于 AM3 最大 110A 的供电能力，AM3+提供高达 145A 的供电能力，能够有效满足多达 8 核 CPU 的供电需求。

➢ CPU 散热器固定支架得到改进。传统的包围式结构支架不利于散热，使得部分热量淤积在底座附近，特别是在采用下压式散热方式时。新的 C.C.R 结构支架能够有效避免底座附近热量的堆积，相比包围式结构降低温度 5.4 摄氏度。

8 系列芯片组：870、880G、890GX、890FX，主要搭配 AM3 接口的 Phenom II/Athlon II 系列 CPU，其中带“G”的为整合芯片组，即集成显卡。

(3) CPU 供电设计

目前 CPU 核心电压在 1V 左右，功耗在几十 W 至一百多 W 之间，由此推算 CPU 工作电流在几十 A 至一百多 A 之间，而且随着 CPU 负载变化供电电流起伏很大。为此，保证 CPU 的供电稳定十分重要。ATX 电源供给主板的 12V 直流电不可能直接给 CPU 供电，需要通过直流电压的转换电路（DC-DC）将 12V 直流电降至 1V 左右，这个转换电路就是 CPU 的开关供电电路。开关电路能够保证 CPU 在高频、大电流工作状态下稳定地运行。

CPU 供电电路由 PWM（脉宽调制）芯片、Driver IC（驱动芯片）、MOSFET（场效应管）、电感和电容组成，如图 1-2-2 所示，实物图如图 1-2-3 所示。各部分作用说明如下。

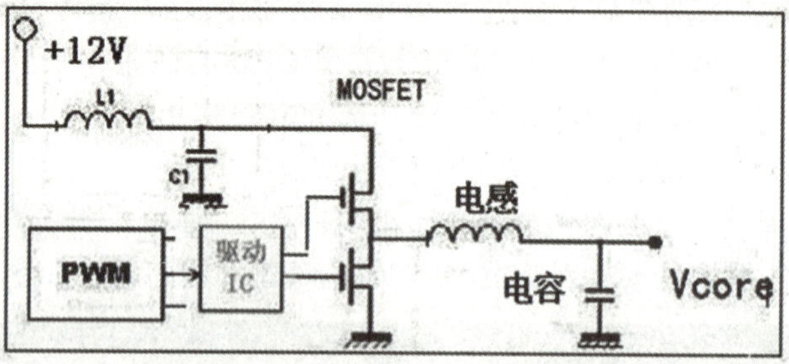

图 1-2-2　单相开关电路的组成

- PWM（脉宽调制）芯片：从 CPU 获取 CPU 的工作电压代码，把电压代码转换成实际的电压信号，控制 MOSFET 输出准确的电压。监视 CPU 的工作电流变化，根据 CPU 的负载调整输出电流。
- 驱动芯片（Driver IC）：把 PWM 发出的信号放大，驱动 MOSFET 工作。
- MOSFET：场效应晶体管，在这里就是起“开关”作用，“开启”时允许电流通过，“关闭”时阻挡电流通过。开、关由驱动 IC 控制，高电压为开，低电压为关。通过调整“开关”的时间比可以改变输出电压。
- 电感：存储能量，把 MOSFET 送过来的电能转变为磁能存储。
- 电容：存储电能和滤波作用，使输出电压平滑稳定。

图 1-2-3　CPU 开关供电电路（三相）

开关电路基本工作过程是：当计算机开机后，ATX 的电源输出的+12V、+5V、+3.3V 供电，电源管理芯片在获得供电后为 CPU 提供电压，CPU 电压自动识别引脚发出电压识别信号 VID 给电源管理芯片。电源管理芯片再根据 CPU 的 VID 电压，发出驱动控制信号，控制上下两个场效应管轮流导通。当上场管导通、下场管截止时，12V 电压经滤波电感 L1、上场管、电感 L2 至 CPU，这个过程中电感储能、电容放电；当上场管截止、下场管导通时，电感 L2 释放电能为 CPU 供电，同时给电容充电。在 PWM 控制下，重复上述过程。

在实际主板中，根据不同型号 CPU 的工作需要，CPU 的供电方式分为两相供电电路、三相供电电路、四相供电电路、五相供电电路、六相供电电路等，有的甚至多达二三十相供电电路。判断 CPU 供电相数的简单方法是数一数开关电路中电感的个数，几个电感即为几相。在图 1-2-3 中，开关电路有三个电感，即为三相。

CPU 供电设计是主板设计中最为重要的一环，也是电脑玩家选择主板的一个重要依据。那么，怎样来判断一款主板的 CPU 供电的优劣呢？可以从供电相数和元器件的品质来判断。

主板的 CPU 供电部分采用多相供电设计是基于以下考虑：CPU 供电是低电压大电流，供电部分本身工作时会产生热量，尤其是通过大电流的 MOSFET 管部分，而这些发热会降低电子元件的性能，进而降低供电的转换效率并缩短元件的寿命。为此，我们采用多相供电让供电元件能轮流获得一定的时间休息、散热，以便提高效率、延长寿命。

按照上面的说法，可能以为供电相数越多，每相所承担的压力就会越小，发热就越小，寿命就越长，其实不然。首先，10 相以上的超多相供电设计是针对高功耗 CPU 而设计的，而目前的主流级 CPU 除了 AMD 的推土机之外，供电需求其实都不是很大，没必要设置过多的供电相数。其次，超多相供电会让元件变得更加密集，让元件散热的难度上升，有可能导致最终效果得不偿失。现在的超多相供电主板基本都会采用一些新型元件来解决这个问题，基本理念就是把 MOSFET 做得更整合、更小巧，并同时利用 PCB 正面和背面空间，以让 MOSFET 有更好的散热环境，效果上来说这些设计是不错的，问题是成本提高了，需要用户多掏钱包。

反之，供电相数太少也不行。现在的 CPU 结构和以前相比复杂多了。以三代 Core i 系列为例，一个完整的 CPU 供电设计可以划分成 CPU 核心、SA 系统助手和核显三个部分，如果是 5 相供电，它实际上可能是 3 相 CPU 核心+1 相 SA+1 相核显。如果一款 B75 供电相数只有 4 相，那么实际上就是 2 相 CPU+1 相 SA+1 相核显，有点吃紧，在搭配中高端 CPU 会有微量性能损失，还会影响主板使用寿命。

因此，在判断主板 CPU 供电相数上，既不是越多越好，也不是越少越好，要结合实际需要来决定。对于大部分普通用户来说，供电相数在 5～10 相是最为合理的。

优秀的 CPU 供电设计方案还须搭配高品质的元器件。在供电部分需关注四个元件：电容、Mosfet、电感、PWM 开关电源控制芯片。

优秀的电容可以保证电源对主板及相关配件的供电稳定性，并过滤掉电流中的杂波，再将纯净的电压给 CPU 和内存等部件。主板厂商在设计时使用电容的好坏，直接决定主板性能、稳定性和使用寿命。电容品牌比较优秀的有 Nichicon（蓝宝石）、Rubycon（红宝石）、Sanyo（三洋）、KZG（日化）。这些品牌都是来自日本的知名品牌，如图 1-2-4 所示。目前日本在电容内部重要材料电解液和其他电解质的技术领先于其他国家，这些材料影响电容的充放电次数，内部温度以及耐热值。台系的 TAICON、OST、TEAPO、CAPXON 等品牌的电容也可以考虑。少数高端的超频版主板还会采用化学稳定性极好的固态电容，彻底杜绝了电容爆浆现象的发生。

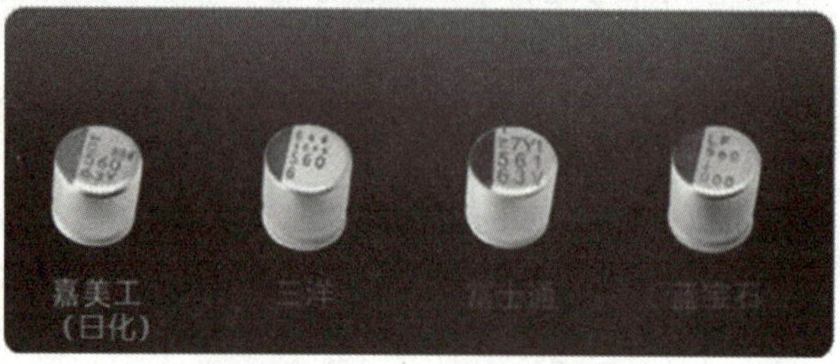

图 1-2-4　日系固态电容

优秀的 Mosfet 也很重要。“MOSFET”是英文 Metal Oxide Semicoduc-tor Field Effect Transistor 的缩写，译成中文是金属氧化物半导体场效应管。它是由金属氧化物及半导体三种材料制成的器件，所谓功率 Mosfet（Power Mosfet）是指它能输出较大的工作电流（几安到几十安），用于功率输出级的器件。衡量 Mosfet 有一个关键值就是 RDS 值，这是 MOSFET 在导通状态下的内阻值，这个值越低越好。目前在 MOSFET 的生产领域有很多公司，其中以 Infineon、IR、飞利浦在技术上最为领先，性能最为优秀，还有 Alpha、ST、On 以及台湾地区的富鼎都是目前主板常用的品牌。考量主板 MOS 管好坏最直接的办法就是它的发热量，如果在通电情况下，MOS 管上烫得无法让手指接触，说明 MOS 管用得不好，如果能让手指在其上停留 10 秒左右，说明 MOS 管的发热量处于正常水平，而如果只感觉到微热的话，那么该款主板的 Mosfet 就可以说是十分优秀的了。

电感是由导线在铁氧体磁芯环或磁棒上绕制数圈而成的，有线圈式、直立式和封闭式等几种。主板 CPU 供电电路中的电感有两种，一种是用来对电流进行滤波的，称为滤波电感；另一种是用来储能的，经和场效应管、电容配合使用来为 CPU 供电。目前 CPU 供电电路中的储能电感都是封闭式的，无法看到内部构造，只能通过电感品牌来区分电感质量。台系全封闭陶瓷电感（图 1-2-5）是高端主板常用的料件，以超频著称的主板均会采用。该电感采用的材料是线径很粗的线圈，高导磁率、不易饱和的新型磁芯，所以不需要很多的绕线圈数就可以得到足够的磁通量。

PWM 开关电源控制芯片是 CPU 供电的核心部分，一般置于 CPU 插座附近。常用电源管理芯片有 HIP6301、IS6537、RT9237、ADP3168、KA7500、TL494 等。其中 HIP630x 系列芯片（图 1-2-6）是比较经典的电源管理芯片，由著名芯片设计公司 Intersil 设计。它支持二/三/四相供电，支持 VRM9.0 规范，电压输出范围是 1.1～1.85V，能为 0.025V 的间隔调整输出，开关频率高达 80kHz，具有电源大、纹波小、内阻小等特点，能精密调整 CPU 供电电压。目前性能优秀的 PWM 芯片品牌主要有 Infineon、飞利浦、IR、Winbond、Richtek、Intersil 等。

图 1-2-5 全封闭陶瓷电感

图 1-2-6 Intersil ISL6323 PWM 芯片

（4） 用料与做工

决定主板性能主要的是主板芯片组，但主板作为一个整体，影响性能的还有主板做工与用料等因素。主板做工包括 PCB 板设计、CPU 供电设计、内存供电设计、芯片组供电设计、元器件布局、散热方式及焊接工艺等。用料则反映所选元器件的质量，高质量的主板不仅用料足，而且选用名牌产品，甚至军工级的产品。

主板 PCB 板有四层和六层的，常见的一般是 4 层 PCB 板。一块质量上乘的主板厚度一般在 3～4mm 左右，采用 6 层 PCB 板，表面光泽，印刷平整，没有毛边，边角采用弧形倒角工艺，以避免用户在安装主板时不小心划伤。主板的做工细节反映了厂商对产品的重视程度。

主板布线是主板设计的灵魂所在，出色的主板布线设计，相比堆料优势更为明显。由于 PCB 分为几层，用户只能通过最上和最下两层 PCB 布线来识别主板的布线设计。布线好坏可以从走线的转弯角度和分布密度来看，好的主板布线应该比较均匀整齐，从设备到控制的芯片之间的连线应该尽量短。走线转弯角度不应小于 135°，而且过孔应尽量减少，因为每一个过孔相当于两个 90° 的直角，转弯角度过小的走线和过孔在高频电路中相当于电感元件，处理器到北桥附近的布线应该尽量平滑均匀，排列整齐，过孔少。

蛇行线（图 1-2-7）是一种主板上常见的走线形式。主板之所以采用蛇行走线，一是为了保证走线线路的等长。因为像处理器到北桥芯片的时钟线，以 100MHz 左右的频率高速运行的信号，对线路的长度十分敏感，不等长的时钟线路会引起信号的不同步，继而造成系统不稳定。采用蛇形线以弯曲的方式走线来调节长度。二是采用蛇行线尽可能减少电磁辐射（EMI）对主板其他部件和人体的影响。因为高速而单调的数字信号会干扰主板中各种零件的正常工作。通常，主板厂商抑制 EMI 的一种简便方法就是设计蛇形线，尽可能多地消化吸收辐射。

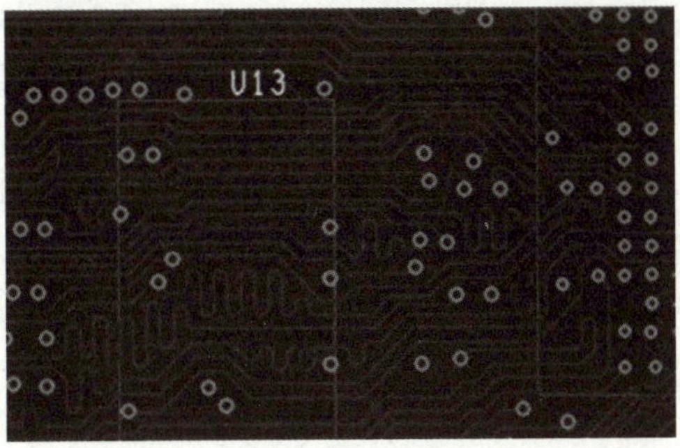

图 1-2-7 主板上的蛇行线

虽然蛇行线有上述好处，但是过多使用蛇行线并不好，认为蛇行线越多设计水平越高是错误的。因为过多过密的主板走线会造成主板布局的疏密不均，会对主板的质量有一定的影响。好的走线应使主板上各部分线路密度差别不大，并且要尽可能均匀分布，否则很容易造成主板的不稳定。主板的布局则主要是从板上各部件（如集成电路芯片、电阻、电容、插槽等）的位置安排，以及线路走线来体现的。好的主板在行家的眼里看起来，就是一件精美的艺术品。

主板上留有元件位置而实际没有元件的现象称为空焊。若空焊是功能芯片，会失去相应功能，这在中低端的主板中常见到，但不会影响稳定性，仅仅是减少部分功能而已。但空焊现象发生在电阻的位置上，就得留心了。以现今的工艺和成本，普通贴片电阻不大会省略，能节省成本的是省略 Poly Fuse 压敏电阻，如图 1-2-8 所示。

图 1-2-8　Poly Fuse 压敏电阻

Poly Fuse 压敏电阻一般为绿色、红色或者黄色的贴片小元件，其作用是提供过压保护。只要在其通路范围内的元件工作在正常范围内，其阻值不会变化。但是一旦通路内电流发生变化或者电压剧烈波动，压敏电阻立即大幅度调整阻值，从而第一时间保护重要的电子元件和芯片。Poly Fuse 类似熔断式保险丝，只不过它更为精密，用于避免违规拔插外置设备（PS/2 口、串行口、并行口或 USB 口）造成的强电流电压变化对主板造成的损坏，也能够有效防止雷击损坏硬件的现象发生。一些低端的主板由于考虑到成本问题，本来应该安装 Poly Fuse 压敏电阻的地方简单地用导线代替了，厂商能省则省，但对于主板来说就失去了过压保护功能。

主板的焊接工艺会影响主板的性能和寿命。质量高的焊点饱满、整齐、无焊锡遗留。

（5） 品牌

主板生产厂家众多，不下百余家，如图 1-2-9 所示。其中研发能力强，推出新品速度快，产品线齐全，产品质量过硬，认可度较高的一线品牌有：华硕（ASUS）、技嘉（GIGABYTE）、微星（MSI），三家占有主板市场半壁江山，如图 1-2-10 所示。一个有实力的主板品牌，从产品的设计、用料筛选、工艺控制、品管测试，到包装运送，把关十分严格，从而保证了产品的质量。

图 1-2-9 部分主板品牌

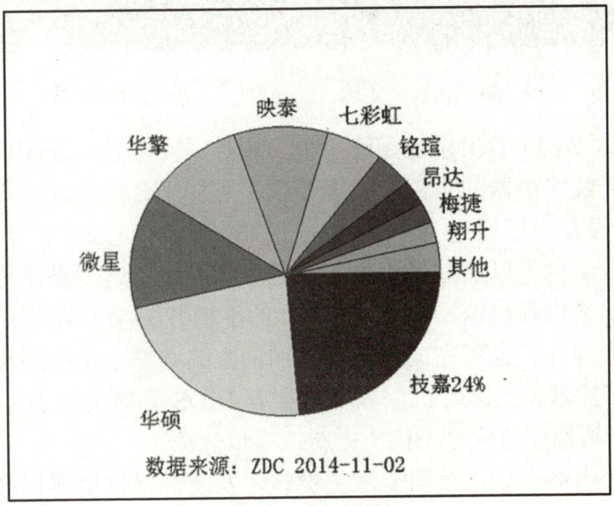

图 1-2-10 主板品牌占有率

华硕电脑股份有限公司创立于 1989 年，现为全球最大的主板制造商，并跻身全球前三大消费性笔记本电脑品牌。华硕的优势在于主板，其主板技术全球领先。华硕高端主板做工、用料一流，质量好，返修率低。市场上畅销的高端主板基本上都是华硕。华硕品质全球领先，内在品质与完美外观相结合，成就了“精彩创新外型，完美品质核心”。华硕主板分为三个系列，即常规的 Channel 系列、主打极限超频及娱乐的 ROG 系列以及以稳定为卖点的 TUF 系列。蓝白相间的插槽及蓝色的散热片是 Channel 系列的特征，经典的红黑则是 ROG 的特征，而 TUF 系列中处处可以看到充满军事元素的设计。华硕拥有多项特色技术：数字供电技术、EPU 智能节能技术、TPU 智能加速技术、Wi-Fi GO!（乐趣无线）、Fan Xpert 2（风扇达人 2 代）、独家一键 BIOS 升级技术等。

SMART DIGI+智能数字供电不仅能精准地控制处理器的供电，而且能对处理器供电部分进行全方位的控制，包括供电相、VRM 频率等。数字供电的另一个好处在于提升了供电效率，相比传统模拟供电效率提升幅度不小，这要归功于供电的大功率输出，减少了电源转换的损耗。

EPU（Energy Processing Unit）是一项智能节能技术，具备该技术的主板都集成了一颗名为“EPU”的电源管理控制芯片（图 1-2-11），其主要作用是检测系统负载并实时智能调整功率，以此让 PC 系统获得最大化资源利用率及最小的功耗，还有助于提高 PC 系统工作的稳定性，降低噪声。而 TPU 智能加速技术具有自动侦测、自动调速、自动测试稳定性、集显提速等功能。用户只要打开板载开关或在 TurboV 中设置一下，TPU 就会自动对处理器进行超频。

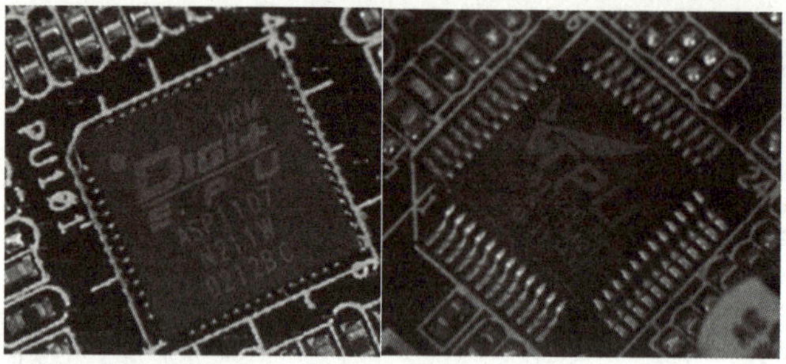

图 1-2-11　主板上的 EPU 和 TPU 芯片

华硕独家创新的 Wi-Fi GO!乐趣无线主板，构建了完全的无线家居娱乐解决方案。主板的无线网卡扮演无线路由器的角色，实现跨越多媒体平台的互联管理和远程智能控制。支持 Wi-Fi GO！的设备可以通过 WiFi 信号把视频和音频信号通过无线传输到支持 DLNA 的电视上面进行播放，也可以通过平板电脑或者手机等设备远程操作你的电脑，可以利用设备的重力感应功能来进行快速操作（类似 Wii 的手柄），或者直接把电脑屏幕上的内容传送到设备上进行直接操作，也可完成访问互联网的数据共享以及内网设备间的文件传输。

一键 BIOS 升级技术，无须开机，只要将存有 BIOS 升级文件的 U 盘插入主板，按下背板上的 BIOS 更新按钮就可实现 BIOS 更新，简单快捷。

技嘉科技创立于 1986 年，公司专注关键技术发展，提供全面贴心的售后服务，在通信产业竖立无以撼动的地位，成为全球主板、显卡产品创新的领导者。GIGABYTE 坚持“技术创新、质量稳定”的高标准，布局全世界、深耕经销渠道，成为世界级科技大厂。技嘉的主板，无论是高端还是低端，做工用料都相当不错，价格也比华硕的便宜。技嘉主板的主要特色是超耐久和动态节能。

技嘉超耐久第五代技术应用在 Intel 7 系列和 AMD FM2 主板上，在处理器供电区域使用超高耐电流零组件，包括来自 IR（Internal Rectifier）60A 的 IR3550 PowIRstage 芯片、两倍铜电路板及可处理高电流的亚铁盐芯电感。通过这些组件的整合，提供处理器高质量的电力供应，以获取更稳定、更好的超频性能，更低温、更高效的运行，并延长主板的使用寿命。

技嘉全新的动态节能器强化版，缔造了动态节能主板的新标准。动态节能技术藉由新一代的 Dynamic Energy Saver Advanced 动态节能器强化版，通过优化演算法可将节能计算更为精确，提供更佳的节能效率以及更佳的系统效能。技嘉全新设计的动态节能器强化版也能在超频时同时体验技嘉独特的多挡位电源切换高效率的好处，让在超频时也能使用动态节能器，并且提供更稳定、更顺畅的超频效能。

微星科技股份有限公司成立于 1986 年，目前是全球前三大的主板生产厂商之一，全球第一大显卡生产厂商，产品遍销世界各地，微星军规板卡以优异的品质以及卓越的性能受到了全世界玩家的喜爱。微星主板做工扎实，节能低耗，超频能力不错，稳定性较强。微星采用军规级别稳定料件，固态电容甚至钽电容，超级铁素体电感，DrMOS 是其一大特色。

微星科技（MSI）的 DrMOS（图 1-2-12）是将传统 MOSFET 供电中分离的两组 MOS 管和驱动 IC 以更加先进的制程整合在一片芯片中，三合一封装的 DrMOS 面积是分离 MOSFET 的 1/4，功率密度是分离 MOSFET 的 3 倍，增加了超电压和超频的潜力。DrMOS 能够在主板高负荷运作时，比其他品牌同级主板有更高的用电效率，减少能耗，进而达到省电、降温的效果；而在超频效果上，通过 DrMOS 的超低电源反应时间和低阻抗特性，可以轻松应付狂热玩家对高端主板更严苛的超频工作，大幅提升整体效能。

图 1-2-12　微星高端主板用料

映泰（BIOSTAR）是世界级的主板大厂，自 1986 年成立以来，凭借着优秀的团队，善用顶尖的技术与资源，以世界级的制造水准为全球的消费者提供高品质和符合顾客要求的家用和商用产品。高端 T 系列超频能力尤其出众，在 DIY 玩家群中拥有良好的口碑，显卡方面具备特色超频软件，能充分发掘 DIY 的乐趣。TA 系列主板做工、用料、性能都很好，能够跟一线品牌的主板媲美。

Hi-Fi 主板是映泰的一大特色。映泰用一种比较廉价的方案解决了 PC-HiFi。采用运算放大器芯片提供驱动能力，屏蔽音效芯片，使用具有更好的高频特性、信号损失小的无极电容和温度系数小、高频性能优秀的金属氧化薄膜电阻提高音质，实现高保真，如图 1-2-13 所示。

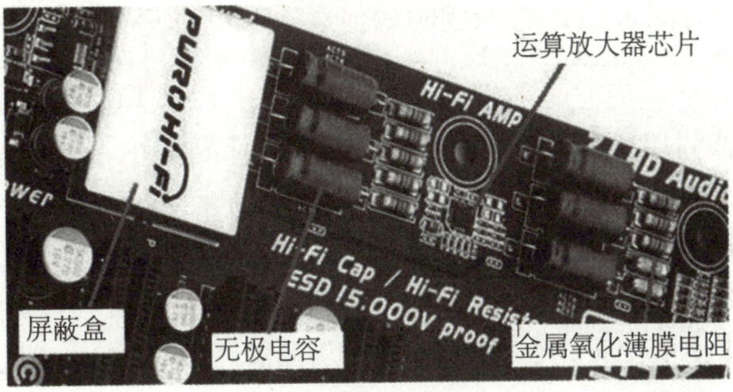

图 1-2-13　映泰 Hi-Fi 解决方案

七彩虹是国内品牌，其产品受到了用户的广泛认可和业内媒界的一致好评，荣膺奖项无数，在 IT 领域正焕发出日益亮丽的彩虹。七彩虹主板是 500 元以下主板中的最强者，销量非常大，几乎霸占低端市场的大部分。另外，七彩虹显卡已经成为市场上著名的显卡品牌之一。

（6） 其他方面

主板的可扩展性也是选购要素之一，扩展槽的种类和数量是衡量主板可扩展性的关键，目前主板一般提供 PCI-E x16 和 PCI-E x1 插槽。SLI 或 CrossFire 双显卡支持发烧级主板必备的功能，需要两条 PCI-E x16 插槽。另外，PCI 插槽虽然处于淘汰状态，但用户手中还大量拥有此类接口的插槽，所以好多主板厂商依然保留 PCI 插槽，而 Intel 6 系列、7 系列芯片组（商务芯片除外）已不再提供 PCI 插槽。图 1-2-14 所示是一款提供 3 个 PCI-E x16 插槽、2 个 PCI-E x1 插槽和 PCI 插槽的主板。

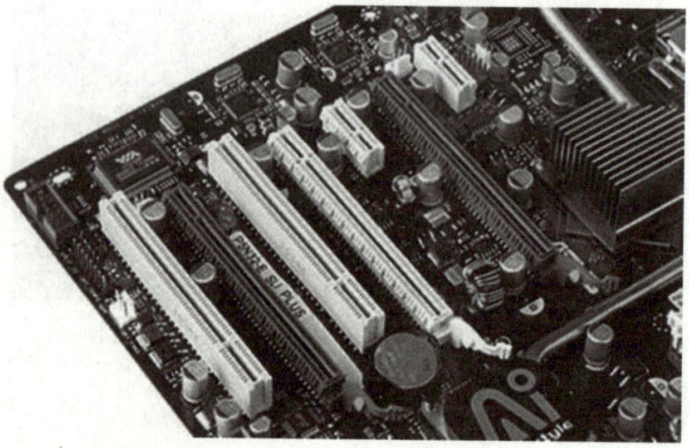

图 1-2-14　主板上扩展槽的配置

丰富的 I/O 接口将为用户带来连接上的方便。核显输出接口有 VGA、DVI、HDMI、DP 等几种，输出品种越多，适应显示器接口能力越强，像 3 联屏、4 联屏就需要 DP 接口。现在 USB 设备越来越多，USB 接口多多益善。有的主板没有 PS/2 口，这样 PS/2 口的键鼠就不能直接与主板连接。拥有 E-SATA 接口的主板可以不打开机箱连接 SATA 硬盘。

最后看售后服务。购买产品尽量选择经营规模大、时间长、口碑好的商家。无论选择何种档次的主板，在购买前都要认真了解厂商的售后服务。如厂商提供哪些质保服务，产品的保换时间和保修时间多长，有问题时如何联系和处理等。

2. 选购 CPU

CPU 的选购应按需求而定，高配造成性能过剩，低配则达不到性能要求，一般从品牌、产品系列、性能、价格等方面着手来选购。

目前，消费市场上 CPU 只有两家产品：Intel 和 AMD，且两家产品互不兼容，Intel CPU 只能搭配 Intel 的主板芯片，AMD CPU 只能搭配 AMD 的主板芯片。Intel CPU 全部采用触点式接口，AMD CPU 全部采用针脚式接口。从品牌角度看，Intel 技术领先，性能稳定，发热小，价格较贵，是高端用户和追求稳定性用户的首选；AMD 技术、性能、工艺略逊一筹，价格相对较低，性价比高，好多产品不锁倍频，易超频，比较适合游戏玩家和低端用户。

CPU 种类繁多，只有对 CPU 产品有了全面的了解，才能正确选购。下面具体介绍当前市场上 Intel 和 AMD CPU 产品系列。

（1） Intel CPU

Intel CPU 产品系列有：酷睿 i7 四代、酷睿 i5 四代、酷睿 i3 四代、酷睿 i7 三代、酷睿 i5 三代、酷睿 i3 三代、酷睿 i7 二代、酷睿 i5 二代、酷睿 i3 二代、酷睿 i7、酷睿 i5、酷睿 i3、酷睿 2 至尊、酷睿 2 四核、酷睿 2 双核以及奔腾和赛扬。

酷睿 i7 四代产品型号有：4790K、4790、4770K、4770。

酷睿 i5 四代产品型号有：4690K、4670K、4670、4570、4670S、4570TE、4670T、4570S、4430S。

酷睿 i3 四代产品型号有：4150、4130。

简单地理解，酷睿 i7 定位高端，i5 中端，i3 低端。型号后缀 K 表示不锁频，S 为低频，T 为低功耗。

酷睿 i 系列四代 CPU 是 Intel 在 2013 年 6 月推出的 22nm 制程的 Haswell 处理器，采用 LGA1150 接口（图 1-2-15），搭配 8 系列芯片 Z85、Z87、H87、H81、B85 的主板。由于 Haswell CPU 针脚数与上一代的 Ivy Bridge CPU 不同，故不再兼容旧平台。随着集成工艺的不断提升，越来越多的元部件被融入 CPU 中。Haswell 中就增加了一个新控制器——电压调节器，处理器自己就可以做到智能调节所需要的电压，保证 Haswell 架构 CPU 的稳定运行。

图 1-2-15　i5-4570 CPU 及其对应的 LGA1150 插座

新一代 Haswell CPU 的主要特性改进如下：

- 22nm 工艺新架构，CPU 性能相比上一代产品提升 10%以上，而且具备更大的超频空间。
- 添加了新的 AVX 指令集，改善 AES-NI 的性能。
- 核显增强，支持 DX11.1、OpenCL1.2，优化 3D 性能，支持 HDMI、DP、DVI、VGA 接口标准。
- 安全性更强，第四代 Core i 平台提供更快速的数据加密，在硬件层面上保障数据的安全性。

酷睿 i 系列四代 CPU 简要规格和报价见表 1-2-5。带盒字的表示盒装，有原装散热器。散片则没有散热器，用户需另行选配，HD 为核显。

表 1-2-5 中关村 Intel 酷睿 i 系列四代 CPU 产品报价日期：2017 年 7 月 26 日

Haswell 架构处理器			
处理器型号	核数	简要规格参数	报价（元）
酷睿 i7 4790K（盒）	4	4.0G/8MB/22nm/88W/HD 4600/TB2.0	2309
酷睿 i7 4790（盒）	4	4.0G/8MB/22nm/88W/HD 4600/TB2.0	2099
酷睿 i7 4770K（盒）	4	3.50G/8MB/22nm/84W/HD 4600/TB2.0	2050
酷睿 i7 4770（盒）	4	3.40G/8MB/22nm/84W/HD 4600/TB2.0	2029
酷睿 i5 4690K（盒）	4	3.50G/6MB/22nm/84W/HD 4600/TB2.0	1599
酷睿 i5 4670K（盒）	4	3.40G/6MB/22nm/84W/HD 4600/TB2.0	1470
酷睿 i5 4670（盒）	4	3.40G/6MB/22nm/84W/HD 4600/TB2.0	1390
酷睿 i5 4590（盒）	4	3.30G/6MB/22nm/84W/HD 4600/TB2.0	1349
酷睿 i5 4570（盒）	4	3.20G/6MB/22nm/84W/HD 4600/TB2.0	1315
酷睿 i5 4430（盒）	4	3.00G/6MB/22nm/84W/HD 4600/TB2.0	1100
酷睿 i3 4130（盒）	2	3.4G/3MB/22nm/54W/HD 4400	685
奔腾 G3220（盒）	2	3G/3MB/22nm/54W/GT1	380
奔腾 G3258（盒）（可超频）	2	3.2G/3MB/22nm/53W/GT1	469
赛扬 G1820（盒）	2	2.7G/2MB/22nm/53W/GT1	229
Xeon E3-1230 V3（散）	4	3.3G/8MB/22nm/80W/—	1410

酷睿 i7 三代型号有：3770K、3770、3770S、3770T。

酷睿 i5 三代型号有：3570K、3570、3570S、3570T、3550、3550S、3475S、3470、3470T、3450 等。

酷睿 i3 三代型号有：3240、3240T、3225、3220、3220T、3210。

酷睿 i 系列三代 CPU 是 Intel 在 2012 年 4 月份推出的 22nm 制程的 Ivy Bridge 处理器，仍然采用 LGA1155 接口，搭配 7 系列主板芯片 B75、H77、Z75、Z77。由于 Ivy Bridge CPU 针脚数与上一代的 Sandy Bridge CPU 相同，所以在 H61、H61、P67、Z68 主板上也可使用。Intel 酷睿 i 系列三代主要有以下方面改进：

- 首次采用 22nm 制程和 3D 晶体管工艺。新的 22nm 制程可以在大量增加晶体管的同时有效地控制芯片的体积，同时在低电压下可将性能提高 37%，降低了功耗。采用了革命性的 3-D 三栅极晶体管技术，使得处理器晶体管数量达到十四亿个之巨。
- 内建 HD4000 核芯显卡，支持 DX11，大幅度提升核芯显卡的性能，扩展了多媒体应用及扩展能力。
- 核心与指令架构优化，提高了执行效率。
- 系统安全性更强。
- 能源管理，更加节能。

部分酷睿 i 系列三代 CPU 规格和报价见表 1-2-6。

表 1-2-6 中关村 Intel 酷睿 i 系列三代 CPU 产品报价日期：2017 年 7 月 26 日

Ivy Bridge 架构处理器			
处理器型号	核数	简要规格参数	报价（元）
酷睿 i7 3770K（盒）	4	3.50G/8MB/22nm/77W/HD 4000/TB2.0	1920
酷睿 i7 3770（盒）	4	3.40G/8MB/22nm/77W/HD 4000/TB2.0	1615
酷睿 i5 3570K（盒）	4	3.40G/6MB/22nm/77W/HD 4000/TB2.0	1420
酷睿 i5 3570K（散）	4	3.40G/6MB/22nm/77W/HD 4000/TB2.0	880
酷睿 i5 3550（盒）	4	3.30G/6MB/22nm/77W/HD 2500/TB2.0	1325
酷睿 i5 3550（散）	4	3.30G/6MB/22nm/77W/HD 2500/TB2.0	1020
酷睿 i5 3450（散）	4	3.10G/6MB/22nm/77W/HD 2500/TB2.0	870
酷睿 i5 3450（盒）	4	3.10G/6MB/22nm/77W/HD 2500/TB2.0	1115
酷睿 i3 3220T（盒）	2	2.80G/3MB/22nm/35W/HD 2500/TB2.0	859
酷睿 i3 3220（盒）	2	3.30G/3MB/22nm/55W/HD 2500/TB2.0	690
酷睿 i3 3220（散）	2	3.30G/3MB/22nm/55W/HD 2500/TB2.0	620
Xeon E3-1230 V2（散）	4	3.3G/8MB/22nm/69W/—	1245

22nm 制程、Ivy Bridge 架构的 Celeron（赛扬）CPU 都是双核双线程，L3 缓存为 2MB，整合的显卡还是 HD Graphics，取代 Celeron G400 以及 G500 系列，其中低功耗版的 TDP 还是 35W 不变，不过标准版的 TDP 功耗从 G500 的 65W 降到了 55W，自然是 22nm 3D 晶体管工艺的功劳了。Pentium CPU 也是双核双线程，L3 缓存为 3MB，整合的显卡也是 HD Graphics。赛扬、奔腾适合入门级用户选用。Xeon E3-1230 V2 是至强系列 CPU，无集显，主要用在服务器上。

酷睿 i7 二代型号有：2700K、2600K、2600、2600S、3820、3960X、3930K。

酷睿 i5 二代型号有：2550K、2500K、2500、2500S、2500T、2450P、2400、2405S、2400S、2390T、2380P、2320、2310、2300，其中带“P”的为无集成核心显卡。

酷睿 i3 二代型号有：2130、2125、2120、2102、2100、2100T。

酷睿 i 系列二代 CPU 是 Intel 在 2011 年 1 月份推出的 32nm 制程的 Sandy Bridge 处理器，采用 LGA1155 接口（图 1-2-16），搭配 6 系列芯片 H61、H61、P67、Z68 的主板。Sandy Bridge 相比上一代的 Nehalem 微架构有几大重要革新：

- 原生集成高性能 GPU（核芯显卡）。CPU 和 GPU 真正封装在同一晶圆上，不像 Core i3 500 和 Core i5 600 那样由 CPU 和 GPU 两个核心封装而成。GPU 就像内存控制器、PCI-E 控制器一样，已成为第二代 Core i3/i5/i7 内部的一个处理单元，Intel 称之为“核芯显卡”。
- 采用第二代睿频加速技术。第二代 Core ix 家族会带来第二代睿频加速技术（Turbo Boost 2.0），按照惯例，同样只有 Core i7 和 Core i5 支持该技术。相比第一代睿频加速，第二代有两个很大的改进：一是，CPU 和 GPU 都可以睿频，而且可以一起睿频；二是更加智能，第二代睿频不再受 TDP 热设计功耗限制，而是受内部最高温度控制，可以超过 TDP 提供更大的睿频幅度，不睿频时更节能。简单来说，第二代睿频加速技术更智能、更高效。

图 1-2-16　i7-2600K CPU 及其对应的 LGA1155 插座

- 在 CPU、GPU、L3 缓存和其他 IO 之间引入全新 RING（环形）总线。前面提到，第二代 Core i7 将原生集成 GPU，CPU 各核心、GPU、L3 缓存以及其他 I/O 如何进行通讯成为 CPU 工程师首要解决的问题，为保证低延迟、高效率的通信，工程师引入环形总线（RING）。环形总线能使 CPU 与 GPU 共享 L3 缓存，将大幅度提升 GPU 性能。
- 全新的 AVX 指令集。根据 Intel 的资料显示，核芯显卡将支持 DX10 特效，支持 OpenCL 运算，支持 3D 技术，性能相比上代产品有大幅度的提升。

LGA2011 接口的 CPU 属于顶级性能的 Intel 酷睿 i7 至尊版系列处理器，2011 年推出，采用 Sandy Bridge-EX 微架构，32 纳米制程，拥有 2011 个触点，搭配 7 系列芯片 X79 的主板，用来取代上一代的 LGA 1366 接口的 CPU，如图 1-2-17 所示。酷睿 i7 至尊版是发烧级用户选购的品种，具有以下特性：

图 1-2-17　LGA2011 接口的 Intel 酷睿 i7 至尊版及其对应的 LGA2011 插座

➢ 处理器最高可达八核，目前为 6 核和 4 核设计；
➢ 支持四通道 DDR3 内存；
➢ 支持 PCI-E 3.0 规范；
➢ 芯片组采用单芯片设计，支持两个 SATA 3Gbps 和多达 10 个 SATA/SAS 6Gbps 接口。

目前，Intel 酷睿 i7 至尊版已经升级，最新采用 Haswell-E 微架构，LGA2011-v3 接口，拥有 8 核及 6 核两种版本，22 纳米制程，三级缓存最大达到 20MB，最多提供 40 条 PCIE3.0 通道，支持 4 显卡互联，搭配最新的 X99 芯片组的主板，首款支持 DDR4 内存，强大的 16 线程和四通道内存完美解决多任务处理。处理器相比较 4 核心平台拥有最大 79%的多核心性能提升（i7-5960X 对比 i7-4790K），完全释放的倍频解锁（可超频）可以让用户将性能再次发挥极致。

酷睿 i 系列二代 CPU 规格和报价见表 1-2-7，规格中 HD 为核显，赛扬 G530、奔腾 G620、G840 等属于入门级品种。

表 1-2-7　中关村 Intel 酷睿 i 系列二代 CPU 产品报价日期：2017 年 7 月 26 日

32nm LGA 1155 接口（适用 H61/H67/P67/Z68 主板）			
处理器型号	核数	简要规格参数	报价（元）
赛扬 G 530（散）	2	2.40G/2MB/32nm/65W/GMA HD	235
酷睿 i3 2100（散）	2	3.10G/3MB/32nm/65W/HD 2000	570
酷睿 i3 2100（盒）	2	3.10G/3MB/32nm/65W/HD 2000	670
酷睿 i5 2300（散）	4	2.80G/6MB/32nm/95W/HD 2000/TB2.0	950
酷睿 i5 2300（盒）	4	2.80G/6MB/32nm/95W/HD 2000/TB2.0	1050
酷睿 i5 2320（散）	4	3.00G/6MB/32nm/95W/HD 2000/TB2.0	1050
酷睿 i5 2320（盒）	4	3.00G/6MB/32nm/95W/HD 2000/TB2.0	1150
酷睿 i5 2400（散）	4	3.10G/6MB/32nm/95W/HD 2000/TB2.0	1120
酷睿 i5 2400（盒）	4	3.10G/6MB/32nm/95W/HD 2000/TB2.0	1200
酷睿 i5 2500（盒）	4	3.30G/6MB/32nm/95W/HD 2000/TB2.0	1310
酷睿 i5 2500K（盒）	4	3.30G/6MB/32nm/95W/HD 3000/TB2.0	1370
酷睿 i7 2600（散）	4	3.40G/8MB/32nm/95W/HD 2000/TB2.0	1790
酷睿 i7 2600（盒）	4	3.40G/8MB/32nm/95W/HD 2000/TB2.0	1870
酷睿 i7 2600K（散）	4	3.40G/8MB/32nm/95W/HD 3000/TB2.0	1700
酷睿 i7 2600K（盒）	4	3.40G/8MB/32nm/95W/HD 3000/TB2.0	1850
酷睿 i7 2700K（盒）	4	3.50G/8MB/32nm/95W/HD 3000/TB2.0	2120
LGA 2011 接口（适用 X79 主板）			
酷睿 i7-3960X（盒）	6	3.30G/15MB/32nm/130W/TB2.0	6850
酷睿 i7-3960X（散）	6	3.30G/15MB/32nm/130W/TB2.0	6100
酷睿 i7-3930K（盒）	6	3.20G/12MB/32nm/130W/TB2.0	3650
酷睿 i7-3930K（散）	6	3.30G/3MB/32nm/55W/HD 2500/TB2.0	3570
酷睿 i7-3820（盒）	4	3.60G/10MB/32nm/130W/TB2.0	1900

主频：同样都是 3.5GHz。缓存：3770K 较 2700K 删减了 L1、L2，L3 同样为 8MB，内存效能萎缩。因此排除核显单论 CPU 性能，在额定频率下，2700K 的性能优胜于 3770K；但在超频的情况下，3770K 比 2700K 超频耐力强，性能增强。制程：3770K 较 2700K 小 10 个纳米，更低温控，更利于超频。功耗：3770K 较 2700K 小 18W，更省电。核显：3770K 的 HD 4000 EU 单元为 18，2700K 的 HD 3000 EU 单元为 12。综合结论：3770K 优于 2700K。

（2） AMD CPU

AMD CPU 产品系列有：FX 系列、A 系列 APU、羿龙 II、速龙 II 等。

FX 系列型号有：9590、8350、8170、8150、8120、8110、8100、8000、6300、6200、6130、6120、6110、6100、4320、4170、4130、4120、4110、4100、3150 等。型号的第一个数表示核数，核数越多，性能越强。

部分 FX 系列 CPU 主要参数见表 1-2-8。

表 1-2-8　FX 系列 CPU 主要参数

型号	FX-8150	FX-8120	FX-8100	FX-6100	FX-4170	FX-B4150	FX-4100
主频	3.6GHz	3.1GHz	2.8GHz	3.3GHz	4.2GHz	3.8GHz	3.6GHz
Turbo	3.9GHz	3.4GHz	3.1GHz	3.6GHz	-	3.9GHz	3.7GHz
最大Turbo	4.2GHz	4.0GHz	3.7GHz	3.9GHz	4.3GHz	4.0GHz	3.8GHz
TDP	125W	125W	95W	95W	125W	95W	95W
核心数量	8	8	8	6	4	4	4
L2缓存	8MB	8MB	8MB	6MB	4MB	4MB	4MB
L3缓存	8MB	8MB	8MB	8MB	8MB	8MB	8MB
内存支持	1866	1866	1866	1866	1866	1866	1866
接口	AM3+	AM3+	AM3+	AM3+	AM3+	AM3+	AM3+

A 系列 APU 型号有：

FM2+接口：A10-7850K、A10-7800、A10-7700K、A8-7600、A6-7400K、A4-7300

FM2 接口：A10-6800K、A10-5800K、A10-5700、A8-6600K、A8-5600K、A8-5500、A6-5400K、A4-5300

FM1 接口：A8-3870K、A8-3850、A8-3820、A8-3800、A8-3560、A8-3550、A6-3670K、A6-3650、A6-3620、A6-3600、A6-3500、A4-3420、A4-3400、A4-3360、A4-3350、A4-3300。

表 1-2-9 是部分 AMD CPU 的报价。对于 DIY 玩家来说，性价比一直是玩家们所关注的最重要的事情之一，便宜的价格，强劲的性能才是 DIY 玩家所追求的终极梦想，AMD 的 APU 系列产品代表着最高的性价比，不仅处理器性能强劲，同时搭载的核显性能优异，能够轻松驾驭主流游戏。另外 AMD 处理器大多不锁频，为喜欢超频的用户带来不少乐趣。

表 1-2-9　中关村 AMD CPU 报价日期：2017 年 7 月 26 日

处理器型号	核数	简要规格参数	报价（元）
FM1 接口			
AMD A4 3300（盒）	2	2500MHz/1MB/32nm/65W	180
AMD A4 3400（散）	2	2700MHz/1MB/32nm/65W	190
AMD A6 3500（盒）	3	2100MHz/3MB/32nm/65W	455
AMD A6 3650（盒）	4	2600MHz/4MB/32nm/100W	505
AMD A6 3670K（盒）	4	2700MHz/4MB/32nm/100W	560
AMD A8 3850（盒）	4	2900MHz/4MB/32nm/100W	739
AMD A8 3870K（盒）	4	3000MHz/4MB/32nm/100W	630
FM2 接口			
AMD A4 5300（盒）	2	3400MHz/1MB/32nm/65W	189
AMD A8 5600K（盒）	4	3600MHz/4MB/32nm/100W	490
AMD A8 6600K（盒）	4	3900MHz/4MB/32nm/100W	520
AMD A10 5800K（盒）	4	3800MHz/4MB/32nm/99W	639
AMD A10 6800K（盒）	4	4100MHz/4MB/32nm/100W	658
FM2+接口“压路机”			
AMD A10 7850K（盒）	4	3700MHz/4MB/28nm/95W	609
AM3+接口“推土机”			
AMD FX 4100（盒）	4	3600MHz/8MB/32nm/95W	705
AMD FX 4130（盒）	4	3800MHz/4MB/32nm/125W	500
AMD FX 6200（盒）	6	3800MHz/8MB/32nm/95W	830
AMD FX 8120（盒）	8	3100MHz/8MB/32nm/125W	930
AMD FX 8150（盒）	8	3600MHz/8MB/32nm/125W	970
AMD FX 8320（盒）	8	3500MHz/8MB/32nm/125W	899
AMD FX 8350（盒）	8	4000MHz/8MB/32nm/125W	999
速龙 II（FM1、FM2、AM3 接口）			
速龙 II X2 245（散）	2	2900MHz/2MB/45nm/65W	220
速龙 II X2 250（盒）	2	3000MHz/2MB/45nm/65W	275
速龙 II X2 255（盒）	2	3100MHz/2MB/45nm/65W	290
速龙 II X3 445（盒）	3	3100MHz/1.5MB/45nm/95W	380
速龙 II X3 450（盒）	3	3200MHz/1.5MB/45nm/95W	380
速龙 II X4 631（盒）	4	2600MHz/4MB/32nm/100W	360
速龙 II X4 640（盒）	4	3000MHz/2MB/45nm/95W	510
速龙 II X4 641（盒）	4	2800MHz/4MB/32nm/100W	475
速龙 II X4 645（盒）	4	3100MHz/2MB/45nm/95W	490

（续表）

处理器型号	核数	简要规格参数	报价（元）
速龙 II X4 740（盒）	4	3200MHz/4MB/32nm/65W	380
速龙 II X4 750K（盒）	4	3400MHz/4MB/32nm/100W	360
速龙 II X4 760K（盒）	4	3800MHz/4MB/32nm/100W	405
羿龙 II（AM3 接口）			
羿龙 II X2 545（盒）	2	3000MHz/6MB/45nm/80W	540
羿龙 II X2 555（盒）	2	3200MHz/6MB/45nm/80W	560
羿龙 II X2 560（盒）	2	3300MHz/6MB/45nm/80W	590
羿龙 II X4 900e（散）	4	2400MHz/6MB/45nm/65W	780
羿龙 II X4 905e（盒）	4	2500MHz/6MB/45nm/65W	1090
羿龙 II X4 945（盒）	4	3000MHz/6MB/45nm/95W	630
羿龙 II X4 955（盒）	4	3200MHz/6MB/45nm/125W	770
羿龙 II X4 965（盒）	4	3400MHz/6MB/45nm/140W	830
羿龙 II X6 1055T（盒）	6	2800MHz/6MB/45nm/95 或 125W/TC	970
羿龙 II X6 1075T（盒）	6	3000MHz/6MB/45nm/95 或 125W/TC	1000
羿龙 II X6 1090T（盒）	6	3200MHz/6MB/45nm/95 或 125W/TC	1100
羿龙 II X6 1100T（盒）	6	3300MHz/6MB/45nm/95 或 125W/TC	1330

3. 选购内存

内存是计算机中重要的部件之一。所有运行的程序都需要读入内存，程序运行的结果也要存储在内存中，数据的输入输出也离不开内存，所以，内存对计算机整体影响很大，合理配置内存至关重要。选配内存主要考虑类型、容量、频率和通道数。目前计算机内存容量越来越大，已经到了操作系统支持的极限，32 位 Windows 7、Windows 8 操作系统最多支持内存不到 4GB，超出部分将不可用，这样，4GB 内存已经满足需求。内存频率和通道数要看主板。目前大部分主板支持双通道内存，使用两条内存构成双通道要比一条内存的单通道内存性能提高许多。支持三通道的 X58 主板和支持四通道的 X79、X99 主板分别需要三条内存和四条内存。内存的工作频率选择要看主板对内存规格的支持程度，在主板允许的内存工作频率范围内，内存频率越高，性能越好。

内存的选购可以从内存规格、品牌、做工、价格等方面着手。

（1） 内存规格

2014 年，DDR4 内存面市，但价格奇高，支持的主板也只有 X99 主板，或许硬件发烧友会选择尝鲜。目前，内存还是 DDR3 的天下，新购计算机应该使用 DDR3 内存，只有老的计算机才会使用 DDR2 或 DDR 内存。DDR3 内存规格如下：

单条容量：1GB、2GB、4GB、8GB。Intel7 系列主板和 AMD 9 系列、A85 主板都能支持单条 8GB 内存，64 位 Windows 8 也支持单条 8GB 内存。

套装容量：4×8GB、3×8GB、2×8GB、8×4GB、6×4GB、4×4GB、3×4GB、2×4GB、

6×2GB、4×2GB、3×2GB、2×2GB、3×1GB、2×1GB 等。4×8GB 指一个包装盒内有 4 条 8GB 内存，以此类推。

工作频率：2800MHz 以上、2666MHz、2400MHz、2200MHz、2133MHz、2000MHz、1866MHz、1800MHz、1600MHz、1333MHz、1066MHz。

容量原则上说越大越好，但要受到主板内存插槽数量和操作系统的限制，4GB 内存属于基本配置，大点的配 8GB。内存的工作频率越高，数据传输越快，性能越好，目前好多主板最高支持 2400MHz 的内存，但频率越高，价格越贵，主流的是 1600MHz 的内存。如果主板最大只能支持 1600MHz 内存，那 2400MHz 的内存也只能工作在 1600MHz 上，不能发挥 2400MHz 的内存的作用。

（2） 内存品牌

市场上内存品牌有数十家，其中使用较多的内存品牌有：金士顿、威刚、宇瞻、海盗船等，如图 1-2-18 所示，其中金士顿品牌占内存市场份额超过一半。

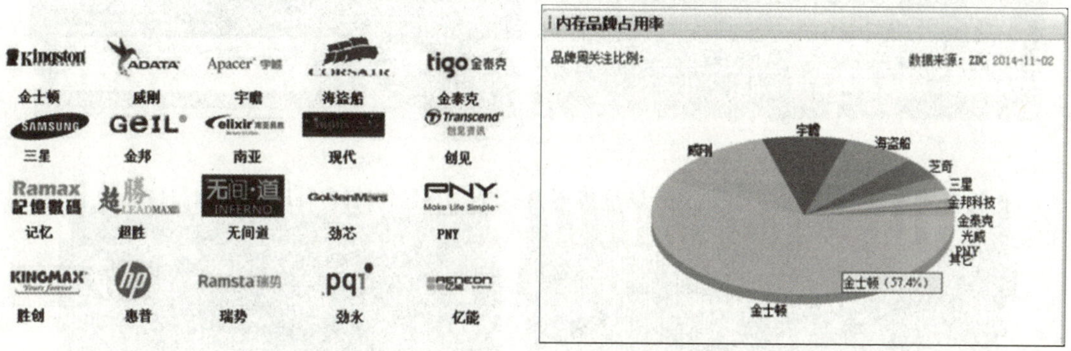

图 1-2-18 内存市场常见品牌与内存品牌占用率

金士顿（Kingston）是世界第一大内存生产厂商，其金士顿内存产品自进入中国市场以来，就凭借优秀的产品质量和一流的售后服务，赢得了众多中国消费者的心。不过 Kingston 虽然作为世界第一大内存生产厂商，然而其产品其使用的内存颗粒却是五花八门，既有 Kingston 自己颗粒的产品，更多的则是现代（Hynix）、三星（Samsung）、南亚（Nanya）、华邦（Winbond）、英飞凌（Infin oen）、镁光（Micron）等众多厂商的内存颗粒。金士顿内存分为 Kingston Value RAM 和 Kingston HyperX RAM 两大系列，Kingston ValueRAM 内存指符合一般业界标准的内存，即普通内存；Kingston HyperX RAM 是指专为玩家设计的高效能内存，经特殊设计与完整测试能提供更高的速度，超频性好，搭载铝制散热片能有效预防过热死机，如图 1-2-19 所示。

海盗船（Corsair）成立于 1994 年，是全球最受尊敬的超频内存制造商、多家世界知名电脑厂商 OEM 合作伙伴、全球最大的内存供应商之一。Corsair 公司设计高性能内存最具经验，其超级性能内存一直应用于关键的服务器及极高性能的工作站（包括游戏系统）上。近年来，Corsair 进军消费级市场，其超频内存受到硬件发烧友的普遍欢迎，是“超频一族”的首选。

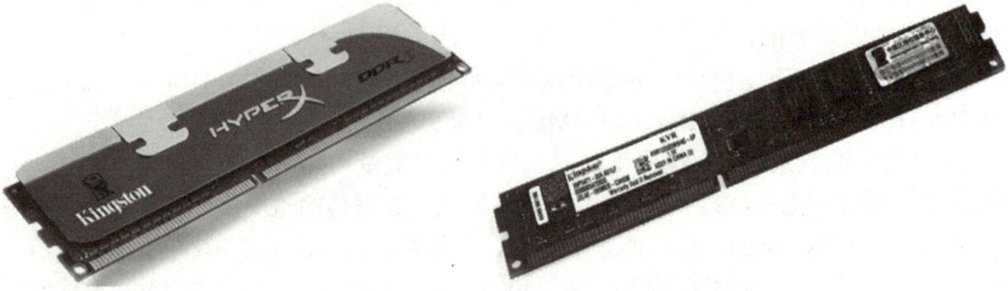

图 1-2-19　金士顿 HYPERX 和 KVR 内存

海盗船内存主要分为 DOMINATOR（统治者）系列、VENGERNCE（复仇者）系列、XMS（eXtreme Memory Speed）和 VS（Value Select）系列等，如图 1-2-20 所示。

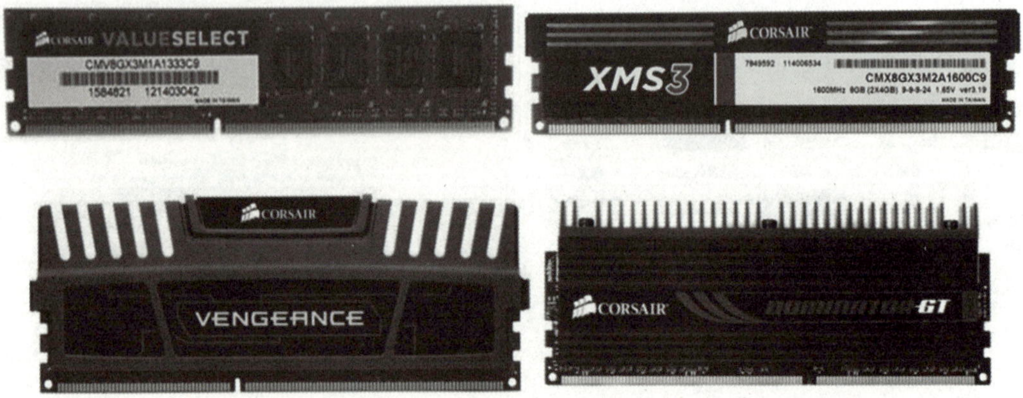

图 1-2-20　海盗船内存系列

威刚科技于 2001 年 5 月在台湾成立。原名是 A-Data，2002 年进入大陆市场，以“VData”在大陆注册上市。2005 年后 Vdata 站住脚，于是威刚科技把当家品牌 A-Data 也拿到大陆市场。两种威刚内存，Vdata 取名为“万紫千红”，Adata 就是“红色威龙”。

威刚“游戏威龙”（图 1-2-21）内存作为威刚专门为游戏玩家量身打造的游戏威龙系列产品，具备优良的设计和做工用料，同时在性能上也颇为稳定，在各种性能测试及游戏测试中内存都表现出了应有的性能水平。威刚的万紫千红系列内存做工扎实，质量上乘，性能稳定，价格中等，性价比较高，口碑不错。红色威龙带散热片，适合高端用户。

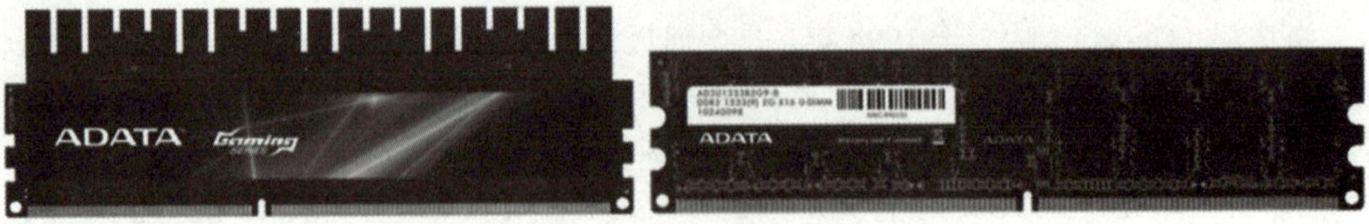

图 1-2-21　威刚内存—游戏威龙和万紫千红

宇瞻科技股份有限公司（Apacer 宇瞻科技）创立于 1997 年，是具备整合软、硬件研发能力的全球内存与数字储存领域的领导厂商。宇瞻科技由上而下整合半导体、晶圆、封装及测试，拥有完善的内存模组技术，同时在搭配控制芯片及主机板技术方面更是不断提升，使宇瞻内存在各种新的运用平台具有最佳整合能力。

Apacer 宇瞻科技的内存皆采用原厂颗粒，执行业界最完整的测试作业，对每一内存及颗粒进行严格测试，为用户提供高效能、高稳定、高兼容的产品。所有宇瞻内存皆提供三年包换，终身保固。

宇瞻内存主要分为经典系列、盔甲武士系列、黑豹系列、猎豹系列、捷豹战神等，如图 1-2-22 所示。

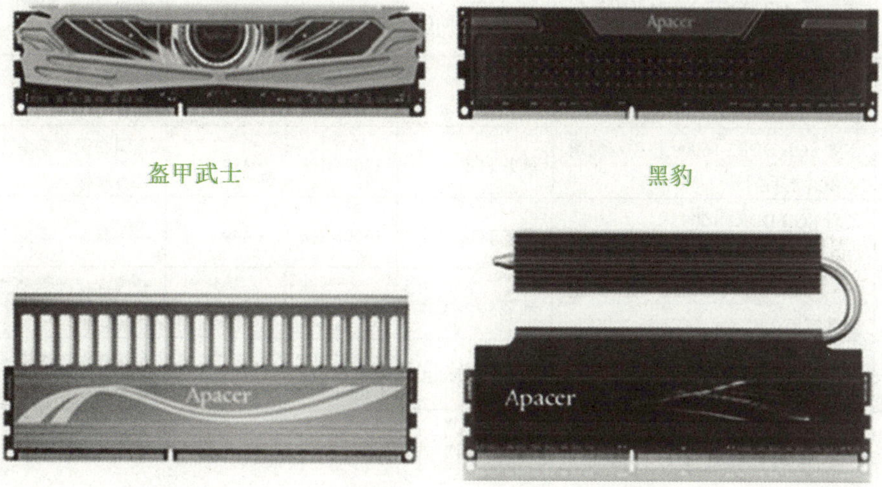

盔甲武士　　黑豹

猎豹　，　捷豹战神

图 1-2-22　宇瞻内存

- ARMOR 盔甲武士全系列产品配备盔甲式散热片，具有优越的超频威力。
- Black Panther 黑豹系列专为计算机达人与电竞玩家设计，芯片与组件进过严格标准挑选，并配备宇瞻独家设计的 3D 立体式散热片及有效保护核心组件，在高速超频时能够维持绝佳的稳定性，安全突破超频极限。
- Giant 猎豹系列是宇瞻为游戏玩家打造极速超快感的桌面电脑游戏平台所用第二代 Giant 系列 DDR3 超频内存，选用超频性能最强的内存芯片，延用 Giant 系列巨型散热片的设计，采用独家“瀑气式”窗孔，让热能在超频高温下能迅速散逸，使玩家在享受极速感官的计算机游戏时，仍能保持桌上型游戏平台的稳定性。
- 捷豹战神是宇瞻率先成功量产的顶级频率、顶级容量的 DDR3-2666 16GB（8GB x 2）双通道超频内存，采用八层板 PCB 设计，有效减少高速超频带来的干扰，显著提高信号品质与超频稳定性，支持 Intel 的 Extreme Memory Profiles（XMP）技术，使用户拥有顶级 DDR3 2666 超频内存，不再是梦想。

（3）　内存价格

表 1-2-10 是中关村部分内存报价，供读者选用时参考。

表 1-2-10 中关村部分内存报价 日期：2017 年 7 月 25 日

品 牌	型 号	容 量	内存主频	价格（元）	保修信息
金士顿	金士顿 4GB DDR3 1600	单条 4GB	1600MHz	￥189	全国联保，享受三包服务。终身质保
金士顿	金士顿骇客神条 8GB DDR3 1600（KHX16C10B1B/8）	单条 8GB	1600MHz	￥389	
威刚	威刚 4GB DDR3 1600（万紫千红）	单条 4GB	1600MHz	￥180	全国联保，享受三包服务。终身质保
威刚	威刚 8GB DDR3 1600（万紫千红）	单条 8GB	1600MHz	￥309	
海盗船	海盗船 8GB DDR3 1600（CMZ8GX3M1A1600C10）	单条 8GB	1600MHz	￥399	全国联保，享受三包服务。质保时间：3 年
海盗船	海盗船 8GB DDR3 1600 红色复仇者套装（CMZ8GX3M2A1600C9R）	套装（2×4GB）	1600MHz	￥399	
三星	三星 4GB DDR3 1600（MV-3V4G3/CN）	单条 4GB	1600MHz	￥290	全国联保，享受三包服务。终身质保
宇瞻	宇瞻 8GB DDR3 1600（超频双通道盔甲武士系列）	单条 8GB	1600MHz	￥419	全国联保，享受三包服务。终身质保
芝奇	芝奇 8GB DDR3 1600（F3-12800CL9D- 8GBXL）	单条 8GB	1600MHz	￥449	全国联保，享受三包服务
威刚	威刚 8GB DDR4 2400G（XPG Z1 套装）	套装（2×4GB）	2400MHz	￥799	全国联保，享受三包服务。终身质保
金士顿	金士顿 Predator 系列 16GB DDR4 2666（HX426C13PBK4/16）	套装（4×4GB）	2666MHz	￥1699	全国联保，享受三包服务。终身质保

4. 选购硬盘

硬盘是计算机重要的存储设备，存放着用户的程序和数据，其稳定与否影响到程序和数据的安全。因此，选择一块高性能的硬盘至关重要。选购硬盘可以从品牌、技术指标、售后服务、价格等方面着手。

（1） 品牌

目前，消费市场上主要硬盘品牌有：希捷、西部数据、HGST、三星、东芝等。其中前 2 家是用户的首选品牌，占据了绝大部分的市场份额。

希捷公司位于美国加州，成立于 1979 年，是首家专为台式机制造 5.25 英寸硬盘的公司，现为全球最大的硬盘、磁盘和读写磁头制造商。希捷在设计、制造和销售硬盘领域居全球领先地位，提供用于企业、台式机、移动设备和消费电子的产品。

作为 30 多年的行业专家，希捷不断进行突破性的创新，解决数字存储解决方案所面临的难题。公司在研发方面处于行业领先地位，致力于引入能满足未来发展需要的新技术，如垂直记录、基于硬件的全磁盘加密技术和混合硬盘等，以提高硬盘的性能、速度和面密度。

希捷硬盘系列有：

Barracuda 系列：是希捷主流产品。单碟 1TB 技术，寻道速度快，读写速率超 200MB/s。其中高端 XT 系列，速度快、稳定，达到监控级水平。

Momentus 系列：属于混合硬盘，即在硬盘电路板上集成了一块大容量的 SLC 闪存，提高了读写速率。

SV 系列：是监控硬盘，具有缓存大，性能高，容量足的优点。

15000 转系列：转速高达 15000r/m，性能强悍，品质可靠。不过发热量大，价格昂贵。

（2）　技术指标

影响硬盘性能的三大主要因素是硬盘的单碟容量、转速、寻道时间。单碟容量直接决定了硬盘的持续数据传输率。目前单碟容量已经达到 1GB。如购买 1GB 的硬盘，单碟装比 2 碟装或 3 碟装的硬盘性能要好。转速一般选 7200 r/m，有些节能型硬盘转速低于 7200 r/m，能够自动调节，10000 r/m 及以上用于企业级硬盘。寻道时间直接影响着硬盘的随机数据传输速度，一般为几个毫秒，越小越好。另外，还要关注缓存和接口。目前硬盘缓存大小主流的为 32MB 和 64MB，大的比小的好些。接口选择有两种：SATA 3.0 和 SATA 2.0，SATA 3.0 6Gb/s 速率比 SATA 2.0 3Gb/s 快，首选 SATA 3.0。

（3）　售后服务

了解硬盘的售后服务体系，可让消费者购买时更放心。

希捷硬盘国内主要产自无锡和苏州，两厂占据希捷全球超过 90%的产能，国内的售后网络完善快捷，因此希捷大胆实行 2 年免费换新政策。

西部数据在中国没有建立工厂，西数硬盘全部从国外进口，由于 2TB～3TB 硬盘的关税较重，故西数 2TB～TB 硬盘水货较多。近期硬盘市场出现大量香港联强的西数硬盘，无法在大陆保修。此外，西数硬盘在市面上还存在大量 OEM 货。但无论是 OEM 货还是香港代理的西数水货硬盘，西部数据都提供有三年质保服务（1 年免费换新+2 年良品）。

HGST 提供三年免费质保服务（1 年免费换新+2 年良品）。

最后提醒用户在购买硬盘的时候一定要多走多问，并且在购买时选择柜台较大的商家，或者专柜购买，切忌不要到一些小商家那里调货，因为“硬盘有价、数据无价”。

（4）　硬盘价格

表 1-2-11 是中关村部分硬盘报价，供读者选用时参考。

表 1-2-11　中关村部分硬盘报价　　日期：2017 年 7 月 26 日

品　牌	型　号	容　量	盘片数	缓存大小	接口类型	价格（元）
希捷	希捷 Barracuda 1TB 7200 转 64MB 单碟（ST1000DM003）	1TB	1	64MB	SATA3.0	￥329
希捷	希捷 Desktop 2TB 7200 转 8GB 混合硬盘（ST2000DX001）	2TB	2	64MB SSD 8GB	SATA3.0	￥618
希捷	希捷 Barracuda 3TB 7200 转 64MB（ST3000DM001）	3TB	3	64MB	SATA3.0	￥585
希捷	希捷 Desktop 4TB 5900 转 8GB 混合硬盘（ST4000DX001）	4TB	4	64MB SSD 8GB	SATA3.0	￥1189
西部数据	西部数据 1TB 7200 转 64MB SATA3 蓝盘（WD10EZEX）	1TB	1	64MB	SATA3.0	￥329
西部数据	西部数据 500GB 7200 转 16MB SATA3 蓝盘（WD5000AAKX）	500GB	1	16MB	SATA3.0	￥289
东芝	东芝 2TB 7200 转 64MB（DT01ACA200）	2TB	2	64MB	SATA3.0	￥449
HGST	HGST Deskstar 7K4000 4TB 7200 转 64MB SATA3（HDS724040ALE640）	4TB	5	64MB	SATA3.0	￥1299

5. 选购光驱

目前，由于计算机网络功能的日益增强，影片、歌曲等产品可以从网上下载，而不必通过光盘，另外，系统安装也可以不用光盘，这样，光驱的用量大大减少，成为可选配置。配置光驱的一个好处是，利用光驱的刻录功能，将用户的重要资料刻录到光盘可长久保存。因此建议用户在装机时还是选配光驱，况且现在光驱的价格也不贵，普通光驱只要 100 多元。

光驱属于向下兼容硬件类型，用户购买技术较新的产品都能兼容以前的技术标准，如 DVD 能兼容识别 CD、VCD 等；蓝光刻录机能读取和刻录 BD、DVD、CD 三类盘片各种规格的光盘。光驱的选购应从用途出发，从光驱类型、品牌、性能、价格等方面着手。

（1） 光驱类型

- 蓝光刻录机：能够刻录蓝光光盘，有的支持多层刻录，容量大。兼容刻录 DVD、CD，读取 BD、DVD、CD。但价格高，一般售价在 600 元以上，抑制了用户的选购。
- DVD 刻录机：能够刻录和读取各种标准的 DVD、CD，不能读取蓝光光盘。一般售价在 100 元以上，适合普通用户选购。
- DVD 光驱：属于 DVD-ROM，一般只能读取 DVD，但可以读写 CD。一般售价在 100 元左右，适合低端用户。
- 蓝光光驱：属于 BD-ROM，但能低速读写 BD，兼容读写 DVD、CD。售价在数百元，适合需要读写蓝光光盘的用户选购。
- 蓝光 COMBO：BD 只读，DVD、CD 读写。售价在数百元，适合需要读蓝光光盘的用户选购。
- COMBO：原来指能读 DVD 的 CD 刻录机。目前 COMBO 功能有所加强。

按照光驱的安装方式，光驱可以分为内置式和外置式两种，内置式光驱又分为台式机光驱和笔记本光驱。外置式光驱采用 USB 接口，需要的时候连接上计算机就可，使用灵活，便于共享，但价格比内置式稍高。

（2） 品牌

光驱品牌众多，主要有：Pioneer（先锋）、ASUS（华硕）、Samsung（三星）、SONY（索尼）、联想 ThinkPad、BenQ（明基）、Liteon（建兴）、LG、HP（惠普）、msi（微星）、Panasonic（松下）、PLEXTOR（浦科特）、Philips（飞利浦）、Apachi（阿帕奇）等。其中先锋、华硕、三星品牌居市场占用率前三位。选购大品牌的一个优势是售后质保期长，体现了厂家对自身产品有信心，比如华硕的光驱提供了三个月包换，一年保修的承诺。

（3） 性能

光驱的性能主要有：读写速率、容错能力、稳定性和震动控制等。

读写速率：反映光驱读写光盘的快慢程度，用倍速来表示。如：蓝光刻录机有 4X、6X、8X、10X、12X、14X、15X。理论上讲速率越大越好，但速率高，价格也高，刻盘成功率低。所以，不要盲目追求高倍速的光驱，应根据自身的需求、性价比来定。

容错能力：反映光驱读取或刻录光盘信息的能力。

稳定性：指光驱在较长的一段时间（至少一年）内能保持稳定的、较好的读盘能力。传统的塑料机心由于耐热能力较差，长时间使用会发生变形，导致读盘不稳定。采用全钢机芯的光驱，即便在长时、高温、高湿的情况下工作，光驱的性能也能保持恒久如一，并且采用全钢机芯的光驱要比采用塑料机芯的光驱使用寿命长很多。

噪声与震动控制：光驱高速旋转的主轴马达带来的震动、噪音、发热对光盘读写有负面影响，光驱拥有噪声控制及减震技术，可大大减少光驱在运行过程中由于盘片不平衡而引起的震动和噪音，减少光驱机身震动引起的震动与噪音，使光盘运转顺滑流畅，确保读盘及刻录时安静，提高光盘的可读性及刻录品质。

此外，选购光驱时，还有注意一下质保年限、缓存大小、外观等。

（4） 光驱价格

表 1-2-12 是中关村部分光驱报价，供读者选用时参考。

表 1-2-12　中关村部分光驱报价　　日期：2017 年 7 月 26 日

品　牌	型　号	安装方式	接　口	缓存容量	价格（元）
先锋	先锋 DVD-232D	内置	SATA	198KB	￥89
先锋	先锋 DVD-XD01	外置	USB2.0	2MB	￥190
华硕	华硕 SDR-08B1-U	外置	USB2.0	2MB	￥199
三星	三星 SH-118AB	内置	SATA	198KB	￥129
LG	LG DH18NS40	内置	SATA	198KB	￥82
LG	LG DH18NS50	内置	SATA	198KB	￥99
建兴	建兴 iHDS118	内置	SATA	198KB	￥82
明基	明基 DD18SA	内置	SATA	198KB	￥89

6. 选购显卡

在计算机各种部件中，显卡是最受关注的产品之一，特别是游戏爱好者，因为显卡的性能直接影响到人们的视觉感受。选择一款适合的显卡对计算机用户来说尤为重要，特别是对显卡要求较高的用户，比如专业的图形设计人员、游戏发烧友等。对于显示要求不高的计算机，完全可以不用独立显卡，用核芯显卡已经能够满足要求。AMD 的 APU 和 Intel 酷睿 i 系列 CPU 都内置了核芯显卡，其性能与低端独立显卡相当，能完全满足常规工作对显卡的要求。总之，显示要求不高用核显，要求高的用独显。

独立显卡的选购可以从显卡的显示芯片、显存、品牌、做工、价格等方面着手。

（1） 显示芯片

显示芯片只有 2 家厂商，ATI（2006 年被 AMD 收购）和 NVidia。显示芯片是显卡的核心，基本决定了显卡的性能和档次，按性能高低可分为入门级、实用级和发烧级。当前显示芯片型号见表 1-2-13。

表 1-2-13　显示芯片档次

	NVIDIA	ATI（AMD）
入门级	GT720、GT730、GTX740、GT750	R7 240、R7 250、R7 260X、R9 270
实用级	GTX750TI、GTX 660、GTX 760	R9 270X、R9 280、R9 285、R9 280X
发烧级	GTX 770、GTX 780 TI、GTX 970、GTX 980	R9 290、R9 290X、R9 295X2

显卡型号中要重点看第二位数字。在 NVIDIA 产品线上，第二位数字若是 7、8、9，则代表这款产品定位高端；第二位数字是 6，则一般是定位千元级的中端主力产品，第二位数字若是 5、4、3、2，则性能/定位依次下降。在 ATi 产品线上，第二位数字若是 9，则代表这款产品定位高端；第二位数字是 8，则一般是定位千元级的中端主力产品，第二位数字若是 7、6、5、4，则性能/定位依次下降。

A 卡指使用 ATI 显卡芯片的显卡，N 卡指使用 NVidia 显卡芯片的显卡。一般而言，N 卡注重游戏画面和画质，游戏画面流畅，在 3D 图形处理方面表现出色，适合游戏爱好者；A 卡注重纹路和线条，适合商务、平面设计、家庭影院高清影片播放等。

（2） 显存

显存是显卡的第二个看点，其品质直接关系到显卡的最终性能表现。显存类型有：GDDR5、GDDR3、SDDR3、GDDR2。GDDR5 性能最好，使用最普遍，其他几种仅用在低端显卡中。显存容量有：8GB、6GB、4GB、3GB、2GB、1GB、512MB 等。一般来说显存越大越好，高端显卡显存在 3GB 以上，中端的在 2～3GB。但要注意，那些低档次显示芯片而配大显存的显卡是发挥不了作用的。显存位宽有：768bit、512bit、384bit、256bit、192bit、128bit、64bit 等，在其他规格相同的情况下，位宽越大性能越好。

（3） 显卡品牌

显卡品牌名目繁多，不下百家，如：影驰、蓝宝石、索泰、七彩虹、铭瑄、华硕、迪兰恒进、丽台、讯景、翔升、盈通、技嘉、微星、映泰、耕升、旌宇、双敏、精雷、小影霸等。

（4） 显卡做工

性能表现是显卡的“使用价值”，做工用料是显卡的质量和生命。做工过硬的显卡才能在更长的生命周期内稳定地输出性能、避免故障，因此做工用料决定着显卡的“体魄”。

显卡最主要的成本是 GPU 芯片和显存芯片，它们掌握在行业上游厂商手里，因此显卡的制造成本差异主要体现在 PCB 和周边元器件上。当前的游戏显卡一般都采用 6～8 层 PCB 设计，各款显卡 PCB 成本差异也不大，因此显卡最大的成本差异来源自周边元器件及散热器上。

做工用料好的显卡有着共同的特点：板上布局清晰合理、电路细节井然有序。板上布局主要体现在各功能模块的位置分配上，理想的情况是供电电路、外接供电接口位于显卡 PCB 尾端，GPU、显存芯片位于中间位置，而采用模拟信号输出的显卡，PCB 前端则应具备低通滤波电路保护画质。显卡 PCB 布线空间应该比较宽裕，散热器在风道构建上也应该能重点照顾到显卡尾端的另一个发热大户：供电电路。而做工水准比较差的显卡，则一般很难顾全这些要求，这类显卡也有一个共同的特点：板上布局粗放凌乱，非贴片生产的 PCB，在焊点、元器件角度上还可能会带着手工、山寨风格，看上去很“奔放”，其实难以达到赏心悦目的精细水准。网购市场上还有一些用料比较差的显卡，元器件无品牌保证，甚至板上元器件光泽不一、使用二手元器件等，这类产品的性能可想而知。

品牌口碑好的显卡、来自行业板卡大厂的产品，基本上都是精工细作，很有设计实力，质量更胜一筹。

（5） 显卡价格

表 1-2-14 是中关村部分显卡报价，供读者选用时参考。

表 1-2-14　中关村部分热门显卡报价　　日期：2017 年 7 月 26 日

品　牌	型　号	显卡芯片	核心频率	显存容量	显存位宽	显存频率	价格(元)
七彩虹	七彩虹 iGame970 烈焰战神 U-4GD5	GeForce GTX 970	1051/1127MHz	4096MB GDDR5	256bit	7010MHz	￥2599
微星	微星 N760 GAMING 2G	GeForce GTX 760	1085/1150MHz	2048MB GDDR5	256bit	6008MHz	￥1599
七彩虹	七彩虹 iGame750 烈焰战神 U-Twin-1GD5	GeForce GTX 750	1020/1098MHz	1024MB GDDR5	128bit	5000MHz	￥799
影驰	影驰 GTX970 黑将	GeForce GTX970	126/1266MHz	4096MB GDDR5	256bit	7000MHz	￥2499
华硕	华硕圣骑士 STRIX-GTX970-DC2OC-4GD5	GeForce GTX 970	1114/1253MHz	4096MB GDDR5	256bit	7010MHz	￥2799
索泰	索泰 GTX970-4GD5 霹雳版 HA	GeForce GTX 970	1076/1216MHz	4096MB GDDR5	256bit	7010MHz	￥2599
蓝宝石	蓝宝石 TOXIC R9 270X 2G GDDR5 With Boost	Radeon R9 270X	1100/1150MHz	2048MB GDDR5	256bit	6000MHz	￥1399
微星	微星 R7 260X GAMING 1G	Radeon R7 260X	1075MHz	1024MB GDDR5	128bit	6000MHz	￥749

7. 选购显示器

用户在购买计算机时，往往会看重显示器。这是因为显示器不仅是一台计算机的门面，更重要的是徇丽多彩的画面需要显示器来实现。事实上，在一套计算机价值中，显示器价值所占比例较大，最多可达三分之一以上。选购显示器要根据用途，从面板类型、屏幕尺寸、背光源类型、屏幕比例、主要性能指标、接口类型、品牌、价格、售后服务等方面来考虑。

（1）　面板类型

液晶显示器面板有多种类型：TN 面板、IPS 面板、PVA 面板、MVA 面板、PLS 面板和不闪式 3D 面板等。IPS 面板和 PLS 面板较硬，用手轻轻划一下面板不容易出现水纹样变形，俗称硬屏。

选购显示器时要注意面板有无坏点。所谓坏点就是不能正常显示的像素点，分为亮点和黑点，亮点有红绿蓝三色。坏点表现为：不管屏幕内容怎样变化，该点颜色始终不变。坏点可以用肉眼直接发现，也可以用相关软件来检测。国家规定，不超过 3 个坏点的面板是合格的。但目前有坏点的面板不多，要想买到没有坏点的显示器，可以与商家事先约定。

（2）　屏幕大小

目前液晶显示器市场整体朝着大屏幕尺寸的方向发展，每个厂商都在推出大屏的 LED 液晶来迎合市场，29 英寸 21∶9 超宽屏已经面市。但是，大屏 LED 液晶在发挥娱乐性能的同时，售价也水涨船高，而小尺寸 LED 液晶比较实用，性价比高。

目前市场上液晶显示器尺寸主要有：29、27、26、24、23.6、23、22、21.5、20、19、

18.5、17 英寸及以下等。尺寸大少选择要根据用途、个人爱好来考虑，以下建议仅供参考。

绘图设计选用 27 英寸及以上显示器；娱乐影音选用 24 英寸及以上显示器；网吧选用 24 英寸专用显示器；家用选用 20～24 英寸显示器；电竞游戏选用 17～21.5 英寸显示器。

（3） 屏幕比例

目前市场上流行宽屏显示器，普屏鲜有人问津。宽屏 16∶10 是液晶显示器的宽屏标准；宽屏 16∶9 是国际上等离子电视、液晶电视等家用设备的宽屏标准，所有的宽屏电影文件都采用 16∶9 标准；超宽屏 21∶9 是真正符合好莱坞大片宽屏幕标准的播放格式，在全屏幕播放时能够接近 100%显示电影内容，带来真正的影院级画面效果和视听享受，被业界认为有望超越全高清而成为下一代的标准。

（4） 背光类型

液晶显示器背光源有 2 类：冷阴极背光灯管（CCFL）和发光二极管（LED）。传统的液晶显示器采用 CCFL 背光，目前基本上是 LED 背光的天下，简称 LED。LED 液晶具有以下优点：

- LED 动态图像间转换的表现出色，显示效果更好，动态对比度高达五千万比一；
- LED 使用的发光元件更先进，图像显示效果更清晰、更鲜艳、更明亮；
- LED 更节能、更环保，最高节省 75%的电能耗；
- LED 外观更薄、更轻、更时尚，摆放、搬运更灵活、轻松；
- LED 发热少，使用寿命更长，长达数万小时。

（5） 动态对比度

动态对比度是衡量液晶显示器性能的核心指标之一，是屏幕上某一点最亮（白色）与最暗（黑色）的亮度比值。

动态对比度的高低直接影响到图像的呈现效果。高动态对比度意味着液晶显示器在快速切换明暗场景时，每一个场景（无论是明亮场景还是昏暗场景），都能够得到最有层次感的画面，使电影、游戏的情节更生动，视觉更有冲击力，给用户带来最佳的视觉感受。目前动态对比度最高达到了 5000 万∶1，较高的是 2000 万∶1。

（6） 响应时间

响应时间是液晶显示器的像素点对输入信号反应的速率，即像素由暗转亮或由亮转暗所需要的时间，一般为几个毫秒，响应时间越短越好。响应时间短，动态画面就不会有尾影拖动的感觉，画面更加流畅、清晰。特别对于游戏用户，尤其是那些竞技游戏玩家来说，响应时间更重要，2ms 或 5ms 的时间差就可能决定一场战斗的胜负。

（7） 接口类型

液晶显示器接口类型有 D-Sub、DVI-D、HDMI、DisplayPort 等视频接口以及 USB 接口、音频输入输出接口等。丰富的接口类型可以为用户提供多种选择余地。有些厂商还提供特有的接口，如 AOC“慧锋”E2343FI 显示器预留了 Apple Docking 接口，实现 iPhone 手机和 iPod Touch 播放器的插接，可以播放音频、视频和图片，达到“智慧互联”的目的。

（8） 品牌

液晶显示器厂商众多，选择知名品牌和市场占用率高的品牌是上策。

（9） 液晶显示器价格

表 1-2-15 是中关村部分液晶显示器报价，供读者选用时参考。

表 1-2-15　中关村部分液晶显示器报价　　　日期：2017 年 7 月 26 日

品　牌	型　号	屏幕尺寸	屏幕比例	最佳分辨率	面板类型	灰阶响应时间	视频接口	价格（元）
三星	三星 S24C750P	24 英寸	16∶9	1920x1080	MVA	5ms	D-Sub（VGA），HDMI×2	￥1500
三星	三星 U28D590D	28 英寸	16∶9	3840x2160	TN	1ms	HDMI×2　，Displayport	￥2500
明基	明基 GW2760HS	27 英寸	16∶9	1920x1080	MVA	4ms	D-Sub（VGA），DVI-D，HDMI	￥1400
SANC	SANC G7 Air	27 英寸	16∶9	2560x1440	AH-IPS	2ms	D-Sub（VGA），DVI-D，HDMI	￥1100
飞利浦	飞利浦 238C4QHSN/93	23 英寸	16∶9	1920x1080	IPS	7ms	D-Sub（VGA），HDMI×2	￥850
AOC	AOC LV273HIP	27 英寸	16∶9	1920x1080	IPS	5ms	D-Sub，DP HDMI×2	￥1400
HKC	HKC T7000plus（土豪金）	27 英寸	16∶9	2560x1440	AH-IPS/AHVA	3ms	D-Sub（VGA），DVI-I，HDMI	￥1600
三星	三星 S22C330HW	22 英寸	16∶10	1680x1050	TN	5ms	D-Sub（VGA），HDMI	￥900

8. 选购机箱和电源

机箱作为主板、硬盘等部件的安居场所，起着保护内部部件的作用。同时，还要阻止来自内外电磁辐射和干扰，确保计算机稳定、可靠地工作。因此，选购机箱不能马虎。一款称心的机箱可以从做工、外观、品牌等方面来考虑。

（1）用料做工

高端机箱采用镁铝合金材料，面向发烧级玩家，不存在腐蚀问题。优质机箱的用料多为镀锌钢板，强度高，抗腐蚀能力好，材料价格相对较高。劣质机箱为了节约成本，采用廉价的镀锡钢板或涂了层防锈漆甚至普通漆的钢板，抗氧化和抗腐蚀能力差，极易生锈。优质机箱钢板厚度一般在 0.8-1.0mm 左右，普通的在 0.6-0.7mm 左右，0.5mm 以下属于低档机箱。钢板厚度可用肉眼观察，也可拎起机箱掂量一下重量，重的比轻的好。除此之外，机箱的五金工艺水平也是至关重要的。优质机箱采用全卷边、龙骨加强、凸点弹片、抗 EMI 设计等先进五金工艺。而劣质机箱则能简就简，在拆卸机箱的时候，稍有不慎就会划伤手指。

机箱内部仓位数量也是一个重要方面，一个机箱的 3.5 英寸仓位和 5.25 英寸仓位不能太少，否则，日后增添光驱、硬盘时会遇到不必要的麻烦，最好还有 2.5 英寸 SSD 位，方便固态硬盘安装。方便拆装的设计也是必不可少的。如侧板采用手拧螺丝固定、3.5 英寸驱动器架采用卡勾固定、5.25 英寸驱动器配备免螺丝弹片、板卡采用免螺丝固定等。

最后看一下散热设计。由于计算机内部发热量较大，且计算机经常处在长时间工作状态，所以优质机箱会设置排风扇以减少机箱内部温度，使电脑能更稳定的运行，这点在服务器机箱上尤为明显。服务器机箱通常会预留2～3个12cm风扇位来进行散热。因此当我们在选购机箱的时候也要注意所选购机箱上是否留有风扇位，以方便我们日后加装散热风扇，而且风扇位最好是前后各有一处，这样的设计能更好地为机箱内部散热。

在25℃室温下，机箱内CPU散热器上方2cm处的四点平均温度不超过38℃，达到这个标准的机箱称为38℃机箱。38℃机箱要符合以下四个条件：

- 机箱前端配置一个进气孔；
- 机箱背板装有一个92mm以上散热风扇；
- 机箱侧面板正对CPU位置安装一组空气引导器；
- 机箱侧板开有一个长方形的通风口，并覆以金属网屏蔽辐射，通风口正对扩展卡提供散热所需的冷空气。

（2） 外观

目前机箱大多是立式机箱，卧式机箱较少，也有立卧两用式的。ATX机箱空间大，扩展槽多，扩展性好，通风条件也不错，能适应大多数用户的需要，缺点是体积较大。Micro ATX机箱比ATX机箱小一些。机箱大小根据内部配置和放置位置的空间大小来选择。机箱面板是整个机箱的门面，大家都很重视面板的外观和功能设计，面板上设有耳麦插口、USB插口方便用户使用。

机箱外观主要看造型、颜色搭配，这个跟个人喜好密切相关，设计时尚的游戏机箱获得大多数人的喜欢。游戏机箱一般具有以下特征：

- 个性游戏风格外观；
- 具备顺畅的风道及先进防尘设计；
- 隐线式走线功能，完善的背板走线设计；
- SATA硬盘热插拔及USB3.0高速接口；
- 宽大内部空间，支持加长显卡；
- 选用厚度高的优质钢材，做工专业。

（3） 品牌

机箱品牌众多，市场上占用率较高的有：游戏悍将、先马、Tt、超频三、航嘉、金河田等等。

接下来介绍电源的选购。电源是整台计算机的动力源泉，其品质无疑是影响平台应用稳定性的核心关键，用户在购买电源时不仅要看铭牌，更要看一看电源的用料与做工。

（1） 外壳

电源外壳会影响到电磁波的屏蔽和电源的散热性，电磁屏蔽效果不好会损害人的健康，散热效果不好会缩短电源的寿命甚至硬件的寿命。目前，电源外壳一般采用镀锌钢板材质，部分产品采用了全铝材质。电源外壳的板材如果过薄，防辐射效果会降低，用户只需掂量一下电源的重量就可以分辨。

另外电源外壳出风口和入风口的设计也很重要。目前大多数电源采用了蜂巢式钢网设计，如图1-2-23左所示。也有少部分电源采用了条栅设计，其散热性能不如前者。

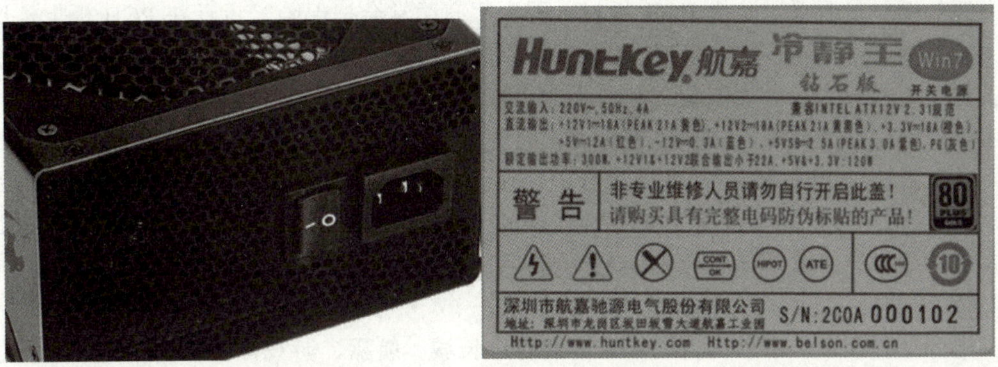

图 1-2-23 电源蜂巢形散热口和电源铭牌

（2） 铭牌

电源的性能指标和认证都在铭牌上，用户应仔细查看铭牌，比如额定功率、80Plus、3C 认证等。功率多少要根据计算机实际消耗功率来选择，常见电源功率在 250W～500 W。目前主流的电脑，配置入门级集成显卡，选择额定功率 250W～300W 电源足够，如果考虑升级，建议选购 350W 电源；如果配置了千元级别的独立显卡，那么电源额定功率在 450W～500W。

80Plus 认证体现了电源的转换效率。即电源在 20%、50%及 100%等负载下能达到 80%以上的电源转换效率。3C 认证是国家强制性认证，没有通过 3C 认证的电源不允许进入市场销售。现有的 3C 证书共有四个版本：CCC（S）安全认证、CCC（S&E）安全与电磁兼容认证、CCC（EMC）电磁兼容认证、CCC（F）消防认证。正在使用的是 CCC（S&E）认证标准，它对电源提出了安全和电磁兼容两项要求，在电源上看到 CCC（S&E）标志，就可认为电源通过了 3C 认证。除了必要的 3C 认证之外，常见的还有 FCC 认证，它是一项关于电磁干扰的认证。一台通过了 FCC 认证的电源，会将其工作时产生的电磁干扰加以屏蔽，消除了对人体的伤害。而“CE”是欧盟的安全认证标志，凡是贴有“CE”标志的产品就可在欧盟各成员国内销售。

（3） 线材和风扇

在电源的线材选择上并不是线材越长越好，线材越长，转换效率就会降低，所以电源线材长度以合适为好。如果是机箱背部走线的话，线材长度要求就比较高了，如 24 针主板供电线材长度要足够长。另外还要看电源线材的接口是不是足够，以免影响到日后的升级。目前 1500 元以上的主流显卡大多需要双 6pin 显卡供电接口。如果电源没有提供足够的 6pin 接口，那么只能通过大 D 口（IDE 硬盘的供电接口）进行转接，既影响美观又影响走线。目前市场上出现的模组电源，可以任意选择线材，极大地方便了用户。

电源散热风扇大小是把双刃剑。相同转速的情况下，风扇口径越大风量越足，散热就越好。但风扇越大噪音也越大。所以，口径在 12～14cm 的电源风扇比较合适。如果电源采用了智能温控风扇，当温度上去时风扇转速才上去，这样既节能又环保。

（4） 内部元件

电源是不让打开的，一旦打开就失去了质保。这也为某些厂商做猫腻提供了方便。不过，这并不能挡住我们观察电源内部。我们可以通过电源的散热孔去观察内部的电子元件。

看电源的板材是否采用防火 PCB 板材，因为厂商通常会把保险管设计在 PCB 板上，这就增大了 PCB 板材的危险系数。看电源线材，是否采用了 16 号或 18 号线材，因为这类线材具备更大的承载力，更加安全。再看看是否采用了固态电容，电容是台系还是日系的，内部电感、电容滤波网络电路多不多，有没有完善的过压、限流保护元器件等。

电源有被动 PFC 和主动 PFC 之分，建议选择采用主动 PFC 设计的电源。这不是说被动 PFC 电源不好，而是被动 PFC 结构简单，容易制作，于是一些不良厂商会在电源上动手脚，导致电源质量下降。而主动 PFC 制作工艺复杂，不容易出现伪劣产品。

（5） 品牌

电源品牌众多，市场上占用率较高的有：长城、航嘉、游戏悍将、安钛克、鑫谷、先马、Tt、金河田、全汉、振华等。

9. 选购键鼠

键盘和鼠标是最基本的输入设备，只要开机，就要使用它们。所以选择一款操作舒适、经久耐用、外观时尚的键鼠很有必要。

（1） 选购键盘要点

- 按键手感。
- 工艺及质量。
- 舒适度。
- 键盘接口。
- 外观。

（2） 选购鼠标要点

- 分辨率指标。
- 刷新率指标。
- 外形与手感。

（3） 键鼠品牌

键鼠品牌众多，国内品牌有双飞燕、精灵、多彩、雷柏等，国外有罗技、雷蛇、微软等，还有不少板卡厂家如技嘉、华硕等也加入进来，呈现出百花齐放的景象。

罗技（Logitech）是全球最著名的电脑周边设备供应商，1981 年在瑞士的“苹果”小村创立。长期以来，罗技始终着力于改进其无线产品的人性化设计，添加丰富的应用功能并不断增强无线产品的性能，努力把无线外设产品推上一个全新的境界。用户不仅能通过罗技的无线产品获得更为自由的使用空间，更能在工作、娱乐、交流、旅行等各种环境下随时尽情享受数字生活的乐趣。

精灵（Genius）为全球著名电脑周边及消费电子领导品牌，1985 年成立于台北市，在东莞市设有工厂。创业迄今，昆盈一直秉持创新、品质、服务的经营理念，不时以研发成果争取世界性专利，至 2007 年，已有 675 项专利。Genius 设计特点在于简单但不失奢华、符合人体工学易使用、介面着重人性化。所有零售通路皆可见到 Genius 品牌，产品质优、价位合理，消费者买得起，爱用。

雷柏是目前中国市场最具影响力的外设品牌，成立于 2002 年，致力于为全球用户提供技术先进、品质优异的无线外设产品。自 2007 年启动国内市场战略以来，雷柏以其精湛的工业设计、超高的产品性价比，一举获得无线键鼠市场占用率第一的品牌。2011 年，雷柏启动全球市场战略，让全球用户同步分享雷柏的科技成就，让中国的雷柏成为世界的雷柏。

四、任务实施

我们已经学习了计算机硬件知识及选购部件的方法，理论上讲，我们能够自己配置计算机了。但是，由于计算机硬件品种繁多，品牌五花八门，熟悉它们需要一个较长的过程。作为初学者，挑选一款合适的部件有一定的难度，不可能一蹴而就，要一步一步来学习攒机。第一步，不能犯原则性的错误，即选配的部件要能够组装起来，这就要求 CPU、主板、内存类型要配套。这一步过关了，下一步就要考虑各部件间的搭配，了解产品的高中低，尽量做到配置合理，好马配好鞍。最后一步，在对计算机硬件性能和市场行情非常了解的情况下，能够根据用户的需求，花最少的钱，配置一台性能最佳的计算机。能做到这一步了，说明你已经是计算机硬件市场里的老手了。

下面以高中低三种配置情形，介绍装机部件的选配。需要说明的是，由于硬件价格不断变化，一个配置现在是合理的，以后就不一定合理；用户爱好不同，计算机用途不同，一个配置适合你，不一定适合他。所以，以下配置仅供参考。

1. 万元级游戏平台装机

万元级装机属于高档配置，适合特殊用途和特殊人群，如电脑爱好者或游戏发烧友。下面这个配置是以 Intel 酷睿 i7 4770K 为中心进行装机，具体见表 1-2-11 万元级装机配置单。

表 1-2-11　万元级装机配置单

装机配置单		
部件名称	型　　号	价格（元）
CPU	Intel 酷睿 i74770K（盒）	2050
主板	华硕 Z87-Deluxe	2499
内存	海盗船 16GB DDR3 1600 复仇者套装（CMZ16GX3M4A1600C9）	799
显卡	华硕 GTX770-DC2OC-2GD5	1999
SSD	三星 SSD 840 Series SATA3（120GB）	499
硬盘	希捷 Barracuda 2TB 7200 转 64MB SATA3（ST2000DM001）	449
光驱	先锋 DVR-220CHV	139
机箱	航嘉暗夜公爵 III	510
电源	康舒 M85-600W	399
显示器	戴尔 U2412M	1600
键鼠	Razer 地狱狂蛇游戏标配键鼠套装	199
总价		11142

所选部件介绍如下：

（1） Intel 酷睿 i7-4770K

Intel 酷睿 i7-4770K（图 1-2-24）是英特尔 2013 年发布的 Haswell 架构的旗舰处理器，定位于高端游戏玩家和影视后期编辑等专业领域。酷睿 i7-4770K 采用 22 纳米工艺制程，四核八线程，不锁倍频，默认主频高达 3.5GHz，最高睿频可达 3.9GHz，三级缓存达 8MB，插槽类型为 LGA 1150，内部集成丰富的多媒体指令集，对主流的多媒体应用提供很好的支持。

图 1-2-24　盒装 Intel 酷睿 i7-4770KCPU

由于采用了最新的制作工艺，降低了功耗减少了发热，酷睿 i7-4770K 能让系统运行更加持续、稳定，出色的性能赢得了高端玩家的青睐，是眼下高端配置首选品种之一。

（2） 海盗船 16GB DDR3 1600 复仇者套装（4GBX4）

海盗船 16GB DDR3 1600 复仇者套装内存（图 1-2-25）由 4 条内存组成，单条容量为 4GB，主要面向双通道高端主板。此款海盗船 Vengeance 系列 16GB 内存套装编号为 CMZ16GX3M4A1600C9，频率为 1600MHz，9-9-9-24 时序，工作电压 1.5V。铝制散热片向上延伸形成锯齿状的散热鳍片，外观非常霸气。

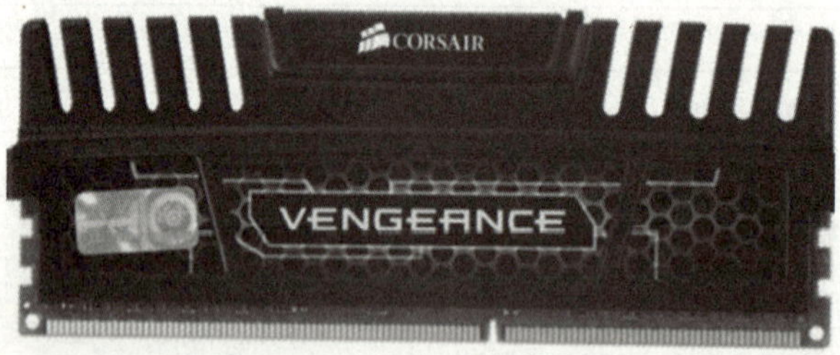

图 1-2-25　海盗船 16GB DDR3 1600 复仇者套装内存

海盗船 Vengeance 系列套装内存有极高的兼容性和超频性能，支持当前和下一代的 Intel/AMD 平台，其内存颗粒稳定，频率较高，性能强劲，价格适中，性价比高，非常适合超频发烧友用户选购。

（3） 华硕 Z87-Deluxe

华硕 Z87-DELUXE（图 1-2-26）主板一改 Channel 产品线以往蓝白相间的插槽及蓝色的散热片，代之全新的金色作为主板的主色调，通体金色的散热片设计给人以高贵的感觉，而 PCB 仍然采用黑色设计，黑金配色给人一种似曾相识的感觉，不过在华硕主板上，这还是第一次出现。

图 1-2-26　华硕 Z87-Deluxe 主板

（4）　华硕 GTX770-DC2OC-2GD5

华硕 GTX770-DC2OC-2GD5 显卡（图 1-2-27）外观红黑搭配，采用 NVIDIA GeForceGTX770 显示核心，核心频率高达 1110MHz，拥有 2GB GDDR5 大容量显存，显存频率为 7010MHz，显存位宽 256bit，搭配 2 个 DVI、1 个 HDMI 和 1 个 DP 输出接口。做工方面，华硕的做工一向都很不错的，背面有背板加固，PCB 和上面的器件用料讲究，散热器风扇声音很小，温控不错。

图 1-2-27　华硕 GTX770-DC2OC-2GD5 显卡

华硕 GTX770 DirectCUII OC 显卡采用华硕独有的 10 相“超合金数字供电”。与常规供电模块相比，超合金数字供电凭借航空航天级特种金属的用料，以及华硕独家的供电设计，可降低 50%EMI 电磁干扰，提升 15%供电效率，同时降低功耗，提升 30%超频稳定性。超合金数字供电不仅可以大大提升高频以及超频时的显卡稳定性，更可以降低供电模组温度，延长显卡使用寿命。

华硕 GTX770 DireceCUII OC 显卡拥有绝对彪悍的游戏性能，1920x1080 超高分辨率下可轻松应对所有游戏大作，是游戏发烧友们的首选显卡品牌。

（5） 三星 SSD 840 Series SATA3（120GB）

固态硬盘（SSD）用作系统盘，系统启动快，一般在 10 秒以内，程序启动、操作响应都比机械硬盘快多了。所以 SSD + 机械硬盘组合是高端配置常采用的方法。

三星 SSD 840 Series SATA3（图 1-2-28）搭配一颗高速缓存，型号为 K4P4G324EB-FGC2。闪存使用自家的 21nm 制程 Toggle DDR 2.0 TLC 闪存颗粒，编号为 K9CFGY8U5A-CCK0，单颗容量 32GB，总共 4 个颗粒组成 128GB 的容量。TLC 闪存，储存密度更高、制造成本更低，缺点是较低的擦写次数和写入速率（120MB/s）。正因为如此，有商家打出优惠价 599 元，性价比极高。

（6） 希捷 Barracuda 2TB 7200 转 64MB SATA3

希捷是硬盘知名大厂，产品质量稳定，信誉高。希捷 Barracuda 2TB 7200 转 64MB SATA3（图 1-2-29）是 2T 真双碟硬盘，SATA3.0 接口，7200r/m 转速，64MB 缓存，平均寻道时间 9.5ms 左右，运行功率只有 8W，闲置仅 5.4W。优点：容量大，速度稳定，兼容性好，发热量低，耗电低，读取速度稳定保持在 140MB/s，是目前性价比最高的硬盘之一。

图 1-2-28 三星 SSD 840 Series SATA3（120GB）

图 1-2-29 希捷 Barracuda 2TB 硬盘

（7） 先锋 DVR-220CHV

先锋 DVR-220CHV DVD 刻录机（图 1-2-30）支持 Windows 8/7/Vista/XP 系统，具有 DVD、CD 各格式的读取和写入能力。先锋光驱品牌大，质量过硬，读碟能力强，刻录稳定可靠。

图 1-2-30 先锋 DVR-220CHV 刻录机

（8） 航嘉暗夜公爵 III 机箱

航嘉暗夜公爵 III 机箱（图 1-2-31）面向对于机箱散热防尘方面有较高要求的游戏玩家、DIY 发烧友等用户设计，机身尺寸宽大，有着充足的空间和丰富的功能。机箱标配三个风扇，顶部的 I/O 区标配 3 个 USB2.0 接口、1 个 USB3.0 接口、一组音频接口、一组风扇调速器、一个多合一读卡器、风扇调速、炫灯开关和防尘滑盖，内部拥有可拆卸的硬盘笼、背部理线槽以及多达 12 个风扇位，有着出色的散热、防尘能力。适合对于功能、散热等方面有较高要求的用户购买。

（9） 康舒 M85-600W 电源

作为国际知名电源制造大厂，康舒电源一直受到不少国内 DIY 玩家的钟爱，其中一款被命名 M85 的电源以效率高、做工好、性能优而出名。康舒 M85-600W 电源（图 1-2-32）使用主动式 PFC 电路设计，高效的单路+12V 输出可以有效避免双路输出时，一路不够用，而一路满载的情况发生。得益于 85%的转换效率，让其仅单路+12V 输出就可提供高达 576W 的强劲动力。电源具有过载保护 OLP、过压保护 OVP、过电流保护 OCP、短路保护 SCP 功能，安规方面，通过 3C、CE、TUV、CB、C-Tick 认证。该电源动力强劲，支持高端显卡及 CPU，非常适合那些看重电源稳定性和实用性的游戏玩家使用。

图 1-2-31 航嘉暗夜公爵 III 机箱

图 1-2-32 康舒 M85-600W 电源

（10） 戴尔 U2412M

戴尔 U2412M（图 1-2-33）是新一代 24 英寸广视角液晶显示器，屏幕比例依旧是大多数用户最为喜欢的 16∶10。戴尔 U2412M 采用了 IPS 广视角面板和 LED 背光，具有 8ms 灰阶响应时间，200 万∶1 超高动态对比度，82% NTSC 色域，配备 D-Sub、DVI-D 和 DisplayPort 三个视频接口以及四个 USB 接口。戴尔 U2412M 一经推出，获得用户的广泛好评，成为近来最为热门的显示器之一。

（11） Razer 地狱狂蛇游戏标配键鼠套装

Razer 地狱狂蛇游戏标配键鼠套装（Razer 二角尘蛛 Cyclosa 游戏键盘＋Razer 地狱狂蛇 Abyssus 游戏鼠标，图 1-2-34），键盘是 104 按键数的标准键盘，具有防水功能，键位高度合适，按键轻巧，有飘逸感。鼠标分辨率为：1800dpi，按键采用火山口架构，整体小巧，轻快，握在手中有充实感，特别适合 RTS 游戏。Razer 地狱狂蛇套装对于 240 元左右价值来说，已经很不错了。当然对要求很高的人，就感到还差一些。

图 1-2-33　戴尔 U2412M 显示器

图 1-2-34　Razer 地狱狂蛇游戏标配键鼠套装

总之，这套配置选用了 Intel 最新 Haswell 架构的酷睿 i7-4770K 处理器以及华硕 Z87-Deluxe Z87 主板，配以同样近期上市的华硕 GTX770-DC20C-2GD5 显卡，保证这台主机配置具有强劲的性能，无论体验大型游戏还是专业需求都没压力了。

2. 实用型装机

实用型游戏装机一般预算 5000 元左右，配中档独立显卡，宽屏大尺寸显示器。随着 Haswell 架构 CPU 的陆续上市以及 8 系列主板的全面铺货，相信已经有不少的游戏玩家正筹划着好好武装一下自家的 PC 平台了。以下配置（表 1-2-12）足够畅玩各类 AAA 型游戏以及办公需求，CPU 选用最新的 i5-4750，主板选用新发布的七彩虹战斧 C.B85AK V20，价格低廉，还可轻松玩转无线网络。

表 1-2-12　实用型装机配置单

装机配置单		
部件名称	型　号	价格（元）
CPU	i5-4750（盒）	1599
主板	七彩虹战斧 C.B85AK V20	469
显卡	iGame650Ti Boost 烈焰战神 U 2GD5	1249
内存	金士顿 8GB DDR3 1600（骇客神条套装）	399
硬盘	希捷 Barracuda 1TB 7200 转 64MB 单碟	355
显示器	AOC D2267PW	1069
电源	鑫谷雷诺者 RP650	319
机箱	鑫谷雷诺塔 G1 战斗版	299
光驱	三星 TS-H663C	129
键鼠	精灵雷神 G7 游戏键鼠套装	140
总价		6027

Intel 酷睿 i5 4570 处理器采用全新的 Haswell 架构，LGA 1150 接口，主频达到 3.2GHz，

最高睿频达到 3.6GHz，拥有 6M 三级缓存。另外，新增了 AVX2 指令集，有效改善 AES-IN 性能，核芯显卡性能也有不小提升，能够支持 DX11.1 和 OpenCL 1.2 等新特性。i5-4750 性能不错，定会给用户带来流畅的使用体验。

七彩虹战斧 C.B85AK V20 主板搭配 LGA 1150 插座，可支持新一代 Haswell 架构的 CPU，选用全固态供电设计，并加入高阻抗八爪鱼 MOS 管，带来了相当强劲的供电能力。主板还支持双通道 DDR3 1600/1333/1066MHz 内存模块，满足玩家日常使用需求。另外，七彩虹战斧 C.B85AK V20 加入了 MINI PCI-E 插槽，可支持 SSD 扩展，并同时可支持加入无线模块，实现 Wifi 以及蓝牙 3.0 功能，轻松玩转无线网络。

七彩虹 iGame650Ti Boost 烈焰战神 U-2GD5 显卡，基于 GK106 核心设计，内置 768 个流处理器，支持 GPU BOOST、PhysX、DX11 和 SLI 等技术。该显卡采用 SPT 超量镀银 PCB 技术，有效提升超频效能与稳定度，进一步加强散热减少电损耗，延长电子元器件的使用寿命。采用二代鲨鱼仿生散热器，更具流线型的外壳极具个性，显卡频率为 980/1006/6008MHz，并支持一键超频技术，快速提升显卡性能。

金士顿 8GB DDR3 1600（骇客神条套装）内含 2 条 4GB 内存，用来组成双通道。金士顿骇客神条 8GB DDR3-1600 内存套装采用黑色纸盒包装，HYPERX 标志该系列为金士顿高性能内存。内存散热片采用了铝质镀金材料来辅助散热，不仅外形上非常抢眼，更重要的是这种材质可以大大加强散热片的导热性能。内存采用 6 层墨绿色 PCB 板设计，双面搭载 16 颗容量为 256MB 的 DDR3 内存颗粒，做工和用料相当到位，走线清晰，内存金手指使用技术成熟的化学镀金工艺，金层色泽纯正，具有极好的耐磨和防氧化特性。

希捷 Barracuda 1TB 7200 转 64MB 单碟（ST1000DM003）硬盘，容量 1TB，单碟设计，64MB 缓存，7200 转，SATA3.0 接口，厚度仅 20.17 毫米，是目前 1TB 硬盘当中厚度最小的产品。希捷单碟 1TB 硬盘拥有业界顶级的最高存储密度的盘片技术（625Gb/英寸^2），这项技术的最大进步在于容量翻倍，硬盘性能得到大幅提升，并且降低成本。这款硬盘除了具有轻薄的特点，它的读写性能更令人称道。

AOC D2267PW 属 AOC 刀锋系列显示器，AOC 刀锋系列显示器凭借时尚超薄的外形和出色画面色彩让消费者称道。D2267PW 液晶显示器采用 2mm 的超窄银色边框和 AH-IPS 广视角面板，21.5 寸屏，前面板和底座采用纯银拉丝工艺，时尚而大气，屏幕背面分别采用拉丝工艺和钢琴漆。性能方面，拥有 1920×1080 分率，动态对比度为 5000 万∶1，采用不闪式 3D 立体显示技术，具备一键 2D 转 3D 功能，高清立体显示效果更为逼真。接口方面，配备主流 D-Sub（VGA），DVI-D，符合大多数消费者的实际需求。

鑫谷雷诺者 RP650 电源，额定功率提升至 550W，功率方面满足目前高端单卡、双卡需求。特别是+12V 输出功率，经过线路优化和严谨调试，+12V 输出单路最高 26A，联合高达 540W，占总功率 98%。可轻松应对日常供电需求。

鑫谷雷诺塔 G1 战斗版机箱，采用了全新的面板，强烈的塔式元素贯穿机身，经典的红色饰条搭配黑色大面积防尘网孔十分耐看。尺寸 510mm（长）×195mm（宽）×490mm（高）符合标准中塔定义。顶部设置经典的 4 路风扇调控。前面在原有的 USB 2.0 接口基础上，增加原生 USB 3.0。内部延续了雷诺塔家族的黑化机身+电源下置优良血统，搭配 10 个背部走线孔完美兼容大小主板背部走线，设置 5 个硬盘位置（兼容 2 个 SSD）、6 组免螺丝扣具、进出风防尘网、6 个风扇风扇安装位。目前报价仅 299 元，性价比超高。

三星 TS-H663C DVD 刻录机，外包装延续了三星光存储产品的一贯简约风格，整洁大方，朴实无华。前置面板以黑色为主，看上去庄重、沉稳。光盘舱采用密封设计，能有效的防止灰尘进入，读盘时更稳定。顶部特有的多方凹槽静音设计，并增设导流槽，能效改善光盘高速旋转时机器内部的气流环境，有效减震及降低噪音令光盘运转顺滑流畅，增强光盘运转时的稳定性与提高光驱读盘性能。三星 TS-H663C DVD 刻录机具有主流 16 倍速读取速度，采用 SATA 接口，拥有不错的静音降噪设计，目前它的售价仅 129 元，具有较高的性价比。

精灵雷神 G7 游戏键鼠套装是雷神 K7 游戏键盘与雷神 X3 游戏鼠标的组合，是一款高性价比的背光游戏外设产品。键盘采用欧式 104 键布局，长回退、倒 L 型回车的设计，左右两侧设计有 8 个多媒体按键，不仅可以满足游戏玩家的使用需求，还可以在日常使用时，为普通用户提供更多的便利。键盘整体采用黑色主色调设计，霸气的硬线条外观，让精灵雷神 G7 套装键盘显得沉稳。与电脑连接后，整个精灵雷神 G7 套装键盘上可发出幽幽蓝光，用户即便在黑暗中也能清楚的看到键盘上每一个按键的字符。

精灵雷神 G7 套装中的鼠标，采用右手人体工学造型，120×76×39.5mm 尺寸，较为符合国内用户的使用习惯。精灵 X3 游戏鼠标尾部的小狮子 LOGO，则可以进行高达 1600 万色的呼吸渐变效果。华丽的外观，适中的性能，可以让入门级游戏玩家无须花上太多的钱，即可享受到背光游戏外设带来的超酷感受。

总之，本装机配置，总价 6000 多元，价位适中。硬件上除了选用最新的 Haswell 架构 i5 处理器外，还选用了价格低廉的且刚刚上市的七彩虹战斧 C.B85AK V20 以及热卖中的 iGame650TiBoost 显卡，可轻松应对各类学习、办公、游戏之需求。

3. 入门级装机

入门级装机主要用于普通的办公、学习、上网、娱乐等需求。总价一般在 3000 元左右，部件选购注重性价比，一般不配置独立显卡，使用 CPU 中的核显。表 1-2-13 是入门级装机一例。

表 1-2-13 入门级装机配置单

装机配置单		
部件名称	型　号	价格（元）
CPU	AMD A10-5800K（盒）	630
主板	技嘉 GA-F2A85XM-HD3	599
内存	威刚 4GB DDR3 1600（万紫千红）*2	335
硬盘	希捷 Barracuda 1TB 7200 转 64MB 单碟	355
显示器	HKC A2250	730
电源	游戏悍将红军 RA400 超静音版	209
机箱	先马领军	129
光驱	三星 TS-H663C	129
键鼠	双飞燕 KR-8572 圆角舒键鼠套装	86
总价		3202

这套配置选用 AMD 平台。处理器选用热门的 AMD APU A10-5800K，其内部集成 HD 7660D 图形显示核心，Socket FM2 接口，搭配 AMD A85X 芯片组的技嘉 GA-F2A85XM-HD3 主板，双通道内存。电源选用超游戏悍将红军 RA400 超静音版，400W 功率，静音效果好。先马领军机箱外观酷炫，显示器经典简约时尚，人体工程学键盘，具有防水功能。整套配置大气，性价比高。

五、总结提高

把计算机各部件一件一件攒起来组装成一台计算机，称为“攒机”。DIY 们都喜欢攒机。攒机不仅充满乐趣，更是学习计算机硬件有效的方法。在攒机过程中，需要不断了解硬件的特性，比较同类硬件之间的微小差异，还要了解市场行情，这些都能帮助我们提高对计算机硬件的鉴别能力。

中关村在线网站（http://www.zol.com.cn/）是计算机硬件专业网站，是学习计算机硬件的好场所。网站内容量大面广，信息更新及时，经常访问中关村在线将受益匪浅。中关村在线为初学者提供了模拟攒机练习，网址：http://zj.zol.com.cn/（图 1-2-35），用法很简单，一看就会。你的装机配置单完成后还可以发布，看看专家、网友对你的配置有什么建议和评论。

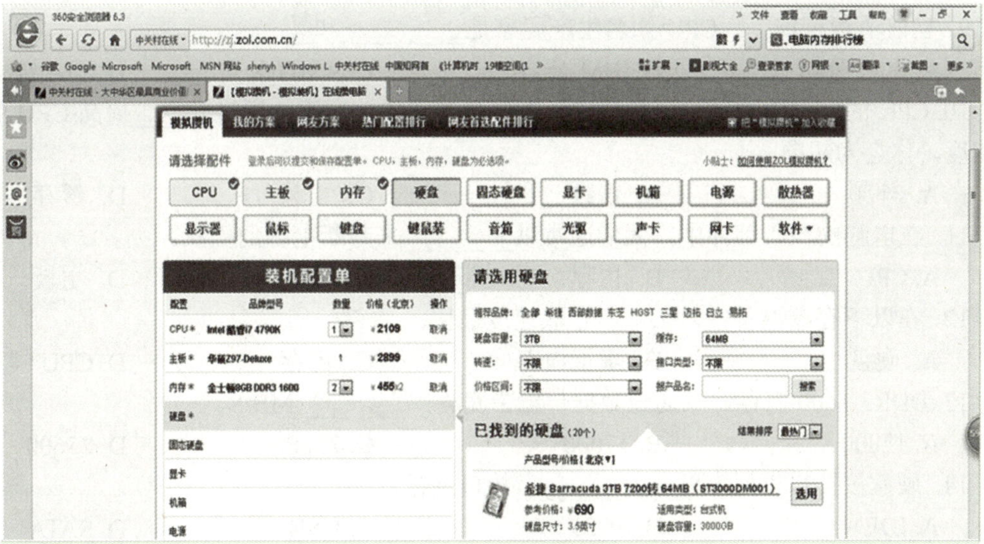

图 1-2-35　模拟攒机

练习题一

一、选择题

1. ________决定了计算机可以支持的内存数量、种类、引脚数目。

A. CPU　　B. 主芯片组　　C. 主板结构　　D. 内存

2. 评价主板的性能首先要看的是________。

A. CPU 插座　　B. 扩展槽和各种接口

C. 芯片组　　D. BIOS 和 CMOS 芯片。

3. 主板的核心和灵魂是_______。

A. CPU 插座　　B. 扩展槽

C. 控制芯片　　D. BIOS 和 CMOS 芯片

4. 以下属于总线标准的是________。

A. ISA　　B. HDD　　C. VGA　　D. LCD

5. 主板上的 socket 插座使用了一种技术，使得当插拔 CPU 时为零插拔力，这种技术叫________。

A. ZIF　　B. slot　　C. ALU　　D. SCSI

6. 在南北桥结构的主板中，下列_______不属于北桥芯片管理的范围之列。

A. 处理器　　B. 内存　　C. AGP 接口　　D. IDE 接口

7. 计算机发生的所有动作都是受________控制的。

A. CPU　　B. 主板　　C. 内存　　D. 鼠标

8. CPU 的接口种类很多，目前 Intel CPU 的接口为______接口。

A. 针脚式　　B. 引脚式　　C. 卡式　　D. 触点式

9. 当前消费市场上，CPU 知名生产厂家是_________和_________。

A. Intel 公司　　B. IBM 公司　　C. AMD 公司　　D. VIA 公司

10. CPU 的主频由外频与倍频决定，在外频一定的情况下，通过______提高 CPU 的运行速度，称之为超频。

A. 外频　　B. 倍频　　C. 主频　　D. 缓存

11. 在电脑的核心部件中，人们通常以________来判断电脑的档次。

A. CPU　　B. 内存　　C. 显示器　　D. 主板

12. 在以下存储设备中，______存取速度最快。

A. 硬盘　　B. 虚拟内存　　C. 内存　　D. CPU 缓存

13. DDR3 1600 内存，双通道数据传输带宽为：________MB/S。

A. 12800　　B. 17000　　C. 21200　　D. 25600

14. 硬盘按接口类型可以分为________接口硬盘。

A. IDE　　B. SCSI　　C. USB　　D. SATA

15. DDR SDRAM 内存的金手指位置有_______个引脚。

A. 184　　B. 168　　C. 220　　D. 240

16. 台式电脑中经常使用的硬盘多是_______的。

A. 5.25 英寸　　B. 3.5 英寸　　C. 2.5 英寸　　D. 1.8 英寸

17. 目前市场上出售的硬盘主要是哪种类型？_________。

A. SATA　　B. IDE　　C. SCSI　　D. USB

18. 生产硬盘的著名厂商主要有_________。

A. 希捷　　B. 日立　　C. 三星　　D. 西部数据

19. 硬盘工作时应特别注意避免_______。

A. 噪声　　B. 光照　　C. 震动　　D. 环境污染

20. 硬盘的数据传输率是衡量硬盘速度的一个重要参数。它是指计算机从硬盘中准确找到相应数据并传送到内存的速率，分为内部和外部传输率，其内部传输率是指________。

A. 硬盘的高速缓存到内存　　B. CPU 到 Cache

C. 内存到 CPU　　D. 硬盘的磁头到硬盘的高速缓存

21. 计算机系统的显示系统包括________。

A. 显示内存　　B. 3D 图形　　C. 显卡　　D. 显示器

22. 显卡用来处理绘图指令的部分是________。

A. 显示 BIOS　　B. 显示芯片　　C. RAMDAC　　D. 显示内存

23. 目前流行的显卡接口类型是________。

A. AGP 8X　　B. PCI-EX16　　C. ISA　　D. VESA

24. 当前显卡芯片市场上，知名的生产厂家是________。

A. Intel 公司和 nVIDIA 公司　　B. nVIDIA 公司和 IBM 公司

C. ATI 公司和 AMD 公司　　D. nVIDIA 公司和 ATI 公司

25. 以下属于显示标准的是________。

A. ISA　　B. HDD　　C. VGA　　D. LCD

26. 为了让人的眼不容易察觉到 CRT 显示器刷新频率带来的闪烁感，因此最好能将您显卡刷新频率调到________Hz 以上。

A. 60　　B. 70　　C. 85　　D. 100

27. 按制作技术可以将显示器分为________。

A. CRT 显示器　　B. 等离子显示器

C. 平面直角显示器　　D. LCD 显示器

28. ________越低，图像闪烁和抖动得就越厉害，眼睛疲劳得就越快。

A. 显示器的尺寸　　B. 亮度　　C. 对比度　　D. 刷新率

29. 下列属于显卡输出接口的是________。

A. VGA　　B. DVI　　C. HDMI　　D. DisplayPort

30. ATX12V 电源与主板接口插座为双排________针。

A. 20 针　　B. 12 针　　C. 18 针　　D. 24 针

二、判断题

1. 主板性能的好坏与级别的高低主要由 CPU 来决定。（ ）

2. 不同的 CPU 需要不同的芯片组来支持。（ ）

3. 在选购主板的时候，一定要注意与 CPU 对应，否则是无法使用的。（ ）

4. 在选择主板时，要先确定主板所要采用的芯片组，其次才是选择具体的品牌。（ ）

5. 主频用来表示 CPU 的运算速度，主频越高，表明 CPU 的运算速度越快。（ ）

6. 超线程（Hypre-Threading）技术是在一个 CPU 内同时执行多个程序而共同分享一个 CPU 的资源，像一个 CPU 在同一时间执行两个线程。（ ）

7. 字长是人们衡量一台计算机 CPU 档次高低的主要依据，字长越大，CPU 档次就越高。（ ）

8. 三级缓存大小是 CPU 的重要技术指标。（ ）

9. 内存的读写周期是由内存本身来决定的。（ ）

10. 工作电压是指内存正常工作所需要的电压值，不同类型的内存电压相同。（ ）

11. 包括操作系统在内的计算机的各种软件、程序、数据都需要保存在硬盘中。（ ）

12. 目前在笔记本电脑中使用的硬盘为 2.5 英寸或 1.8 英寸。（ ）

13. 平均寻道时间是指硬盘磁头移动到数据所在磁道时所用的时间，以毫秒为单位。（ ）

14. 在电脑中显示出来的硬盘容量一般情况下比硬盘容量的标称值要大，这是由不同单位之间的转换造成的。（ ）

15. 只要硬盘空间允许，虚拟内存设置得越大越好。（ ）

16. 希捷公司是美国的硬盘生产公司，它同时也是世界上第一个硬盘制造商。（ ）

17. 只要选择了 ATA133 的硬盘，就一定可达到 133MB/s 的数据传输。（ ）

18. 当一个光驱和一个硬盘分别接在两个 IDE 接口上时，不需要主从盘设置。（ ）

19. 光盘存储数据是以圆心点向外渐开的螺线方式存储。（ ）

20. LCD 显示器对人体没有辐射，并且轻便，更适合于便携式电脑。（ ）

21. 当添加了一些新设备时，显示器便出现黑屏故障，排除了配件质量及兼容性问题后，则电源的质量不好、动力不足是故障出现的主要原因。（ ）

22. 判断机箱品质优劣最简单的方法可以掂量一下机箱的重量，同体积的机箱越重越好。（ ）

23. 主板上两个 PS/2 插口，键盘和鼠标可以混用。（ ）

三、填空题

1. 一个完整的计算机系统是由__________和__________两部分组成的。

2. _________是构成计算机系统的物质基础，而_________是计算机系统的灵魂，二者相辅相成，缺一不可。

3. 在计算机系统中，CPU 起着主要作用，而在主板系统中，起重要作用的则是主板上的________。

4. 老主板的芯片组按照在主板上的排列位置的不同，通常分为______芯片和______芯片。

5. 主板上跳线种类有：________、________、________。

6. 主板上 IDE 硬盘接口有________针，软驱接口有________针，软驱接口比硬盘稍短。

7. USB2.0 的最大数据传输速率是______，USB3.0 的最大数据传输速率是______。

8. 目前市场上的 BIOS 厂商主要用______和______两种。

9. Intel 8 系列主板芯片有________、________、__________、_______等。

10. 公认度较高的主板一线品牌有________、________、________。

11. 当前 CPU 的接口形式有两类：________和________。

12. 目前 Intel CPU 接口全部采用________，AMD CPU 接口全部采用________。

13. CPU 制作工艺，Intel 达到________纳米，AMD 达到________纳米。

14. LGA 全称是________________，中文意思是________________。

15. Intel i 系列四代 CPU 采用________封装。Intel 经典酷睿 2 系列 CPU 采用________封装。

16. 当前市场上，Intel CPU 接口类型有________、________、________、________、________，AMD CPU 接口类型有________、________、________、________等。

17. AMD FX 系列 CPU 采用________接口，搭配插座类型为________的主板。

18. AMDLlano APU 采用________的接口，针脚数________个。Trinity APU（二代 APU）采用________的接口，针脚数________个。

19. CPU 在发展过程中，接口方式有________、________、________、________四类。

20. CPU 的内核工作电压越低，说明 CPU 的制造工艺越______，这样 CPU 功耗就______。

21. 目前 Intel Pentium、Celeron 系列 CPU 属于________级别产品。

22. 主板上 CPU 供电，都采用____________。

23. 按内存储器的工作原理分类，可分为：________和________两种。

24. 台式机上 SDRAM 内存针脚数为_____针，DDR 内存为_____针，而 DDR2、DDR3 为_____针。

25. DDR4 内存针脚数为_____针，标准工作电压________，金手指特征________。

26. DDR 内存在一个时钟脉冲周期内，传输_____次数据。

27. 世界上第一块硬盘由________公司生产，容量为________。

28. 硬盘接口主要有________、________、________和 SCSI 接口等几种。

29. IDE 硬盘的跳线根据需要可以设置成_____、_______和_____三种方式。

30. IDE 硬盘接口标准 ATA 100、ATA 133 数据传输率分别是________和________。

31. SATA 硬盘接口速率：SATA1.0________，SATA2.0________，SATA3.0________。目前台式机主流硬盘接口类型是________。

32. 一个硬盘的容量是 120G，而单碟容量是 80G，这个硬盘有____张盘片，____个磁头。

33. 目前市场上硬盘单碟容量达到________，主要应用了________技术大幅提高了单碟容量。

34. 固态硬盘闪存芯片架构分为________和________。

35. 固态硬盘主要性能指标有：________________________________等。

36. 显卡主要由 _______、_______、_______ 等部分组成。

37. 显示内存用来存储____________________________________所要处理的数据。

38. 显存容量大小直接影响到显示卡可以显示的颜色数量和可以支持的最高分辨率，目前显卡市场上显卡的显存大小有_______、_______、_______、_______、______、______等几种。

39. 目前显卡与主板的接口类型是_______，老式显卡接口是_______。

40. 显卡的输出接口有_______、_______、_______、_______、_______5 种。

41. 显卡行话 A 卡指______________，N 卡指______________。

42. 显卡俗称：独显指______，集显指______，核显指______。

43. 目前市场上显卡的显存类型主要是________。

44. AGP8X 带宽_______，PCI-E 3.0X16 带宽_______。

45. 常见显示器可分为______和______两大类。

46. 彩色显示器的三原色为 ______、______、______ 3 种颜色。

47. 液晶显示器根据背光源不同，分为______ 和 ______两种。

48. 显示器的点距越小，显示图像越 ______ 。

49. 液晶具有____________特性，在液晶显示器中，液晶的作用是______。

50. 液晶显示器屏幕比例，普屏：______，宽屏：______，超宽屏：______。

51. 刷新频率是指屏幕上的图像每秒钟出现的次数。对于液晶显示器来说，常常设为______Hz，CRT 显示器一般在______Hz 或以上。

52. 按机箱外形样式分类，可以把机箱分为______机箱和______机箱两种。

53. 机箱正面常见按钮有：____________，常见接口有____________。

54. 目前 ATX12V 电源的主板电源插头______针，具有防反插功能。电源输出不同直流电压用颜色区分，黄色为______伏，红色为______伏，橙色为______伏。

55. 电源输出线中，绿色线作用是______，灰色线作用是______，黑线是______。

56. 我国电源强制安全认证是______，欧盟是______。

57. 电源选购应考虑：______________________________等要素。

58. 按键盘的工作原理和按键方式可以把键盘分为四类：______、______、______和______。

59. 按接口类型分类：可以把鼠标分为串行口（已淘汰）、______、______和______几种类型。

60. 主板上 PS/2 口，紫色接______，绿色接______。

61. 市场上鼠标占用率最高的品牌是______。

四、简答题

1. 简述计算机主板的基本组成部分及作用。
2. 简述北桥芯片、南桥芯片的主要功能。
3. CPU 的性能指标有那些？并简要说明各项指标的含义。
4. 内存的性能指标有那些？并简要说明各项指标的含义。
5. 机械硬盘主要有哪些部分组成？
6. 什么是硬盘的内部数据传输率和外部数据传输率？机械硬盘的传输瓶颈在哪里？
7. 解释磁道、柱面、扇区。
8. 简述机械硬盘的主要技术指标。
9. 简述硬盘日常使用的注意事项。
10. 写出 4000 元学生机装机配置单。

项目二　拆装计算机

本项目从拆装计算机的准备事项、组装、拆解和故障排除等方面介绍如何组装和拆卸一台完整的计算机，以及组装完成后无法正常启动的常见故障处理方法。

任务一　组装计算机

一、任务描述

在实训室里给定计算机部件，在老师的指导下，动手组装一台计算机。

二、任务分析

装机并不难，但对于初学者来讲，必须了解组装前应做的准备工作，严格履行各环节相关的注意事项，以免损坏硬件。组装计算机有一定的顺序，这个顺序以便于组装为原则，新手与老手不一样，不同的部件组装也有不同，所以这里针对初学者介绍计算机组装的具体过程。

三、相关知识点

1. 装机必备工具

一般来说，组装一台计算机只需要螺丝刀、尖嘴钳、散热硅脂和一张宽大绝缘的工作台面。

2. 装机注意事项

1. 防静电。静电是计算机的敌人，在装机之前，一定要释放掉身上的静电，以防止损坏计算机配件，具体做法是摸一摸水管或者洗洗手。有条件的建议带上防静电护腕。
2. 计算机配件要轻拿轻放，板卡尽量拿边缘，不要用手触摸金手指和芯片。
3. 固定螺丝的时候，不要拧的太紧，防止螺丝滑丝或板卡变形，用力要适度，固定无松动即可。
4. 禁止带电拔插，以免造成配件或整机的损坏。
5. 注意部件装配前后顺序。

四、任务实施

1. 安装CPU、散热器、内存

（1） 安装CPU和散热器

CPU是整个计算机的核心部件，安装不正确将影响整个计算机的正常使用。不同类型的CPU因为接口不同，但安装方法大体一样。下面以LGA接口的CPU安装为例来介绍。

图2-1-1　CPU与CPU插座

a. 注意CPU左下角金色三角形及上边的两个凹口，如图2-1-1左所示。安装时，两个凹口要与CPU左边上的凸起对准。

b. 拉起CPU插座边的拉杆，掀起保护盖子，按正确方位装入CPU，然后盖上保护盖，压回拉杆，如图2-1-2所示。

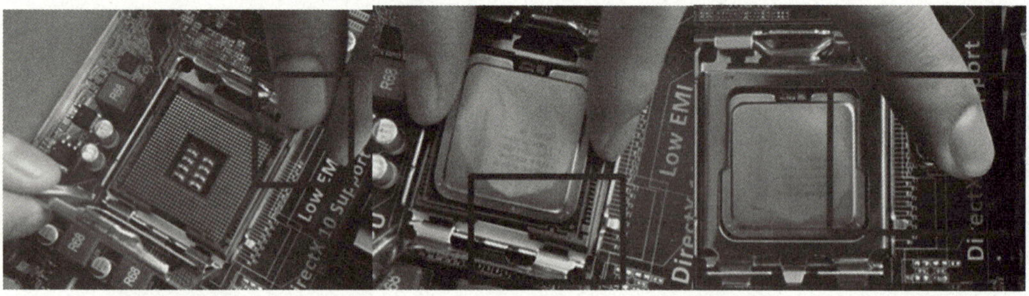

图2-1-2　安装CPU

c. 取少量硅脂，均匀涂抹于安装好的CPU上面，以利于导热，如图2-1-3所示。

d. 按照正确方位在CPU上面放置风扇，并且安装好风扇扣具，如图2-1-4所示。

图2-1-3　涂抹硅脂

图2-1-4　安装风扇

e. 在主板上靠近风扇的地方，找到 CPUFAN 字样的三针插座，将风扇电源线按正确方向插入，如图 2-1-5 所示。

（3） 安装内存条

将内存条从包装盒里拿出，用手抓住边缘，不要用手接触金手指，以免造成表面氧化引起接触不良。在主板上找到内存插槽，用手轻轻将两边的卡子向外掰开。将内存条上缺口对准插槽中的凸起，垂直压入内存插槽中，双手在内存条两端均匀用力，使得两边的白色卡子能自动牢牢卡住内存，如图 2-1-6 所示。

图 2-1-5 安装风扇电源

图 2-1-6 安装内存

2. 安装机箱电源

先将电源放进机箱后部安装电源的位置，将电源上的螺孔与机箱上的螺孔对正。再将 4 颗螺钉对正位置，对角依次拧紧即可。在安装的过程中注意电源安装的方向，如图 2-1-7 所示。

图 2-1-7 安装电源

3. 安装主板

（1） 认识面板线

在安装主板之前，先认识电源开关连线、RESET 连线、硬盘指示灯连线、电源指示灯连线、蜂鸣器连线、USB 接口与连线，如图 2-1-8 至图 2-1-13 所示。在连接主板与机箱面板的连线时，只要在主板前置面板插针的位置找到对应英文标识的插针，依次安装即可。注意正负极，黑线、白线为负极，彩色线为正极。机箱面板上的 USB 连线“+”通常是对应连接到主板上的“VCC”端，“-”是连接到主板上的“GND”端，“PORT+”对应连接到主板上的“Data+”端，“PORT-”对应连接到主板上的“Data-”端。

图 2-1-8　电源开关连线

图 2-1-9　RESET 连线

图 2-1-10　硬盘指示灯连线

图 2-1-11　电源指示灯连线

图 2-1-12　PC 喇叭连线

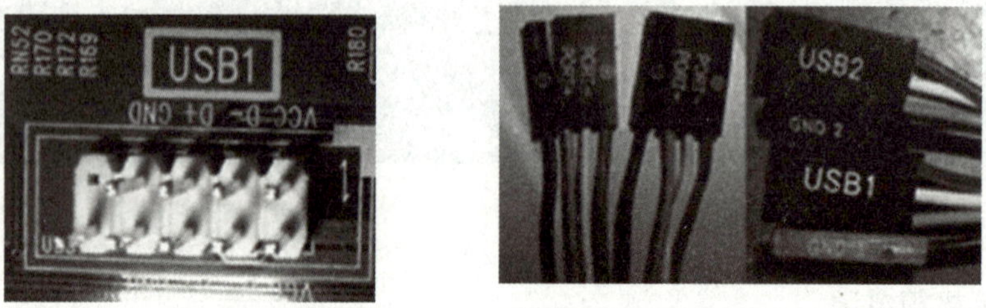

图 2-1-13　USB 接口及其连线

（2）　固定主板

将机箱平放，将主板小心的放入机箱进行比照，看看需要在机箱哪些位置安装固定金属螺柱。按照刚才比照结果，将机箱附带的的金属螺柱固定好，如图 2-1-14 所示。

用螺丝刀将机箱后边 I/0 挡板上的铁片去除，如图 2-1-15 所示。

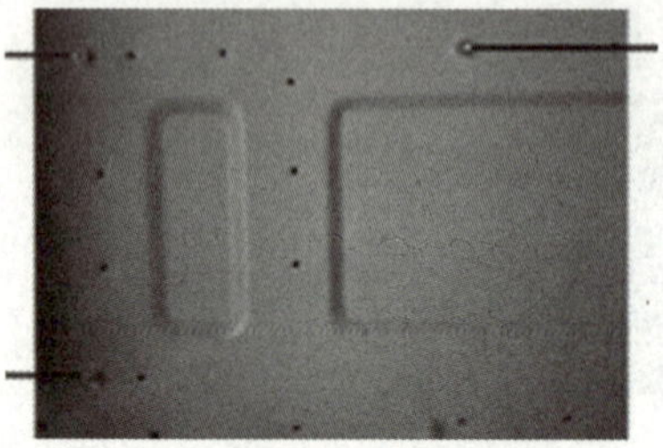

图 2-1-14　安装螺柱

图 2-1-15　去除挡板铁片

将主板上面的安装孔对准机箱上边已经固定好的螺柱或塑料定位卡，然后在相应安装螺钉的位置拧紧螺钉，如图 2-1-16 所示。

（3）　安装主板注意事项

a. 安装过程中一定要释放身上的静电，以免损坏器件。

b. 在固定主板螺钉的时候，一定要注意螺钉和主板之间的绝缘。

c. 同时紧固螺丝的时候适度用力，不可拧死，防止主板变形。

d. 尽量使用机箱原配的螺帽，防止因高低不同引起的安装问题。

e. 在主板上拔插板卡的时候，用力适度。

图 2-1-16　固定主板

4. 安装光驱、硬盘

（1） 安装光驱

取下机箱的前面板用于安装光驱的挡板，将光驱反向从机箱前面板装进机箱的 5.25 英寸槽位。确认光驱的前面板与机箱对齐平整，在光驱的每一侧用两个螺丝固定，如图 2-1-17 所示。

（2） 安装硬盘

硬盘一般固定在机箱内 3.5 英寸支架上，先在机箱找一个位置合适的支架，将硬盘小心插入支架（插入的深度以不影响主板使用和容易固定为原则），通过支架旁边的条形孔，用螺丝将硬盘固定好，如图 2-1-18 所示。

图 2-1-17　安装光驱

图 2-1-18　安装硬盘

5. 安装各类板卡

（1） 安装显卡

a. 在主板上找到显卡对应的插槽卸下机箱上和这个插槽对应的防尘片上的螺丝，取下防尘片，如图 2-1-19 所示。

图 2-1-19　取防尘片

b. 按下显卡插槽末端的防滑扣，将显卡的金手指小心的插入显卡插槽，然后压下显卡，使之紧密插入显卡插槽，如图 2-1-20 所示。

c. 用螺丝将显卡金属挡板顶部的缺口固定在机箱条形窗口的螺丝孔上，如图 2-1-21 所示。

图 2-1-20　安装显卡

图 2-1-21　固定显卡

（2）　安装声卡和网卡

声卡、网卡等扩展卡的安装和显卡的安装基本相同，所不同的是需要选择对应的插槽插入。声卡和网卡对应的一般是 PCI 插槽。

a. 先选择空闲的 PCI 插槽，从机箱上移除对应 PCI 插槽上的挡板及螺丝。

b. 将声卡或网卡对准 PCI 插槽，用双手大拇指均匀用力将其插入 PCI 插槽中。将卡上的金手指与 PCI 插槽紧密接触在一起。

c. 用螺丝将声卡或网卡固定在机箱上。注意不要拧得太死。

6. 连接各种插头、线缆

（1）　连接主板电源线

电源是双排 24 孔插座，采用防插错设计，只能从一个方向插入，另外，目前主板上还有一个 4 孔的插座，同样采用防插错设计，用来给 CPU 等供电，如果这个插孔未插，计算机将无法正常启动。在插接的时候，将插头上有挂钩的一侧对准插座上有凸出卡口的一段，向下插入即可，如图 2-1-22 所示。

（2）　连接硬盘、光驱电源线和数据线

连接时要注意方向，均匀用力插入，如图 2-1-23、图 1-1-24 所示。

图 2-1-22　连接主板电源线

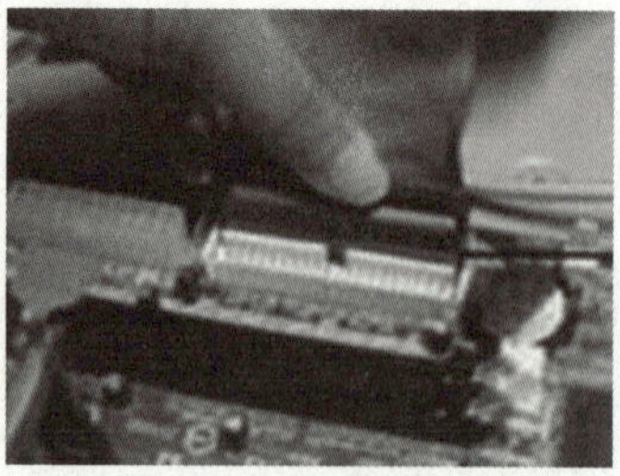

图 2-1-23　连接硬盘数据线

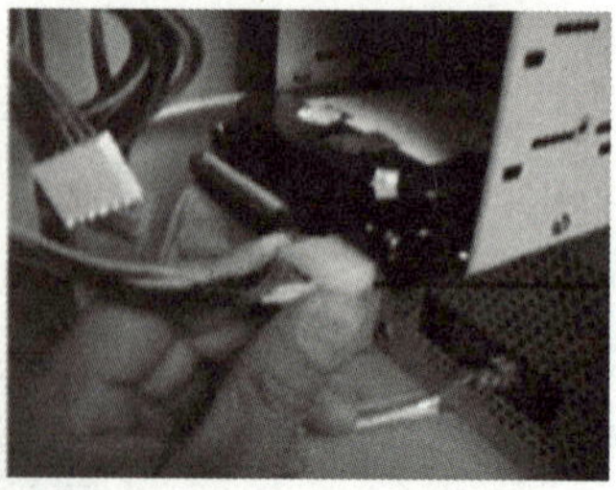

图 2-1-24　连接硬盘电源线

7. 连接外部设备

正确连接显示器、键盘、鼠标、音箱等外部设备。

（1） 连接显示器

将显示器侧放，将底座上突出的塑料弯钩与显示器底部的小孔对准，然后将显示器底座按正确的方向插入显示器底部的插孔内，用力推动底座，如图 2-1-25 所示。

连接显示器的时候，先将显示器的 D 型 15 针插头按照正确的方向插入主机后侧显卡上的 15 孔的 D 型插座上，然后用手将插头上的固定螺丝拧紧，如图 2-1-26 所示。最后将显示器的电源线插入三相插座。

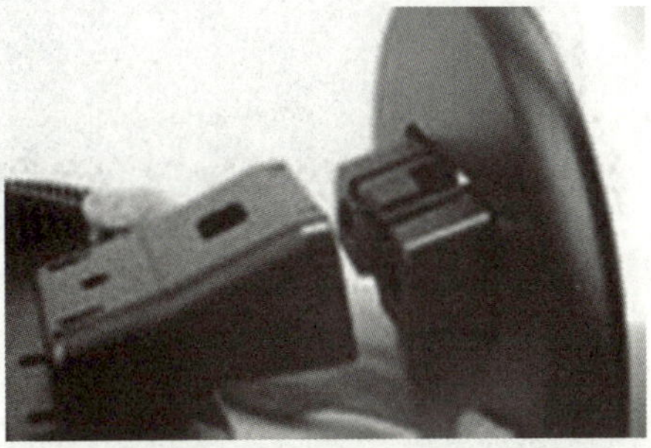

图 2-1-25 安装显示器底座

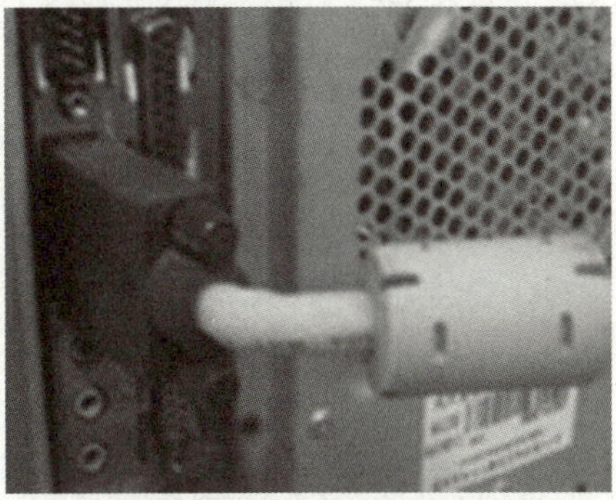

图 2-1-26 连接显示器

（2） 连接键盘和鼠标

首先在计算机主机后边找到键盘和鼠标的 PS/2 接口，键盘 PS/2 接口颜色为紫色，鼠标为绿色，不能接反。注意键盘和鼠标接口上边有一个黑色塑料条，主机上的 PS/2 接口有一个凹槽，连接的时候一定要使这 2 个黑塑料条和凹槽对应才能插入，否则插不进去，还容易造成键盘和鼠标接口针脚的弯曲。键盘和鼠标接口如图 2-1-27 所示。

（3） 连接外部电源

检查确认主机与外部设备连接正确，最后插上机箱外部电源，如图 2-1-28 所示。

图 2-1-27 键盘鼠标接口

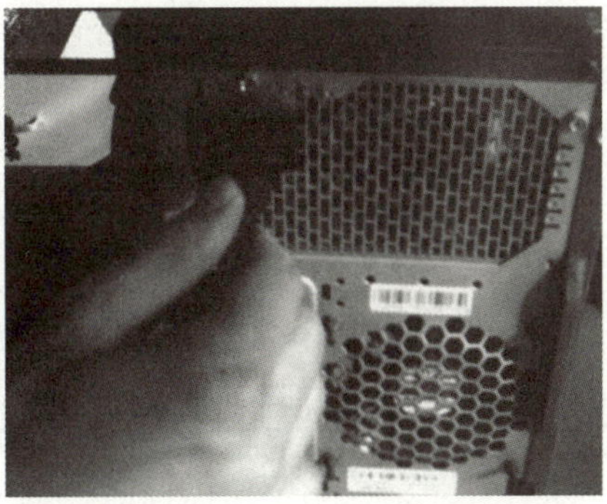

图 2-1-28 连接外部电源

五、总结提高

组装和调试计算机对大多数人来说是一件困难的事情，是属于那些技术人员才能完成的工作。事实上，只要按照一定的程序和步骤多加练习，就能成为装机高手。通过自己动手组装、调试计算机，能够更深入地了解各配件之间的工作原理和关系，为提高实践动手能力，更好地调试与维护计算机打下基础。

安装完成的计算机整机如图 2-1-29 所示。

计算机正确的组装顺序归纳如下：

（1） 装机准备；
（2） 安装 CPU、散热器、内存；
（3） 安装电源；
（4） 安装主板；
（5） 安装光驱、硬盘；
（6） 安装各类板卡；
（7） 安装各种插头、线缆；
（8） 连接外部设备。

图 2-1-29　计算机整机

任务二　拆解计算机

一、任务描述

在实训室里给定一台计算机，在老师的指导下，动手拆解一台计算机。认识各计算机部件。

二、任务分析

拆解计算机整机的目的是了解计算机的部件。拆解计算机有一定的顺序，刚好与装机相反。要明确拆解前的准备工作，切实履行各环节相关的注意事项。掌握拆解计算机的方法和技巧。

三、相关知识点

1. 拆机必备工具

一般来说，拆解一台计算机需要的工具有螺丝刀、尖嘴钳和一张宽大绝缘的工作台面。

2. 拆机注意事项

a. 防静电。静电是计算机的敌人，在拆机之前，一定要释放掉身上的静电，以防止损坏计算机配件，具体做法是摸一摸水管或者洗洗手。有条件的建议带上防静电护腕。

b. 计算机配件要轻拿轻放，板卡尽量拿边缘，不要用手触摸金手指和芯片。

c. 拧开螺丝的时候，要注意正确的方向，防止螺丝滑丝或板卡变形，用力要适度。

d. 禁止带电拔插，以免造成配件或整机的损坏。

e. 注意拆卸部件顺序，将拆卸下来的部件要整齐、分类摆放。

四、任务实施

1. 拆卸外部设备

正确拆卸显示器、键盘、鼠标、音箱等外部设备。

（1） 切断外部电源

检查确认已经关闭外部电源输入，然后拔除机箱电源外部连接线。

（2） 拆卸键盘和鼠标

首先在计算机主机后面找到标注键盘和鼠标标记的PS/2接口，均匀用力往外拔除，不要转动，注意避免造成键盘和鼠标接口针脚的弯曲。

（3） 拔除显示器连接插头

拆卸显示器的时候，先将显示器的电源线拔出三相电源插座，再将安装在主机后侧显卡上15孔D型插座上的显示器D型15针插头上的固定螺丝拧开，然后按照正确的方向用手将D型15针插头拔除，如图2-2-1所示。

2. 打开机箱盖板

拆卸主机内部部件，需要先打开机箱盖板，如图2-2-2所示，拧开机箱盖板的紧固螺丝，然后顺着盖板导轨，往外拉开机箱盖板。

图2-2-1 拆卸显示器接头

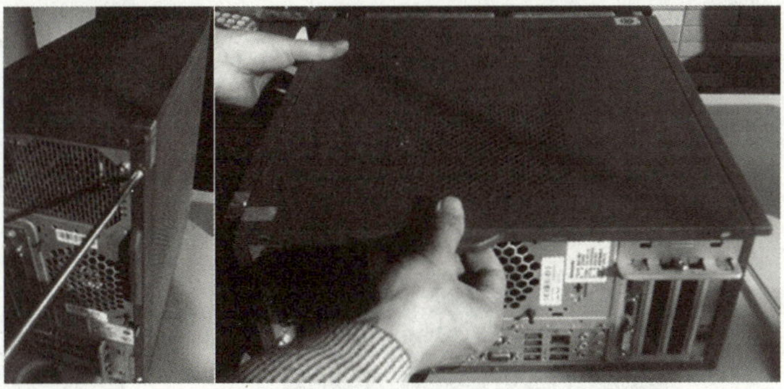

图2-2-2 拆卸机箱盖板

3. 拆卸各种插头、线缆

（1） 拆卸主板电源线

电源是双排20孔插座，目前主板上还有一个4孔的插座，在拔除的时候，将插头上有挂钩的一侧捏紧以使插座上的凸出卡口松开，然后往上拔除电源插头即可，如图2-2-3所示。

（2） 拆卸硬盘、光驱电源线和数据线

拆卸硬盘、光驱电源线和数据线时要注意方向，手指紧捏插头外侧，注意不要直接拿住线缆，均匀用力拔出即可，如图2-2-4所示。

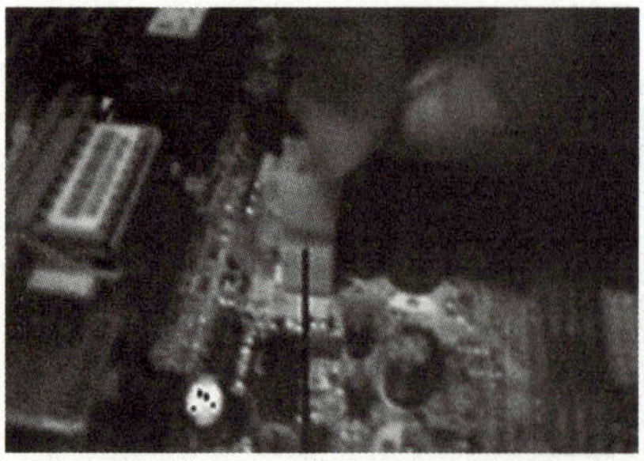

图 2-2-3　拆卸主板电源线

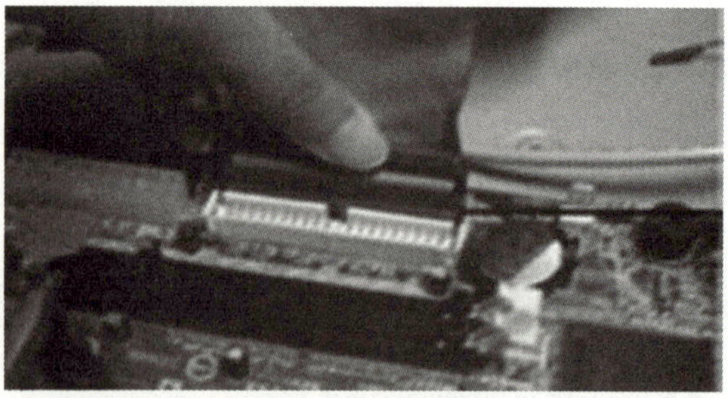

图 2-2-4　拆卸数据线

4. 拆卸各类板卡

（1） 拆卸显卡

在主板上找到显卡对应的插槽，卸下机箱上和这个插槽对应的显卡固定螺丝，然后按下显卡插槽末端的防滑扣，将显卡小心的从显卡插槽拔出，如图 2-2-5 所示。

（2） 拆卸声卡和网卡

声卡和网卡等扩展卡对应的一般是 PCI 插槽，其拆卸方法和显卡的拆卸方法基本相同。

5. 拆卸光驱、硬盘

（1） 拆卸硬盘

找到机箱内安装硬盘的 3.5 英寸支架，拧开支架两边条形孔固定硬盘的螺丝，将硬盘小心地从支架导轨中取出即可。

（2） 拆卸光驱

找到机箱内安装光驱的 5.25 英寸槽位支架，拧开支架两边条形孔固定光驱的螺丝，将光驱小心地从支架导轨中往机箱前面板取出即可，如图 2-2-6 所示。

图 2-2-5　拆卸显卡

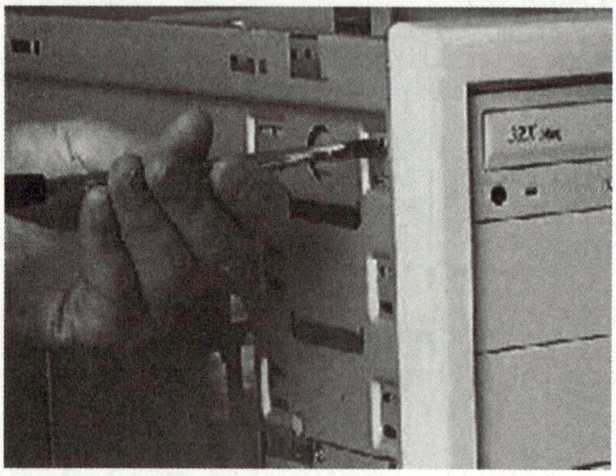

图 2-2-6　拆卸光驱

6. 拆卸主板

（1） 拔出面板线

拔出电源开关连线、RESET 连线、硬盘指示灯连线、电源指示灯连线、蜂鸣器连线、

USB 接口等面板连线。在拆卸主板与机箱面板的连线时，只要在主板前置面板插针的位置依次拆卸即可。

（2） 拆卸主板

将主板上面的安装孔对应机箱固定的螺钉按正确方向拧开，即可往上取出主板，如图 2-2-7 所示。

图 2-2-7　拆卸主板

（3） 拆卸主板注意事项

a. 拆卸过程中一定要释放身上的静电，以免损坏器件。

b. 在拆卸主板螺钉的时候，一定要注意方向，防止螺钉滑牙。

c. 拧松螺丝的时候适度用力，防止主板变形。

d. 在主板上拔出板卡的时候，用力适度。

7. 拆卸电源

拆卸电源时，将电源与机箱上对正的 4 颗螺钉，依次拧开即可。在拆卸的过程中注意托抓电源以免坠落。

8. 拆卸 CPU、散热器、内存

（1） 拆卸内存条

在主板上找到内存插槽，用手将两边的卡子向外掰开，内存条即可松开取出。将内存条取出时，用手抓住边缘，不要用手接触金手指，以免造成表面氧化引起接触不良，如图 2-2-8 所示。

图 2-2-8　拆卸内存

（2） 拆卸 CPU 和散热器

a. 在主板上靠近风扇的地方，找到 CPUFAN 字样的三针插座，手指紧捏插头外侧，

注意不要直接拿住线缆，将风扇电源插头按正确方向拔出即可，如图 2-2-9 所示。

b. 按照正确方位扳动 CPU 风扇的扣具，然后取下风扇，倒置，防止碰到硅脂，如图 2-2-10 所示。

图 2-2-9 拆卸风扇电源

图 2-2-10 拆卸风扇

c. 往外拉起 CPU 插座的小拉杆，掀起保护盖子，取出 CPU，如图 2-2-11 所示。

图 2-2-11 拆卸 CPU

五、总结提高

拆解和调试计算机对大多数人来说是一件困难的事情，是属于那些技术人员才能完成的工作。事实上，只要按照一定的程序和步骤多加练习，就能成为拆机高手。通过自己动手拆解、调试计算机，能够更深入地了解各配件之间的工作原理和关系，为提高实践动手能力，更好地调试与维护计算机打下基础。计算机正确的拆解步骤归纳如下：

（1） 切断电源；

（2） 拆卸外部设备；

（3） 拆卸主机；

（4） 拆卸各种接头和线缆；

（5） 拆卸各类板卡；

（6） 拆卸硬盘和光驱；

（7） 拆卸主板；

（8） 拆卸机箱电源；

（9） 拆卸 CPU、散热器和内存。

任务三 故障排除

一、任务描述

完整的一台计算机组装完成后，需要进行调试，从而确认能够正常启动，才能为以后的软件安装配置做好准备。本项目介绍计算机无法正常开机启动的故障现象，以及常见故障处理方法，学习计算机故障诊断和维护与维修的方法。

二、任务分析

组装好的计算机要能正常开机启动，需要先了解计算机正常启动的工作流程，要能识别计算机的报警提示、界面提示，要能够正确认识相关的故障现象并作出分析，从而采用正确的方法排除相应故障，达到正常开机目的。

三、相关知识点

1. 安全常识

（1） 个人计算机的接入电压为交流 50Hz 220V，用户要注意人身用电安全。

（2） 电源开启之后，所有计算机部件都将上电，用户要注意观察计算机部件工作是否有异常，如果有烧毁、焦味甚至冒烟情况请及时切断电源。

（3） 开机通电前请仔细检查是否有无工具、螺丝等杂物遗落在计算机内部，并清理好计算机外部环境。

2. 开机自检

在计算机硬件组装完成之后，即可测试计算机是否能正常开机，即进行开机自检。开机自检也称上电自检（POST，Power On Self Test）。指计算机系统，接通电源，自动运行主板BIOS芯片固化的程序的行为。完整的POST自检包括对CPU、系统主板、基本的640KB内存、1MB以上的扩展内存、系统ROM BIOS的测试；CMOS中系统配置的校验；初始化视频控制器，测试视频内存、检验视频信号和同步信号，对VGA接口进行测试；对键盘、软驱、硬盘及CDROM子系统作检查；对并行口（打印机）和串行口（RS232）进行检查。自检中如发现有错误，将按两种情况处理：对于严重故障（致命性故障）则停机，此时由于各种初始化操作还没完成，不能给出任何提示或信号；对于非严重故障则给出提示或声音报警信号，等待用户处理。

当自检完成后，计算机系统进行下一步骤，从硬盘、光盘、U盘或网络服务器上寻找操作系统进行启动，如果计算机配置有操作系统，则计算机的控制权将移交给操作系统。

3. 界面提示

在开机自检的过程中会列出该计算机的配置状况及问题，由于开机界面一闪而过，要想看清楚的话，需要及时按住“PAUSE”键。根据开机自检信息显示的顺序，开机自检信息的含义如下。

（1） 显卡信息

开机自检时首先检查的硬件就是显卡（注意：仅 NVIDIA 显卡显示显卡信息界面，ATI 显卡和 Intel 集成显卡无此界面），因此启动计算机以后在屏幕左上角出现的几行文字就是显卡的“个人资料”介绍，如图 2-3-1 所示。

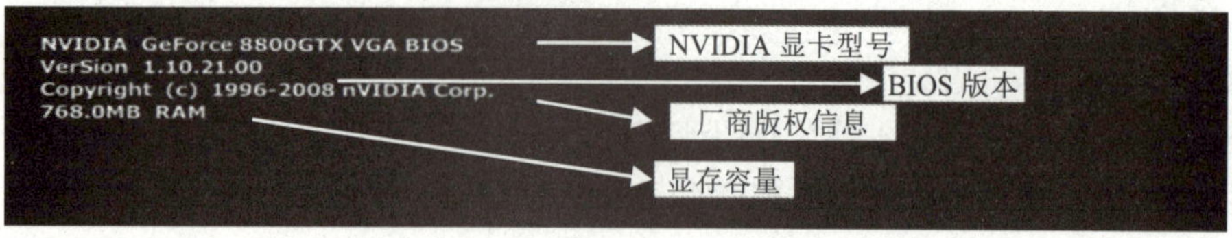

图 2-3-1　开机显卡信息

四行文字中，第一行“NVIDIA GeForce 8800GTX…”标明了显卡的显示核心为 GeForce8800GTX；第二行“Version…”标明了显卡 BIOS 的版本，我们可以通过更新显卡 BIOS 版本“榨取”显卡性能，当然更新后这一行文字也会随之发生变化；第三行“Copyright（C）…”则为厂商的版权信息，标示了显示芯片制造厂商及厂商版权年限；第四行“768.0MBRAM”则标明了显卡显存容量。

显卡信息界面显示速度非常快，基本上是一闪而过，只有很少几款显卡在自检过程中可以通过按 Pause 键暂停。因此若要浏览显卡自检信息的话，往往需要在这个短暂的瞬间人为地多次热启动，才可以实现显卡自检信息的阅读。

（2） 主板、CPU 及硬盘、内存、光驱信息

显示完显卡的基本信息之后，紧接着出现的第二个自检界面则显示了更多的硬件信息，像 CPU 型号、频率、内存容量、硬盘及光驱信息等都会出现在此界面中，如图 2-3-2 所示。

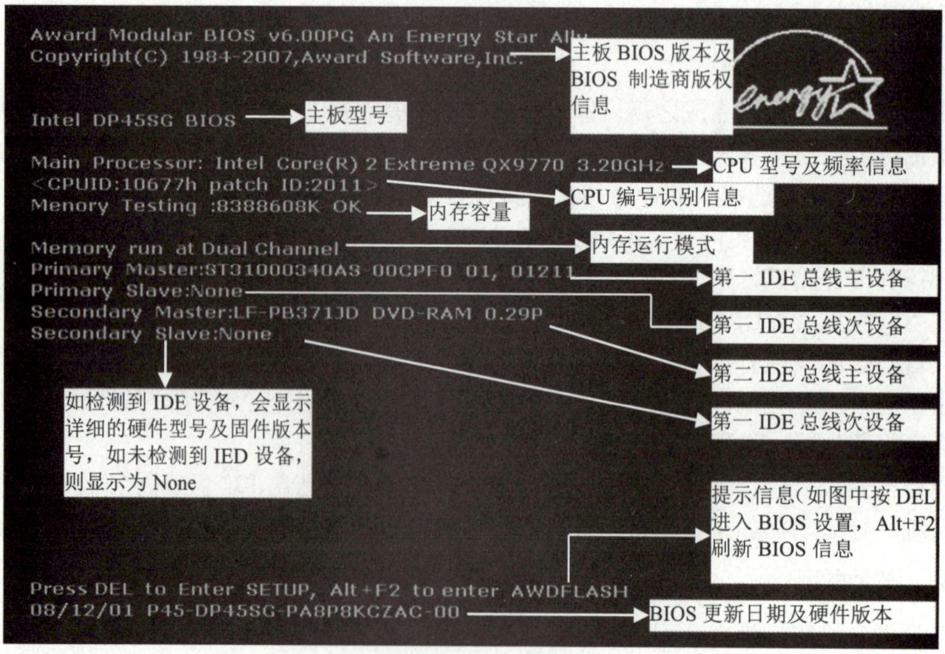

图 2-3-2　开机自检界面

a. 主板信息

该界面最上面两行文字标示了主板 BIOS 版本（v6.00PG）以及 BIOS 制造商（Award）的版权信息，紧接着的文字是主板型号，为 Intel 的 DP45SG。

另外，图 2-3-2 中的最下方一行文字也是关于主板的信息。前面的日期显示的是当前主板的 BIOS 更新日期。中间的文字标识的是主板芯片组北桥 P45，后面的符号则是该主板所采用的代码，根据代码同样也可以了解主板的芯片组型号和生产厂商。一般代码的前 5 位为芯片组编号，第 6、7 位为生产厂商编码。

b. CPU 信息

第四行文字“Main Process…”则标明了 CPU 的型号和工作频率，如图 2-3-2 所示即为 Intel 酷睿 2 Extreme 系列 CPU，型号 QX9770，当前工作频率 3.2GHz。下面行文字对于普通用户意义不大，是关于 CPU 编号的识别信息。不过目前少数品牌笔记本计算机在升级 CPU 时，CPU 编号的获得并嵌入还是比较重要的。

c. 内存信息

CPU 编号后行文字“Memory Testing…”表示的是内存的容量。下一行文字则说明内存的运行模式，如图则表示内存是工作在双通道模式上。

d. 硬盘、光驱信息

接下来的四行文字则标明了连接在 IDE 主从接口上的设备，包括硬盘型号及光驱型号等。

“Primary Master…”标识硬盘接在第一个 SATA 接口上，硬盘型号为 ST3100340AS，即希捷 3.5 寸 1TB 硬盘，接口标准 STATII。

“Secondary Master…”标识刻录光驱为 LF-PB371JD，即松下 DVD 刻录光驱，最大刻录倍速 16 速，SATA 接口。

其余两行均显示为 None，则说明第一 IDE 总线次设备和第二 IDE 总线次设备均未检测到。

e. 操作提示信息

在该界面的下方还有一行提示信息，提示用户可以按指定键完成特殊功能。

Del：提示按 Del 键进入 BIOS 设置程序。

Alt+F2：提示按 Alt+F2 键快速刷新 BIOS 信息。

系统启动到这里，就要将启动过程转交给操作系统了，说明前面的启动过程一切顺利，没有遇到问题。有的朋友开机后不会显示这些自检界面，那是因为 BIOS 内设置了 Full Screen LOGO 项为 Enable，需要改为 Disable 就可以显示自检界面了。

四、任务实施

1. 初步检查

（1） 仔细检查各部位的电缆和连线是否连接牢靠，接触是否良好，方向是否正确，螺丝是否紧固。

（2） 仔细检查是否有螺丝等杂物遗落在主机板上和机箱内。

（3） 检查一下电源插头的供电是否正常。

2. 通电调试

再三检查确定无误后，可进行开机调试，启动之后，认真观察主机和显示器的反应，如果出现冒烟、发出糊味等异常情况应立即关闭电源，防止硬件的进一步损坏。如果开机之后无反应，就要根据实际情况进行针对性的故障排除。

正常通电情况下按 Power 键启动，仔细观察各指示灯、屏幕信息和主机提示音。首先，主机电源灯亮，随着主机内“滴”的一声响，主机开始正常启动，显示器电源的指示灯又从橙色变为绿色，然后便会在屏幕上显示相关信息。

开机自检还会通过报警声响次数的方式来指出检测到的故障。但需要注意：由于目前主板 BIOS 类型大致可分为 AWARD 公司、AMI 公司、PHOENIX 公司（AWARD 已与 PHOENIX 合并），因此不同类型的 BIOS，其自检响铃次数所定义的自检错误是不一致的，一定要注意区分。

3. 排除故障

如果计算机无法正常开机，开机时发出异常报警声音或者开启时就停止在某处，说明计算机出了故障，需要进行检修。

（1） 开机自检提示音判断

计算机硬件故障的发生在自检时往往有报警声或显示错误信息。我们可以根据报警声来判断计算机硬故障的范围。

a. Award BIOS：

- 一声短鸣：系统正常启动，计算机没有任何问题。
- 两声短鸣：CMOS 常规错误，请进入 CMOS Setup，重新设置不正确的选项。
- 一长一短：内存或主板错误，换一条内存试试，若还是不行，只好更换主板。
- 一长两短：显示器或显卡错误。
- 一长三短：键盘控制器错误，检查主板。
- 一长九短：主板 Flash RAM 或 EPROM 错误，BIOS 损坏。换块 Flash RAM 测试。
- 不断地响（长声）：内存条未插紧或损坏。重插内存条，若还是不行，则更换内存。
- 重复短响：电源故障。
- 不停地响：电源、显示器未和显示卡连接好。检查一下所有的插头。
- 无声音无显示：电源问题居多。

b. AMI BIOS：

- 一声短响：内存刷新失败，更换内存条。
- 两声短响：内存 ECC 较验错误。在 CMOS Setup 中将内存关于 ECC 校验的选项设为 Disabled 就可以解决，不过最根本的解决办法还是更换一条内存。
- 三声短响：系统基本内存（第 1 个 64kB）自检失败，只能更换内存。
- 四声短响：系统时钟出错。
- 五声短响：中央处理器（CPU）出错。
- 六声短响：键盘控制器错误。
- 七声短响：系统实模式错误，不能进入保护模式。
- 八声短响：显存错误，更换显卡测试。

- 九声短响：主板闪存错误。
- 一长三短：内存错误。
- 一长八短：显示器数据线或显卡接触不良，显示器数据线没插好或显示卡没插好。

POENIX 的 BIOS，由于现在几乎只在以前的老主板上有用到，此处便不再赘述。

当怀疑 CMOS 设置有问题，而你又对 CMOS 不熟悉时，可按如下步骤操作：

开机按“Del”键进入 CMOS，在主菜单上有两项“Load Setup Defaults”和“Load BIOS Defaults”（不同版本这两个选项个别单词可能略有出入，可参考具体英文意思）选其中一项，然按“F10”键（存盘）即可。此两项均是系统默认的选项，不同之处是前者能使计算机发挥较高的性能，但可能不太稳定，后者能使机子以最安全的方式启动，但屏蔽了许多功能。

（2） 自检错误信息处理

自检时显示的错误信息也有助于你判断故障范围，根据判断或提示，就可以进行有针对性的操作。自检遇到错误时，有时计算机会停止。错误信息会以白色高亮显示在屏幕上，一般会停止在此处，等待用户进行操作。在开机的时候，如果 BIOS 存在一些设置上的问题，也会在开机画面上给出提示信息，可以根据提示信息采取相应的措施解决，常见的错误信息和解决方法如下：

a. CPU Fan Error（CPU 风扇错误）

原因：CPU 风扇错误。按 F1 会忽略错误继续启动，按 Del 键则进入 BIOS 设置，可对有问题的项进行更改。自检信息如图 2-3-3 所示。

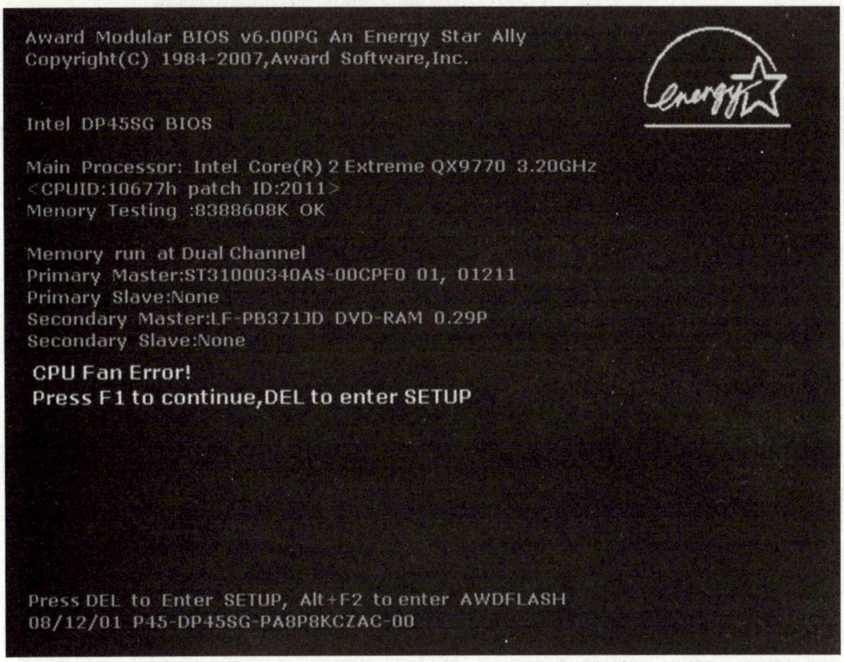

图 2-3-3　自检信息

b. CMOS battery failed（CMOS 电池失效）

原因：说明 CMOS 电池的电力已经不足，请更换新的电池。

c. CMOS check sum error-Defaults loaded（CMOS 执行全部检查时发现错误，因此载入预设的系统设定值）

原因：通常发生这种状况都是因为电池电力不足所造成，所以不妨先换个电池试试看。如果问题依然存在的话，那就说明 CMOS RAM 可能有问题，最好送回原厂处理。

d. Secondary Slave hard fail（检测从盘失败）

原因：可能是 CMOS 设置不当（例如没有从盘但在 CMOS 里设有从盘），也可能是硬盘的电源线、数据线可能未接好或者硬盘跳线设置不当。

e. Override enable-Defaults loaded（当前 CMOS 设定无法启动系统，载入 BIOS 预设值以启动系统）

原因：可能是你在 BIOS 里的设定并不适合你的电脑（像你的内存只能跑 1600MHz 但你让它跑 2000MHz），这时进入 BIOS 设定重新调整即可。

f. Press TAB to show POST screen（按 Tab 键可以切换屏幕显示）

原因：有一些 OEM 厂商会以自己设计的显示画面来取代 BIOS 预设的开机显示画面，而此提示就是要告诉使用者可以按 Tab 键来把厂商的自定义画面和 BIOS 预设的开机画面进行切换。

g. Resuming from disk，Press TAB to show POST screen（从硬盘恢复开机，按 TAB 显示开机自检画面）。

原因：某些主板的 BIOS 提供了 Suspend to disk（挂起到硬盘）的功能，当使用者以 Suspend to disk 的方式来关机时，那么在下次开机时就会显示此提示消息。

h. Keyboard error or no keyboard present（键盘错误或没连接键盘）

原因：一般是键盘没插好或键盘线内部断裂。

（3） 加电类故障处理

加电类故障在这里指上电（或复位）到自检完成这一段过程中计算机所发生的故障。可能的故障现象包括主机不能加电、开机掉电、机箱金属部分带电、开机无显无报警、死机、反复重启、噪音大、自动（定时）开机等。此类故障可能涉及的问题包括市电环境、电源、主板、CPU、内存、显卡、各类板卡、BIOS 设置、开关及开关线、复位按钮及复位线等。排除此类故障可能会用到螺丝刀、镊子、POST 卡、万用表、试电笔等工具。此类故障的排除过程如下：

a. 检查市电电压是否在 220V±10%范围内，是否稳定（即是否有经常停电、瞬间停电等现象）。

b. 检查主机电源线一端是否牢靠地插在市电插座中，不应有过松或插不到位的现象，另一端是否可靠地接在主机电源上，不应有过松或插不到位的情况。

c. 检查风扇（电源的和 CPU 的等）的工作情况，不应有不动作或只动作一下即停止的现象。

d. 检查机箱内是否有异物造成短路。

e. 检查电源开关可否正常的通断，声音清晰，无连键、接触不良现象。

f 检查其他各按钮、开关通断是否正常。

g. 检查按下电源开关或复位按钮时，各指示灯是否正常闪亮。

h. 检查主机电源是否已正确地连接在各主要部件，特别是主板的相应插座中。

i. 对于电源一加电，只动作一下即停止工作的情况，应首先判断电源空载或接在其他计算机上是否能正常工作。

j. 检查计算机部件是否有变形、变色、异味、高温等现象。

k. 通过重新插拔部件（包括 CPU、内存），检查故障是否消失（重新插拔前，应该先做除尘和清洁金手指工作，包括插槽）。

l. 检查信号线是否有断路、短路等现象。

m. 检查计算机环境的温度和湿度情况是否正常。

n. 注意倾听风扇、驱动器等的电机是否有正常的运转声音或声音是否过大。

o. 对于开机噪音大的问题，应分辨清噪音大的部位，一般情况下，噪音大的部件有风扇、硬盘、光驱等机械部件。对于风扇，应通过除尘来检查，如果噪音减小，可在风扇轴处滴一些钟表油，以加强润滑。

p. 在开机无显时，用 POST 卡检查硬件最小系统中的部件是否正常。对于 POST 卡所显示的代码，应检查与之相关的所有部件。

q. 检查 BIOS 中的设置是否与实际的配置不相符（如：磁盘参数、内存类型、CPU 参数、显示类型、温度设置等）。

r. 通过更新 BIOS 检查故障是否消失。

s. 检查系统中是否加载有第三方的开关机控制软件，有应予以卸载。

五、总结提高

在实际使用中，计算机的故障现象多种多样，产生某一个故障的原因也会多种多样，在实际维护维修过程中，对一个故障的排除方法也是多种多样的，这就需要我们掌握一些基本的维修和故障排除原则与方法，从而在实际应用中灵活运用。计算机维修的基本步骤包括了解情况、复现故障、判断维修和检验测试等。

1. 计算机维修的基本原则

（1） 维修判断从最简单的事情做起

简单的事情，指要建立简捷的环境，多多注重观察。

（2） “先想后做”

先想后做要求先想好怎样做、从何处入手，再实际动手。也可以说是先分析判断，再进行维修。对于所观察到的现象，尽可能地先查阅相关的资料，看有无相应的技术要求、使用特点等，然后根据查阅到的资料，结合实际，着手维修。在分析判断的过程中，要根据自身已有的知识、经验来进行判断，对于自己不太了解或根本不了解的，一定要先向有经验的人咨询，寻求帮助。

（3） “先软后硬”

即从整个维修判断的过程看，总是先判断是否为软件故障，先检查软件问题，当可判软件环境是正常时，如果故障不能消失，再从硬件方面着手检查。

（4） “分清主次”

在复现故障现象时，有时可能会看到一台故障机不止有一个故障现象，而是有两个或两个以上的故障现象，例如启动过程中无显，但计算机也在启动，同时启动后有死机的现象等，应该先解决主要的故障现象，当修复后，再维修次要故障现象，有时可能次要故障现象已不需要维修了。

2. 计算机维修的基本方法

（1） 观察法

观察，是维修判断过程中第一要法，它贯穿于整个维修过程中。观察不仅要认真，而且要全面。要观察的内容包括周围的环境、硬件环境、接插头和槽、软件环境、用户操作习惯、操作过程。

（2） 最小系统法

最小系统是指，从维修判断的角度能使计算机开机或运行的最基本的硬件和软件环境。最小系统有两种形式，其中硬件最小系统由电源、主板、CPU、内存组成。在这个系统中，没有任何信号线的连接，只有电源到主板的电源连接。在判断过程中是通过声音来判断这一核心组成部分是否可正常工作。另一种是软件最小系统，由电源、主板、CPU、内存、显示卡/显示器、键盘和硬盘组成。这个最小系统主要用来判断系统是否可完成正常的启动与运行。在软件最小系统下，可根据需要添加或更改适当的硬件。如：在判断启动故障时，由于硬盘不能启动，想检查一下能否从其他驱动器启动。这时，可在软件最小系统下加入一个光驱等来检查。又如：在判断音视频方面的故障时，应需要在软件最小系统中加入声卡；在判断网络问题时，就应在软件最小系统中加入网卡等。

最小系统法，主要是要先判断在最基本的软、硬件环境中，系统是否可正常工作。如果不能正常工作，即可判定最基本的软、硬件部件有故障，从而起到故障隔离的作用。最小系统法与逐步添加法结合，能较快速地定位发生在其他板软件的故障，提高维修效率。

（3） 逐步添加/去除法

逐步添加法，以最小系统为基础，每次只向系统添加一个部件/设备或软件，来检查故障现象是否消失或发生变化，以此来判断并定位故障部位。逐步去除法，正好与逐步添加法的操作相反。逐步添加/去除法一般要与替换法配合，才能较为准确地定位故障部位。

（4） 隔离法

是将可能防碍故障判断的硬件或软件屏蔽起来的一种判断方法。它也可用来将怀疑相互冲突的硬件、软件隔离开以判断故障是否发生变化的一种方法。软硬件屏蔽，对于软件来说，即是停止其运行，或者是卸载；对于硬件来说，是在设备管理器中，禁用、卸载其驱动，或干脆将硬件从系统中去除。

（5） 替换法

替换法是用好的部件去代替可能有故障的部件，以判断故障现象是否消失的一种维修方法。好的部件可以是同型号的，也可能是不同型号的。

（6） 比较法

比较法与替换法类似，即用好的部件与怀疑有故障的部件进行外观、配置、运行现象等方面的比较，也可在两台计算机间进行比较，以判断故障计算机在环境设置，硬件配置方面的不同，从而找出故障部位。

（7） 升降温法

升降温法是通过人为升高或降低计算机的使用温度从而改变计算机使用环境来判断、

解决故障的方法。

（8）　敲打法

敲打法一般用在怀疑计算机中的某部件有接触不良的故障时，通过振动、适当的扭曲，甚或用橡胶锤敲打部件或设备的特定部件来使故障复现，从而判断故障部件的一种维修方法。

（9）　清洁法

有些计算机故障，往往是由于计算机内灰尘较多引起的，这就要求我们在维修过程中，注意观察故障机内、外部是否有较多的灰尘。如果是，应该先进行除尘，再进行后续的判断维修。

练习题二

一、填空题

1. 动手装机操作前，应释放自身的_______。
2. 手拿部件时，不应捏在__________和__________处。
3. CPU 背面涂硅脂的目的是__________。
4. 显卡及其他板卡必须在________安装好后才可以安装。
5. 如果 CPU 散热器体积较大，为避免返工，要先装__________。
6. 开机一短声，表示__________。
7. 硬盘指示灯亮，表示__________。
8. 出错信息：CMOS battery failed，是_______故障。
9. 面板线中，标识 PWR SW 是，标识 H.D.D LED 是。
10. 没有安装任何软件的计算机被称作_______。

二、问答题

1. CPU 拆装时要注意哪些问题，为什么？
2. 怎样安装内存条？
3. 拆下的 CPU 散热器怎样放置？
4. 怎样连接面板线？要注意哪些问题？
5. 开机，不断地响（长声）是什么故障？
6. 谈谈拆装计算机过程中的经验和体会。

三、操作题

1. 将一台完整的台式计算机拆卸开来，所有部件排放整齐。
2. 独立组装一台完整的台式计算机，并上电检测能否点亮。

项目三　安装软件系统

计算机系统由硬件系统和软件系统构成，软件系统包括系统软件和应用软件。系统软件是指控制和协调计算机及外部设备、支持应用软件开发和运行的系统，是无需用户干预的各种程序的集合，主要功能是调度、监控和维护计算机系统，负责管理计算机系统中各种独立的硬件，使得它们能协调工作。系统软件包含操作系统、程序语言设计、数据库管理程序及系统辅助程序等,其中最重要的是操作系统,每台计算机至少安装一种操作系统。常见的操作系统有 DOS、Windows、Unix、Linux、Mac。应用软件是为满足用户不同领域、不同问题的应用需求而提供的软件,它可以拓宽计算机系统的应用领域,扩大硬件的功能，Office 办公软件是典型的应用软件。

计算机硬件安装完毕后，接下来要做的事就是安装软件系统。本项目牵涉到的内容有 BIOS 设置、U 盘启动盘制作、硬盘分区与格式化、Windows 操作系统安装、应用软件安装等。

任务一　BIOS 设置

一、任务描述

根据用户需要，对 BIOS 中的参数进行查看和修改。为此，要学会进入 BIOS 设置的方法、了解 BIOS 的主要功能、掌握 BIOS 参数设置的具体方法。

二、任务分析

BIOS 是固化在主板上一个芯片里的重要软件，计算机每次启动都需要它的引导。但是，对于一个普通使用者，很少直接与它打交道，感觉陌生，再加上传统的 BIOS 界面为英文，往往使人感到畏惧。所以初学者必须要有克服困难的决心，努力学习，争取学会弄懂。

三、相关知识点

1. BIOS 概述

BIOS 是英文“Basic Input Output System”的缩略语，直译过来就是“基本输入输出系统”。其实，它是一组固化在计算机主板上一个 ROM 芯片上的程序，保存着计算机最重要的基本输入输出程序、系统设置信息、开机自检程序和系统自启动程序。其主要功能是为计算机提供最底层的、最直接的硬件设置和控制。

常用的 BIOS 有 Award、Phoenix 和 AMI 等厂商的产品，目前 Award 已经并入 Phoenix 公司，在 BIOS 芯片上能看见厂商的标记。AMI BIOS 主要用于国外品牌的电脑中，Phoenix BIOS 一般用于笔记本电脑，台式电脑的主板 BIOS 主要是 Award BIOS，如图 3-1-1 所示。

图 3-1-1 BIOS 芯片

2. BIOS 和 CMOS

说到 BIOS，往往会提到 CMOS（Complementary Metal Oxide Semiconductor），直译意思是互补金属氧化物。CMOS 在集成电路制造领域用来制作 RAM，它的特点是低功耗。那么，BIOS 与 CMOS 有什么联系呢？

（1） 区别：

① 采用的存储材料不同。CMOS 是在低电压下可读写的 RAM，需要靠主板上的电池进行不间断供电，电池没电了，其中的信息都会丢失。而 BIOS 芯片采用 ROM（Flash ROM），不需要电源，即使将 BIOS 芯片从主板上取下，其中的程序仍然存在。

② 存储的内容不同。CMOS 中存储着 BIOS 修改过的系统的硬件和用户对某些参数的设定值，而 BIOS 中始终固定保存电脑正常运行所必须的基本输入/输出程序、系统信息设置程序、开机加电自检程序和系统自举程序。当然，用户使用特殊手段也可以升级 BIOS。

（2） 联系：

① CMOS 是存储芯片（原来为独立芯片，目前整合到其他芯片中），属于硬件，其功能是用来保存数据，只能起到存储的作用，而不能设置其中的数据，要设置参数必须通过专门的设置程序。现在厂商将 CMOS 的参数设置程序固化在 BIOS 芯片中，在开机的时候进入 BIOS 设置程序，即可对系统进行设置。

② BIOS 中的系统设置程序是完成 CMOS 参数设置的手段，而 CMOS RAM 是存放这些设置数据的场所，它们都与计算机的系统参数设置有着密切的关系，所以有“CMOS 设置”和“BIOS 设置”两种说法，正确的应该是“通过 BIOS 设置程序对 CMOS 参数进行设置”。

3. 进入 BIOS 的方法

开机，按“Del”键或“F2”键，就能进入 BIOS 设置程序，如设置了密码，则提示输入密码。具体说明如下。

Award BIOS：按“Del”键进入。

AMI BIOS ：按“Del”键或“Esc”键进入。

Phoenix BIOS：按“F2”键进入。

四、任务实施

1. 进入 BIOS

本任务以 Phoenix-Award BIOS 为例，来说明 BIOS 设置程序的使用方法。开机或重启电脑后，系统将会开始 POST（加电自检）过程，当屏幕上出现“TO ENTER SETUP BEFORE BOOT.PRESS<Ctrl+Alt+Esc> OR <DEL> KEY”时，按下“Del”键就可以进入 BIOS 的设置界面，如图 3-1-2 所示。

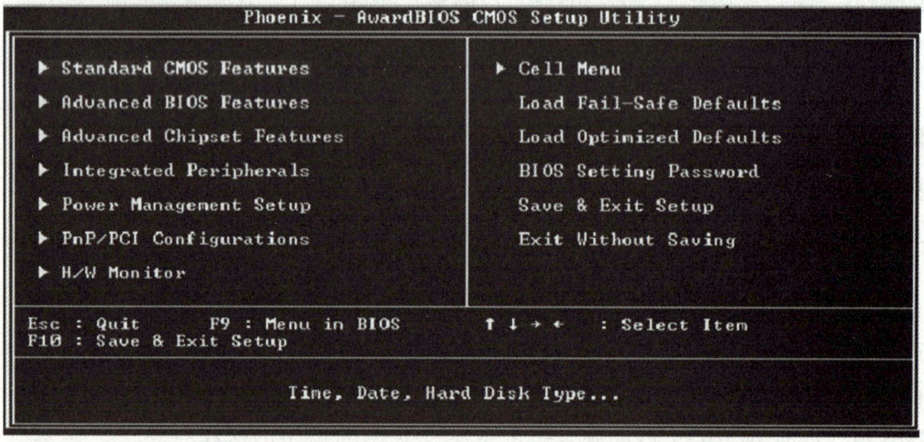

图 3-1-2 Phoenix-Award BIOS 设置程序主界面

2. BIOS 设置程序主要功能

图 3-1-2 主菜单共提供了 11 种设定功能和两种退出选择。用户可通过方向键选择功能项目，按 Enter 键可进入子菜单。菜单前有“▸”，表示还有下级菜单。

Standard CMOS Features（标准 CMOS 特征）——使用此菜单可对基本的系统配置进行设定，例如时间，日期。

Advanced BIOS Features（高级 BIOS 特征）——使用此菜单可对系统的高级特性进行设定。

Advanced Chipset Features（高级芯片组特征）——使用此菜单可以修改芯片组寄存器的值，优化系统的性能表现。

Integrated Peripherals（整合周边）——使用此菜单可对周边设备进行特别的设定。

Power Management Setup（电源管理设置）——使用此菜单可以对系统电源管理进行特别的设定。

PNP/PCI Configurations（即插即用及外设配置）——此项仅在系统支持 PnP/PCI 时才有效。

H/W Monitor（硬件监视）——此菜单显示了 CPU、风扇的状态和全部系统状态的警告。

Cell Menu（核心菜单）——使用此菜单可以进行频率和电压的特别设定。

Load Fail-Safe Defaults（载入故障安全默认值）——使用此菜单载入默认值作为稳定的系统使用。

Load Optimized Defaults（载入高性能默认值）——使用此菜单载入最好的性能但有可能影响稳定的默认值。

BIOSSetting Password（设置密码）——使用此菜单可以设置管理员密码和用户密码。

Save & Exit Setup（保存后退出）——保存对 BIOS 的修改，然后退出 Setup 程序。

Exit Without Saving（不保存退出）——放弃对 BIOS 的修改，然后退出 BIOS 设置。

需要注意的是，不同的 BIOS 之间虽然界面形式上有所不同，但其功能与设置基本上都是大同小异的，所需的设置项目也差不多，不同的是项目的一些增减或改变一下名称。

3. 设置 BIOS

进入 BIOS 设置后，可以用方向键移动光标选择 BIOS 设置界面的选项，然后按 Enter 键进入子菜单，用 Esc 键来返回主单，用 PAGE UP 和 PAGE DOWN 键或上下（↑ ↓）方向键来选择具体选项回车键确认选择，按 F10 键保留并退出 BIOS 设置。操作键见表 3-1-1。

表 3-1-1　BIOS 设置控制键功能

控制键	功　能	控制键	功　能
“↑”（向上键）	移到上一个选项	“Page Down”键	改变设定状态，或减少栏目中的数值内容
“↓”（向下键）	移到下一个选项	“F1”功能键	显示目前设定项目的相关说明
“←”（向左键）	移到左边的选项	“F5”功能键	装载上一次设定的值
“→”（向右键）	移到右边的选项	“F6”功能键	装载最安全的值
“Esc”键	回到主画面，或从主画面中结束 Setup 程序	“F7”功能键	装载最优化的值
“Page Up”键	改变设定状态，或增加栏目中的数值内容	“F10”功能键	储存设定值并离开 CMOS Setup 程序

（1）　Standard CMOS Features（标准 CMOS 设置）（如图 3-1-3 所示）

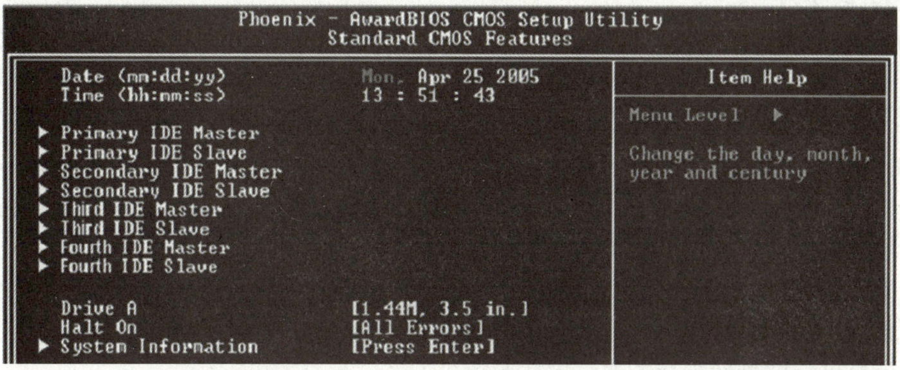

图 3-1-3　标准 CMOS 设置

Date（日期）

日期的格式为<星期><月><日><年>。

day 星期，从 Sun.（星期日）到 Sat.（星期六），由 BIOS 定义，只读。

month 月份，从 Jan.（一月）到 Dec.（十二月）。

date 日期，从 1 到 31，可用数字键修改。

year 年，用户设定年份。

Time（时间）

时间的格式为<时><分><秒>。

Hour 小时，从 0 到 24，可用数字键修改。

minute 分，从 0 到 60，可用数字键修改。

second 秒，从 0 到 60，可用数字键修改。

IDE Master\slave（IDE 通道主\从盘）

按<+>或<->键选择硬盘类型。根据选择硬盘类型将出现在屏幕右边。按 Enter 键进入子菜单并出现如图 3-1-4 所示屏幕。

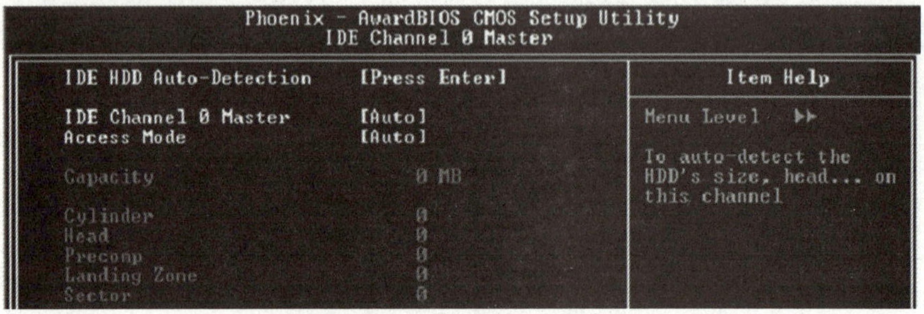

图 3-1-4　IDE 设备设置

IDE HDD Auto-Detecion（IDE HDD 自动侦测）

按 Enter 可自动侦测硬盘的容量、磁头和通道中的其他信息。

Access Mode 设定值有[CHS]，[LBA]，[Large]，[Auto]。

Capacity 存储设备格式化后的大小。

Cylinder 柱面数。

Head 磁头数。

Precomp 硬盘写预补偿。

Landing Zone 磁头停放区。

Sector 扇区数。

Primary IDE Master（第一 IDE 主盘）

PgUp/<+>或 PgDn/<->以选择[Manual]，[None]或[Auto]。注意：设备的规格必须与驱动表相匹配。如果输入了不正确的类型信息，硬盘不能够正常运行。

如果硬盘类型与列表不匹配，请使用[Manual]来手动定义设备类型。

如果选择了[Manual]，将会被要求输入相关信息。请直接从键盘输入信息。

此信息可从硬盘经销商或系统制造商提供的资料中获得。

Drive A（软盘 A）

此项可设置已安装的软驱类型。设定值有：[Disabled]，[360 KB，51/4]，[1.2MB，51/4]，[720 KB，3 1/2]，[1.44 MB，3 1/2]，[2.88MB，3 1/2]。

Halt On（中断）

此项决定了系统侦测到错误是否要停止。可选项有：

[All Errors] 只要侦测到错误，系统就中断。

[No Errors] 无论侦测到什么错误，系统都不中断。

[All，But Keyboard] 侦测到键盘错误，系统不中断。

[All，But Diskette] 侦测到硬盘错误，系统不中断。

[All，But Disk/Key] 侦测到硬盘错误或关键错误，系统不中断。

System Information（系统信息）

按 Enter 键进入子菜单并出现如图 3-1-5 所示屏幕。

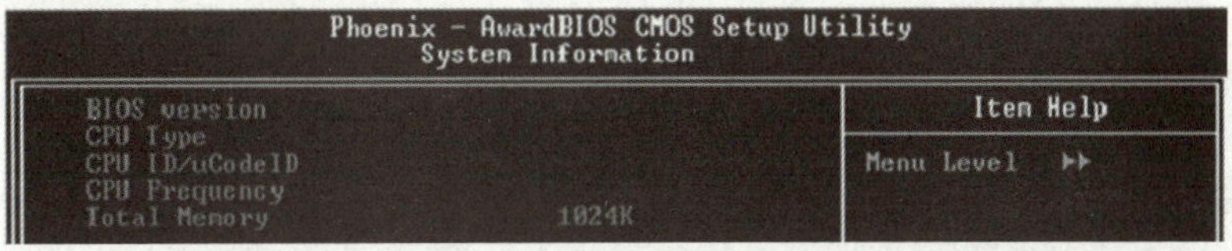

图 3-1-5 系统信息

此项显示了 BIOS 版本、总内存容量、CPU 类型等相关内容（只读）。

（2） Advanced BIOS Features（高级 BIOS 特性）（图 3-1-6 所示）

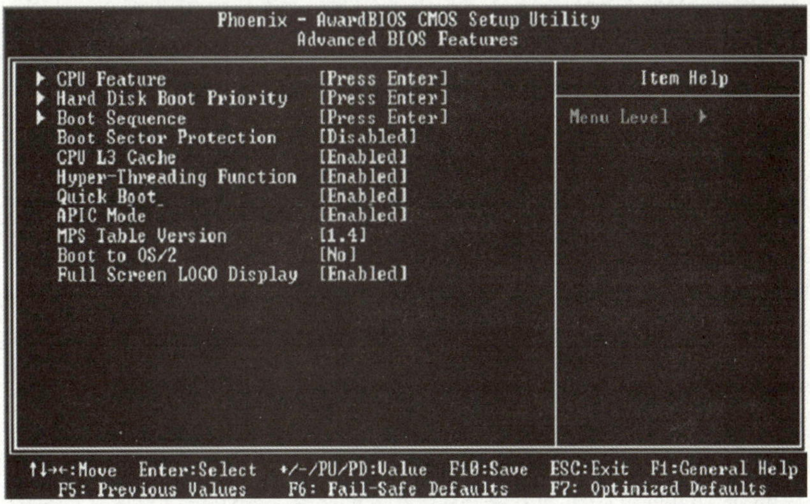

图 3-1-6 高级 BIOS 特性

CPU Feature（CPU 特性）项，按 Enter 键进入子菜单，如图 3-1-7 所示。

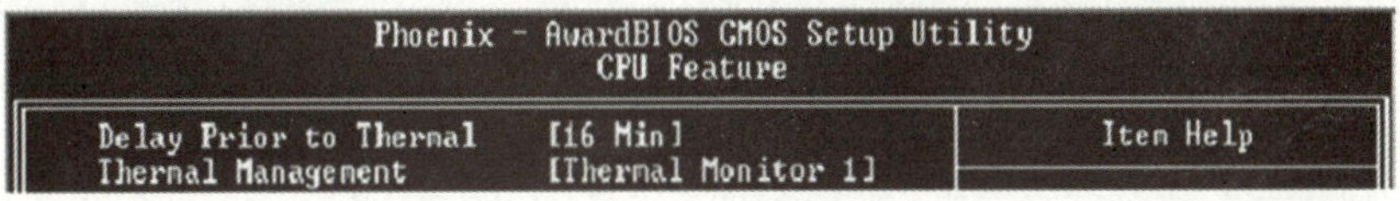

图 3-1-7 CPU 特性

Delay Prior to Thermal

设定值：[4 Min]，[8 Min]，[16 Min]，[32 Min]。

Thermal Management（温度管理）

设定值：[Thermal Monitor 1]，[Thermal Monitor 2]。

Hard Disk Boot Priority（硬盘启动优先级）

按 Enter 键以进入子菜单。然后可以使用方向键（↑ ↓）选择所要的设备，然后按<+>，<->或<PageUp>，<PageDown>键，在硬盘启动优先级列表中上下移动。如果要用 USB 设备安装系统，则要把该项设备排在最前面。

Boot Sequence（引导顺序）

按 Enter 键进入子菜单，如图 3-1-8 所示。计算机通常从硬盘中装入操作系统启动，如要从光驱启动安装系统，则把 CD-ROM 设置在“1st Boot Device”中。1st/2nd/3rd Boot Device（（第一/ 第二/ 第三启动设备），设置 BIOS 要载入操作系统的启动设备的顺序。

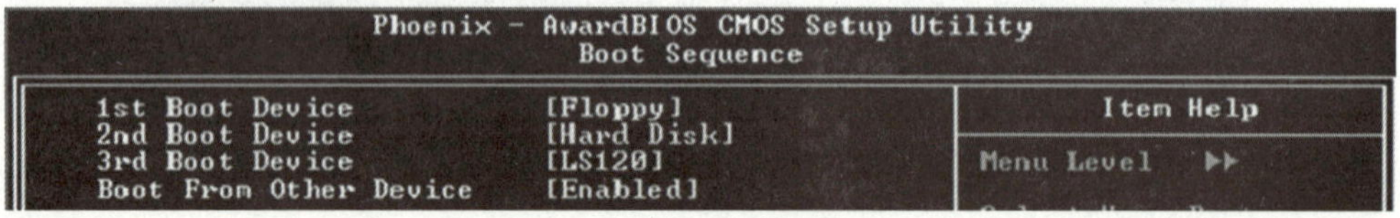

图 3-1-8　引导顺序

Boot From Other Devices（从其他设备启动）

此项设置为[Enabled]，可让系统从第一/ 第二/第三设备启动失败后，从其他设备启动。设定值：[Disabled]，[Enabled]。注意：根据所安装的启动装置的不同，在“1st/2nd/3rd Boot Device”选项中所出现的可选设备有相应的不同。例如：如果没有安装软驱，在启动顺序菜单中就不会出现“Floppy”设置。

Boot Sector Protection（引导扇区保护）

此项功能用于保护硬盘，避免用户格式化硬盘。设定值：[Enabled]，[Disabled]。

CPU L3 Cache（CPU 第 3 级缓存）

CPU 第 3 级缓存，是微处理器与内存之间、内置于主板上的缓存。L3 缓存比 L1、L2 缓存的速率慢。此项一般开启。设定值：[Enabled]，[Disabled]。目前 L3 Cache 也集成在 CPU 中。

Hyper-Threading Technology（超线程技术）

处理器使用 Hyper-Threading 技术以提升传输速率，减少用户响应时间。此技术把处理器中的两个核心作为两个可同时执行指令的逻辑处理器。因此系统性能大幅提高。若关闭此项功能，处理器将使用一个核心来执行指令。设定值有：[Enabled]，[Disabled]。

Quick Boot（快速启动）

此项设置为[Enabled]将允许系统在 5 秒内启动，而跳过一些检测项目。设定值有：[Disabled]，[Enabled]。

APIC Mode（APIC 模式）

此项控制 APIC（高级可编程中断控制器）。由于遵循了 PC2001 设计指南，此系统可在 APIC 模式下运行。启用 APIC 模式将为系统扩充可用的 IRQ。设定值有：[Enabled]，

[Disabled]。

MPS Table Version（MPS 版本）

此项允许选择操作系统所使用的 MPS（多处理器规范）版本。需要选择操作系统所支持的 MPS 版本。要了解所使用的版本，咨询操作系统的经销商。设定值为：[1.4]，[1.1]。

Boot to OS/2

当允许在 OS/2 操作系统下使用大于 64MB 的 DRAM。选择[No]时，不能在内存大于 64M 时运行 OS/2 操作系统。但若选[Yes]时则可以。设定值有：[Yes]，[No]。

Full Screen LOGO Display（全屏 LOGO 显示）

此项可控制系统在启动时，全屏显示公司 LOGO 标志。设定值有：

[Enabled] 在启动时显示静态的 LOGO 图片。

[Disabled] 在启动时显示 POST（自检）信息。

（3） Advanced Chipset Features （高级芯片组特性）（如图 3-1-9 所示）

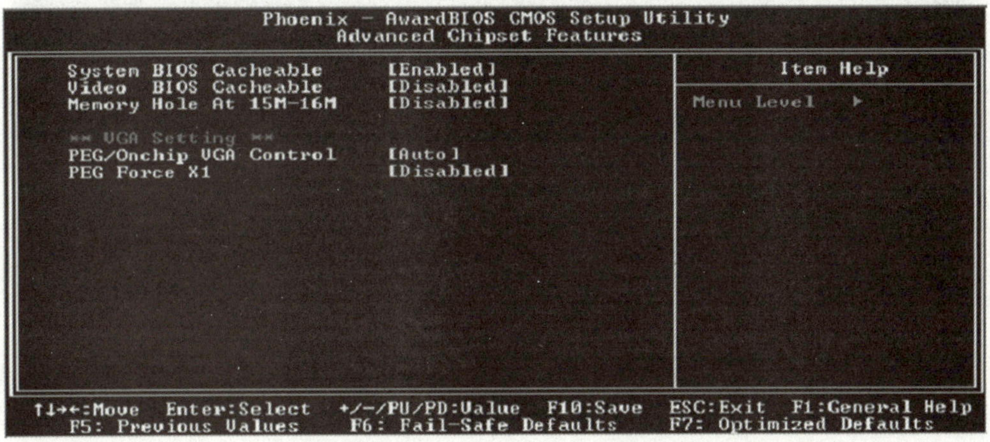

图 3-1-9 高级芯片组特性

System BIOS Cacheable（系统 BIOS 缓存）

选择[Enabled] 可开启 F0000h-FFFFFh 的系统 BIOS ROM 的缓存，使得系统效能提升。但若有任何程序写入此内存区域，系统将出错。设定值有：[Enabled]，[Disabled]。

Video BIOS Cacheable（视频 BIOS 缓存）

选择[Enabled] 可开启 C0000h 至 C7FFFh 的视频缓存，使视频效能提升。但若有任何程序写入此内存区域，系统将出错。设定值有：[Enabled]，[Disabled]。

Memory Hole（内存洞）

为了提高性能，内存中的某些空间可以为 ISA 周边设备预留。此内存洞必须被映射到小于 16MB 的内存。当此项被预留，此内存洞不能高速缓存。设定值有：[Disabled]，[15MB-16MB]。

** VGA Setting **

PEG/Onchip VGA Control（PEG/板载 VGA 控制）此项决定了系统 RAM 是否要内存分配给板载视频控制器。设置为[Enabled]，最多分配 128MB 系统 RAM 到板载视频控制器。设定值：[Onchip VGA]，[PEG Port]，[Auto]。

PEG Force X1

此项决定了是否要使用 PCI Express x16 图像卡。当此项设置为[Enabled]，分配的带宽最高为 x16，最低为 x1。设定值：[Enabled]和[Disabled]。

（4） Integrated Peripherals（综合周边设置）（如图 3-1-10 所示）

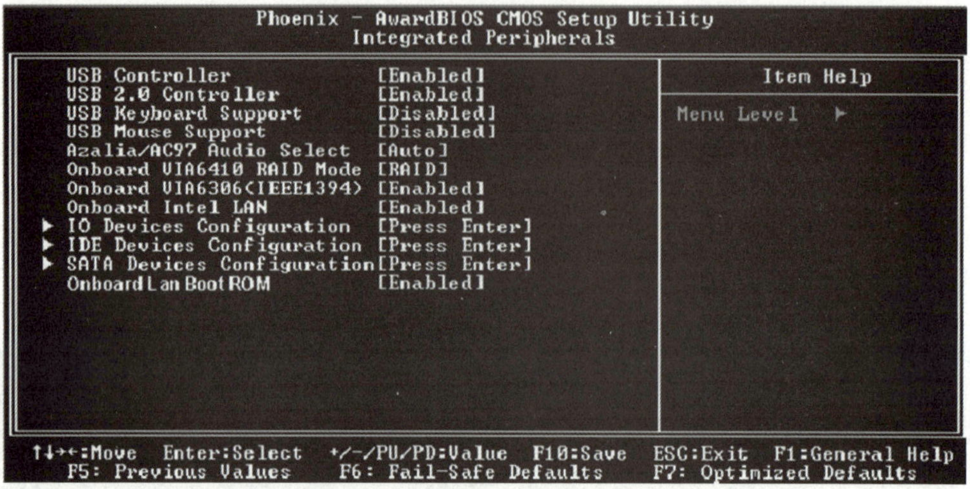

图 3-1-10 综合周边设置

USB Controller（USB 控制器）

此项可开启或关闭板载 USB 主机控制器。设定值有：[Disabled]，[Enabled]。

USB 2.0 Controller（USB2.0 控制器）

要在不支持或无 USB2.0 驱动的操作系统中使用 USB2.0 设备，设置为[Enabled]，例如 DOS 系统。要使用除了 USB 鼠标以外的 USB 设备，请选择[Disabled]。设定值有：[Disabled]，[Enabled]。

USB Keyboard/Mouse Support（USB 键鼠支持）

在不支持 USB 或未安装 USB 驱动程序的系统中，如 DOS 和 SCO Unix，若要使用 USB 键盘/鼠标，请设定此项为[Enabled]。设定值：[Disabled]，[Enabled]。

Azalia/AC97 Audio Select（选择 Azalia/AC97）

此项可选择 Azalia 音频或 AC97 音频。设定值：[Enabled]，[Disabled]。

Onboard VIA6410 RAID Mode（板载 VIA6410 RAID 模式）

此项可决定 VIA6410 芯片组，以支持 IDE 或 IDE RAID。设定值：[IDE]，[RAID]，[Disabled]。

OnBoard VIA6307（IEEE1394）（板载 VIA6307）

此项用于开启/关闭板载 VIA 1394 控制器。设定值：[Enabled]，[Disabled]。

Onboard Intel LAN（板载 Intel LAN））

此项可开启/关闭板载 LAN 设备。设定值：[Enabled]，[Disabled]。

IO Devices Configuration（I/O 设备配置）

按下 Enter 键进入子菜单，如图 3-1-11 所示。

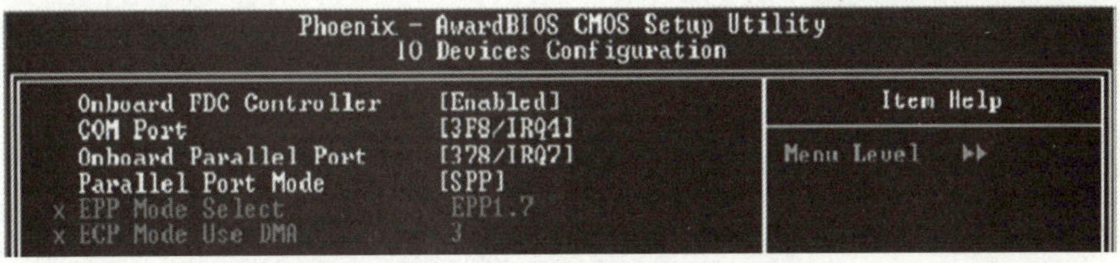

图 3-1-11 I/O 设备配置

Onboard FDC Controller（板载 FDC 控制器）

若系统装有软盘控制器（FDC）且需要使用它，可选择[Enabled]。无软驱设备，可在此项选择[Disabled]。设定值有：[Enabled]，[Disabled]。

COM Port（COM 端口）

这些选项规定了主板串行端口的基本 I/O 端口地址和中断请求号。选择[Auto]允许 BIOS 自动判断适当的基本 I/O 端口地址。设定值为：[3F8/IRQ4]，[2F8/IRQ3]，[3E8/IRQ4]，[2E8/IRQ3]，[Disabled]。

Onboard Parallel Port（板载并行端口）

板载超级 I/O 芯片组中内置并行端口，提供了 Standard，ECP 和 EPP 等特性。若使用板载并行端口仅为标准并行端口，可选择[SPP]；要同时使用板载并行端口于 EPP 模式，请选择[EPP]；选择[ECP]，此并行端口仅用于 ECP 模式；选择[Normal]，同时使用标准并行端口+双向模式。

IDE Devices Configuration（IDE 功能设置）

按下 Enter 键进入子菜单，如图 3-1-12 所示。

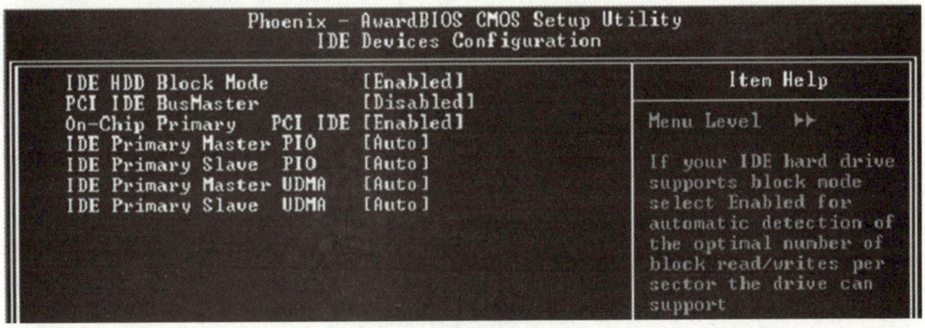

图 3-1-12 IDE 功能设置

IDE HDD Block Mode（IDE HDD 块模式）

块模式也称为块传输，多命令或多扇区读/写。如果 IDE 硬盘设备支持块模式（多数的新设备支持），选择[Enabled]以自动侦测驱动设备可支持的每个扇区的块读/写的最佳数值。设定值有：[Enabled]，[Disabled]。

PCI IDE BusMaster（PCI IDE 总线控制）

此项设置为[Enabled]可指定 PCI 本地总线中的 IDE 控制器具有总线控制功能。设定值有：[Disabled]，[Enabled]。

OnChip Primary PCI IDE（板载第一 PCI IDE）

此整合周边控制器包含一个支持 IDE 通道的 IDE 界面。选择[Enabled]可分别激活每个通道。设定值有：[Enabled]，[Disabled]。

IDE Primary Master/Slave PIO（IDE 第一主/从 PIO）

4 个 IDE PIO（可编程的输入/ 输出）允许设置 PIO 模式（0～4）。[Mode 0]至[Mode 4]可提高性能。在[Auto]模式中，系统将自动决定每个设备的最佳模式。设定值有：[Auto]，[Mode 0]，[Mode 1]，[Mode 2]，[Mode 3]，[Mode 4]。

IDE Primary Master/Slave UDMA（IDE 第一主/从 UDMA）

Ultra DMA/33 执行仅当 IDE 硬盘设备支持，且操作环境包含一个 DMA 驱动器。如果硬盘设备和系统软件都支持 Ultra DMA/33，Ultra DMA/66、Ultra DMA/100，选择[Auto]以启用 BIOS 支持。设定值有：[Auto]，[Disabled]。

SATA Devices Configuration（SATA 设备配置）

按下 Enter 键进入子菜单，如图 3-1-13 所示。

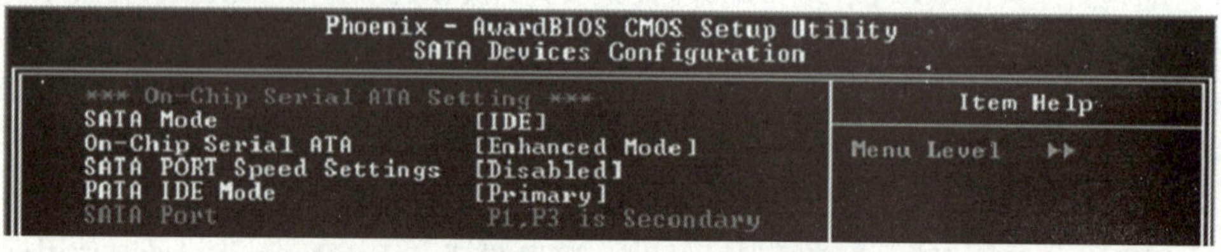

图 3-1-13　SATA 设备配置

SATA Mode（SATA 模式）

此项可选择 SATA 配置。设定值：

[IDE] 无 AHCI，无 RAID。

[SATA] 开启 AHCI，开启 RAID。

[AHCI] 开启 AHCI，无 RAID。

高级主机控制接口（AHCI）包括系统软件和主机控制器硬件之间的硬件/软件接口说明。

On-Chip Serial ATA（板载 Serial ATA）

此项用于指定 SATA 控制器。设定值：

[Disabled] 若要关闭 SATA 控制器，选择此项。

[Auto] 系统自动分布。

[Combined Mode] 在具有 S-ATA 和 P-ATA 设备的情况下，使用 IDE 通道，每条通道最多支持 2 个设备（最多支持 4 个设备）。

[Enhanced Mode] 开启 S-ATA 和 P-ATA 设备，最多支持 6 个设备（最多支持 4 个 SATA 设备）。

[SATA Only] SATA 工作在传统模式。

SATA PORT Speed Settings（SATA 端口速率设置）

此项可选择 SATA 端口的速率。

[Disabled] 关闭此项功能

[Force GEN I]传输速率 1.5Gb/s（150 MB/s）

[Force GEN II]传输速率 3.0Gb/s（300 MB/s）

PATA IDE Mode/ SATA Port（PATA IDE 模式/SATA 端口）

此项可设置并行 IDE 和 SATA 端口的工作模式。设定值有：[Primary]，[Secondary]。

Onboard Lan Boot ROM（板载 Lan Boot ROM）

此项可决定是否要调用板载 LAN 芯片中的 Boot ROM。设定值：[Enabled]，[Disabled]。

（5） Power Management Setup（电源管理设置）（如图 3-1-14 所示）

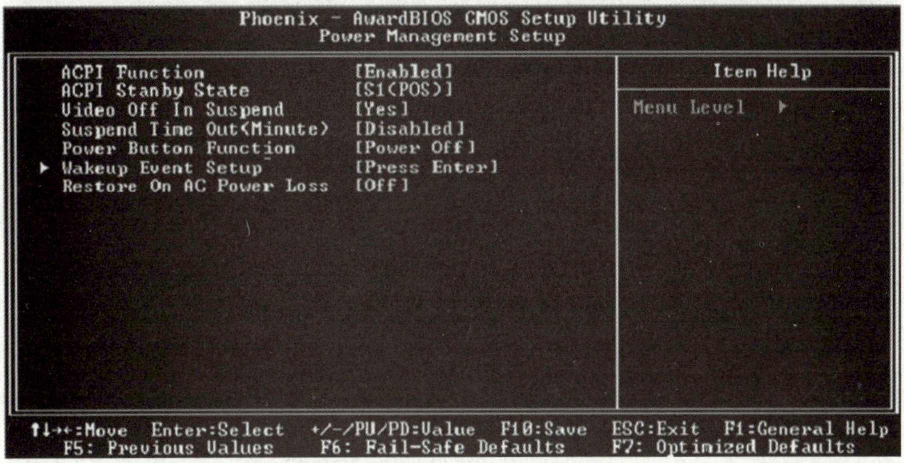

图 3-1-14　电源管理设置

ACPI Function（ACPI 功能）

此项启用 ACPI（高级配置和电源管理界面）功能。若操作系统支持 ACPI，可选[Enabled]。可选项有：[Enabled]、[Disabled]。

ACPI Standby State（ACPI 备用状态）

此选项设定 ACPI 功能的节电模式。如果操作系统支持 ACPI，通过此项的设定选择进入睡眠模式 S1（POS）或者 S3（STR）模式。S1（POS）休眠模式是一种低能耗状态，在此状态下，系统内容不会丢失，（CPU 或芯片组）硬件保留所有的系统内容；S3（STR）休眠模式是一种低能耗状态，在此状态下，仅对主要部件供电，比如主内存和可唤醒系统设备，并且系统内容将被保在主内存。一旦有“唤醒”事件发生。存储在内存中的这些信息被用来将系统恢复到以前的状态。

Video Off In Suspend（挂起时视频关闭）

此项可决定挂起模式中视频是否要被关闭。设定值：[Yes]，[No]。

Suspend Time Out（Minute）（挂起时间，分）

经过一段时间的休眠后，除了 CPU 以外的所有设备都自动关闭。设定值：[Disabled]，[1min]，[2min]，[4min]，[8min]，[12min]，[20min]，[30min]，[40min]，[1hour]。

Power Button Function（电源按钮功能）

此项设置了电源按钮的功能。设定值有：

[Power Off] 电源按钮功能作为普通的电源按钮。

[Suspend] 当按下电源按钮，此计算机会进入挂起/睡眠模式，但若按下此按钮超过 4 秒，计算机关机。

Wakeup Event Setup（唤醒事件设置）

按下 Enter 键进入子菜单，如图 3-1-15 所示。

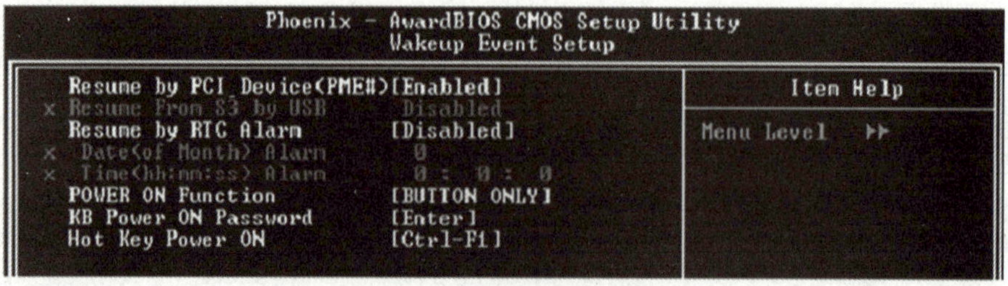

图 3-1-15　唤醒事件设置

Resume by PCI Device（PME#）

当此项设置为[Enabled]，此项可让系统根据 PCI 设备的活动从节电模式通过 PME（电源管理事件）唤醒。设定值有：[Enabled]，[Disabled]。

Resume From S3 by USB（用 USB 从 S3 唤醒）

此项可让系统根据USB设备的活动，从S3（挂起到RAM）状态唤醒。设定值：[Disabled]，[Enabled]。

Resume by RTC Alarm

此项可控制系统在设定的日期时间从 S3/S4/S5 节电模式唤醒。设定值：[Disabled]，[Enabled]。

Date（of Month） Alarm

此项指定了 Resume by RTC Alarm 的日期。设定值：[0]～[31]。

Time（hh:mm:ss）Alarm

此项指定了 Resume by RTC Alarm 的时间。格式为：<hour><minute><second>（<时><分><秒>）

POWER ON Function（开机功能）

此项可指定 PS/2 鼠标或键盘如何开机的功能。设定值：[Password]，[Hot KEY]，[Mouse Left]，[Mouse Left]，[Mouse Right]，[any KEY]，[BUTTON ONLY]，[Keyboard98]。

KB Power ON Password（键盘密码开机）

若 POWER ON Function 设置为[Password]，可在此项设置 PS/2 键盘的开机密码。

Hot Key Power ON（热键开机）

若 POWER ON Function 设为[Hot KEY]，可设置 PS/2 键盘系统开机的组合键。设定值：[Ctrl-F1]至[Ctrl-F12]。

Restore on AC/Power Loss（断电之后）

此项决定着开机时意外断电之后，电力供应再恢复时系统电源的状态。设定选项为：

[Off] 保持机器处于关机状态。

[On] 保持机器处于开机状态。

[Last State] 将机器恢复到掉电或中断发生之前的状态。

（6） PnP/PCI Configurations（PnP/PCI 设置）（如图 3-1-16 所示）

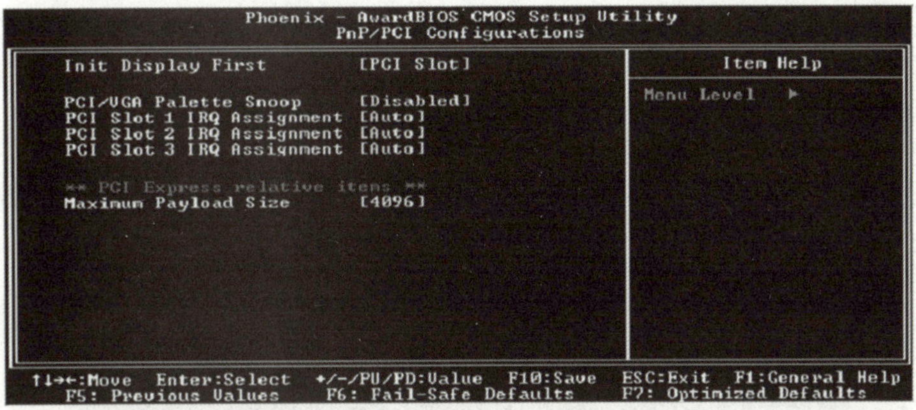

图 3-1-16　PnP/PCI 设置

此部分是系统对 PCI 总线和 PnP（即插即用）的配置，用户一般不需更改默认设置。

Init Display First（图像适配器的优先权）

此项规定了哪个 VGA 卡是主要图形适配器。主要设定值有：

[PCI Ex] 系统首先初始化 PCI Express 显卡。若 PCI Express 显卡不可用，它将初始化 PCI 显卡。

[PCI Slot] 系统首先初始化 PCI 显卡。若 PCI 显卡不可用，它将初始化 PCI Express。

PCI Slot1～3 IRQ Assignment

此项规定了每个 PCI 插槽的中断请求线。设定值有：[3]，[4]，[5]，[7]，[9]，[10]，[11]，[12]，[14]，[15]，[Auto]。选择[Auto]允许 BIOS 自动为每个 PCI 插槽分配中断请求线。

Maximum Payload Size

此项可设置 PCI Express 设备的最大 TLP（传输层数据包）有效负载值。设定值有：[128]，[256]，[512]，[1024]，[2048]，[4096]。

（7） H/W Monitor （系统监测）（如图 3-1-17 所示）

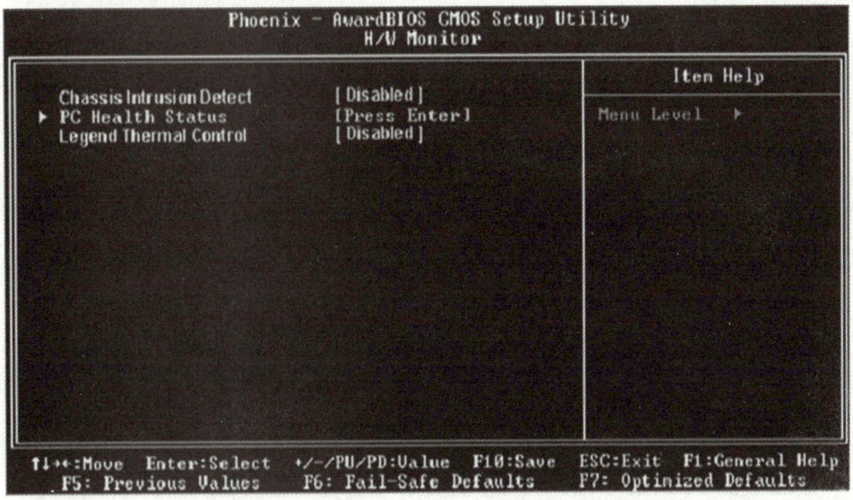

图 3-1-17　系统监测

目前电脑主板上有硬件监控芯片，负责对电脑自身硬件状态的监测，包括 CPU、风扇、系统状态等。

Chassis Intrusion Detect（机箱入侵侦测）

此项是用来启用或禁用机箱入侵监视功能，并提示机箱曾被打开的警告信息。仅当主板具有 JCI1 跳线时有效。将此项设为[Reset]可清除警告信息。之后，此项会自动恢复到[Enabled]状态。设定值有：[Enabled]，[Reset]，[Disabled]。

PC Health Status（PC 健康状态）

按下 Enter 键进入子菜单，如图 3-1-18 所示。

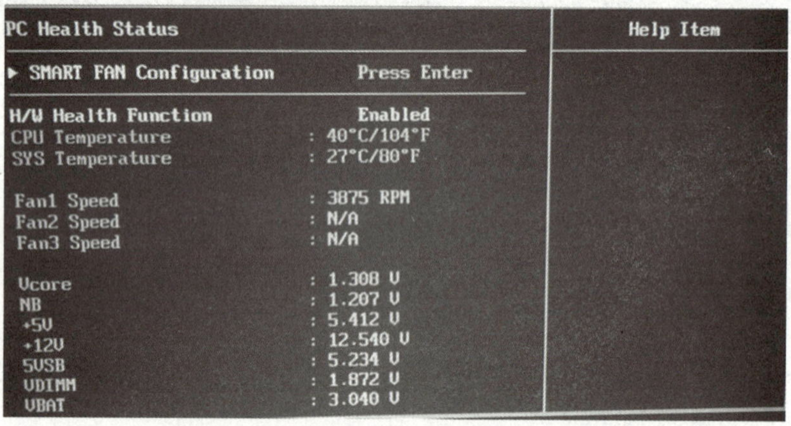

图 3-1-18 PC 健康状态

此项显示了所有被侦测的硬件设备或组件的当前状态。如系统温度、CPU 温度、风扇转速及供电。

Legend Thermal Control

此项可根据当前温度自动控制风扇转速，使温度保持在一个指定的范围内。可选择开启或关闭。

（8） 核心菜单（如图 3-1-19 所示）

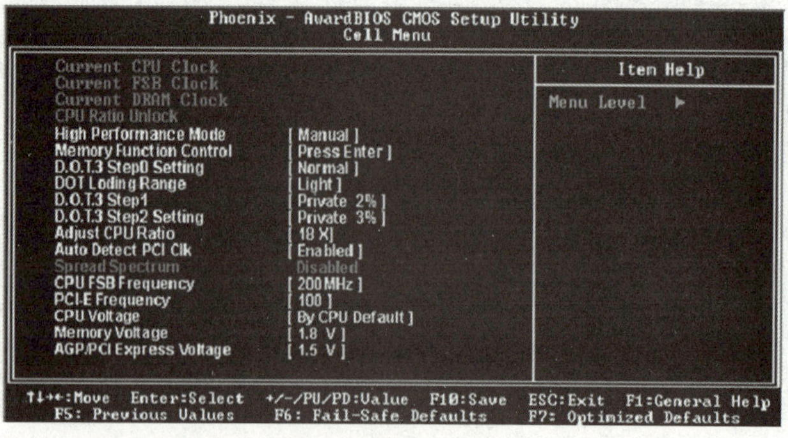

图 3-1-19 核心菜单

Current CPU/FSB/DRAM Clock（当前 CPU/FSB/DRAM 时钟频率）

此项显示了 CPU/FSB/DRAM 的当前时钟频率，只读。

CPU Ratio Unlock（CPU 倍频解锁）

此项显示 CPU 倍频没有锁定。

High Performance Mode（高性能模式）

此项选择 DDR 的参数。选择[Optimized]，可根据 SPD 自动侦测 Adjust DDR Memory Frequency。选择[Manual]，手动设置这些参数。设定值：[Optimized]，[Manual]。

Memory Function Control（内存功能控制）

按下 Enter 键进入子菜单，如图 3-1-20 所示。

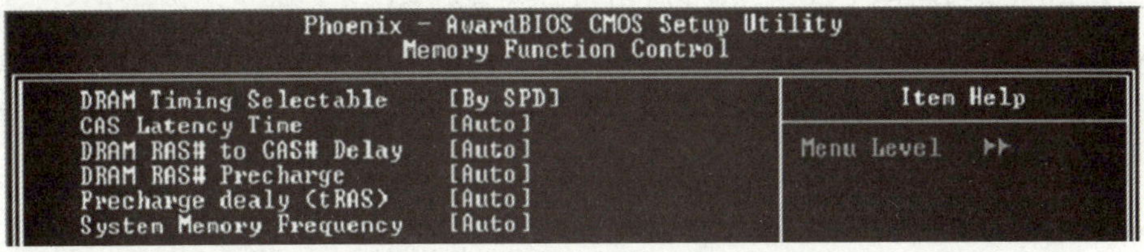

图 3-1-20　内存功能控制

DRAM Timing Setectable（DRAM 周期选择）

此项选择 DRAM 时钟设定。设置为[Auto]可根据 SPD 自动开启 Max Memclock(Mhz)；选择[Manual]，手动设置这些参数。

CAS Latency Time（CAS 延迟时间）

此项控制了 CAS 延迟，它决定了在 SDRAM 在接收指令后开始读取的延迟时间（在时间周期中）。设定值有：[2.0]，[2.5]，[3.0]。

DRAM RAS# to CAS# Delay（DRAM RAS#至 CAS#的延迟）

此项允许设定在向 DRAM 写入/读出/刷新时，从 CAS（column address strobe）脉冲信号到 RAS（row address strobe）脉冲信号之间延迟的时钟周期数。更快的速率可以增进系统的性能表现。设定值有：[4]，[3]，[2]（clocks）。

DRAM RAS# Precharge（DRAM RAS 预充电）

此项用来控制 RAS（Row Address Strobe）预充电过程的时钟周期数。如果在 DRAM 刷新前没有足够时间给 RAS 积累电量，刷新过程可能无法完成而且 DRAM 将不能保持数据。此项仅在系统中安装了同步 DRAM 才有效。设定值有：[4]，[3]，[2]（clocks）。

Precharge Delay（tRAS）（预充电延迟，tRAS）

此项用来控制 DRAM 从激活状态进行预充电的时钟周期数。设定值：[7]，[6]，[5]（clocks）。

System Memory Frequency（系统内存频率）

此项设置 DRAM 的总线频率。设定值：[Auto]，[400MHz]，[533MHz]，[667MHz]。

（9）　Load Fail-Safe Defaults（ 加载安全默认设置）

从主菜单中选择该选项之后，按 Enter 键之后，将显示“Load Fail-Safe Defaults(Y/N)?N”的提示信息，这里主要是询问是否载入 BIOS 的安全预设值，如果系统出现了问题之后，可以先试试该选项，看载入系统提供的最稳定状态模式之后是否能恢复。

（10） Load Optimized Defaults（加载优化默认设置）

从主菜单中选择该选项之后，按Enter键之后，将显示“Load Optimized Defaults(Y/N)?N”的提示信息，如果需要对 BIOS 的设置进行优化，又不想进行具体的设置的话，可以选择“Y”，系统就载入系统提供的最佳化性能状态模式。

（11） BIOS Setting Password（设置密码）

输入密码，最多八个字符，然后按 Enter 键。要清除密码，只要在弹出输入密码的窗口时按 Enter 键。一旦使用密码功能，会在每次进入 BIOS 设定程序前，要求输入密码。这样可以避免任何未经授权的人改变系统的配置信息。

此外，启用系统密码功能，还可以使 BIOS 在每次系统引导前都要求输入密码。这样可以避免任何未经授权的人使用计算机。用户可在高级 BIOS 特性设定中的 Security Option（安全选项）项设定启用此功能。如果将 Security Option 设定为 System，系统引导和进入 BIOS 设定程序前都会要求密码；如果设定为 Setup，则仅在进入 BIOS 设定程序前要求密码。

（12） Save & Exit Setup（保存后退出）

该选项的作用是在完成所有 BIOS 设置之后，覆盖原有的 BIOS 设置。当完成 BIOS 设置操作之后，通过这个选项使得新的 BIOS 参数设置生效并退出 BIOS 设置程序。

（13） Exit Without Saving（退出不保存）

该选项的作用是在完成所有 BIOS 设置之后，不覆盖原有的 BIOS 设置。即不修改系统原有的 BIOS 设置并退出 BIOS 设置程序。

4. CMOS 放电

如果不小心忘记了开机密码，可以通过对 CMOS 放电来清除 BIOS 中的设置，从而达到清除密码的目的。其实，对 CMOS 进行放电操作，还可以解决一些疑难的黑屏故障。CMOS 放电一般用以下 2 种方法。

方法一：使用 CMOS 放电跳线

大多数主板都设计有 CMOS 放电跳线，以方便用户进行放电操作，这是最常用的 CMOS 放电方法。该放电跳线一般为三针，位于主板 CMOS 电池插座附近，并附有放电说明。在主板的默认状态下，会将跳线帽连接在标识为“1”和“2”的针脚上，从放电说明上可以知道为“Normal”，即正常的使用状态。

要使用该跳线来放电，首先用镊子或其他工具将跳线帽从“1”和“2”的针脚上拔出，然后再套在标识为“2”和“3”的针脚上将它们连接起来，由放电说明上可以知道此时状态为“Clear CMOS”，即清除 CMOS，如图 3-1-21 所示。经过短暂的接触后，就可清除用户在 BIOS 内的各种手动设置，而恢复到主板出厂时的默认设置。

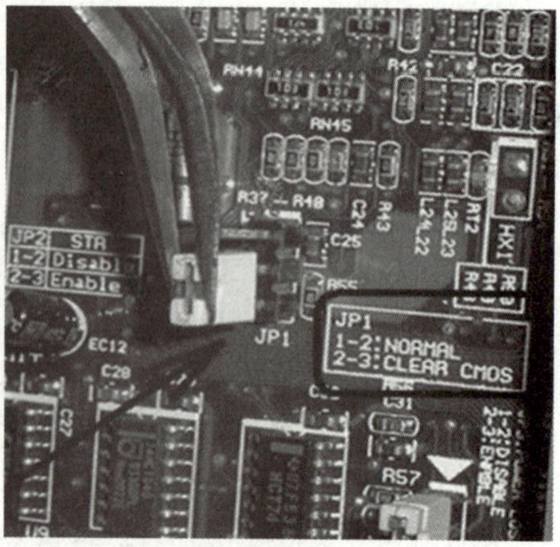

图 3-1-21　CMOS 跳线

对 CMOS 放电后，需要再将跳线帽由“2”和“3”的针脚上取出，恢复到原来的“1”和“2”针脚上。如果没有将跳线帽恢复到 Normal 状态，则无法启动电脑并会有报警声提示。

方法二：取出电池

CMOS 需要不间断供电才能保存参数，主板上的纽扣电池就是电脑关机后为 CMOS 供电的，所以也称 CMOS 电池。如果主板上（如华硕主板）找不到 CMOS 放电的跳线，可以把电池取下来达到 CMOS 放电的目的。因为 CMOS 失去供电，其中用户自行设置的参数也就消失了。

在主板上找到 CMOS 电池插座，接着将插座上用来卡住供电电池的卡扣压向一边，此时 CMOS 电池会自动弹出，将电池取出，如图 3-1-22 所示。

接下来用镊子或螺丝刀短接电池插座正负极，这样 CMOS 彻底放电了，如图 3-1-23 所示。记得放电后还得将电池装回去。当然，在有 CMOS 放电跳线的主板上，也可以使用这种方法。

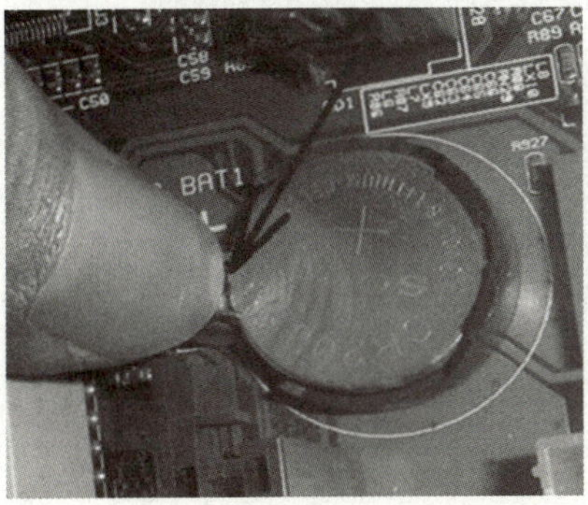

图 3-1-22　CMOS 电池

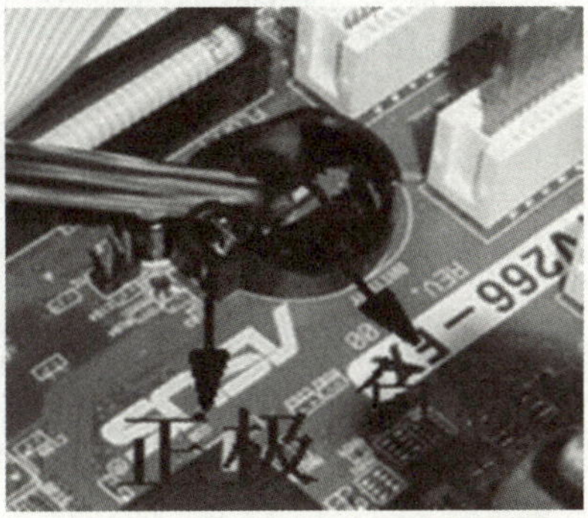

图 3-1-23　短接 CMOS 放电

5. BIOS 的升级

电脑的硬件技术一日千里，新的硬件和技术层出不穷，对主板的 BIOS 进行升级，可以修正以前版本中的 Bug，提供对新硬件新技术的支持，用极小的代价换取整机性能上的提升和功能上的完善。但是，升级主板 BIOS 有一定的风险，一旦升级失败，将开不了机。所以升级 BIOS 需要用户具备相应的硬件知识，在进行 BIOS 升级前必须做足功课，准备充分，弄清楚具体操作步骤，最好在有经验者指导下操作。

五、总结提高

本任务主要介绍 BIOS 设置的使用方法。读者必须亲手操作，掌握其中的要领，诸如密码设置、启动顺序设置、外频设置、密码清除等经常用到。

BIOS 发展至今，已经有 30 年的历史。虽然电脑的更新换代越来越快，但作为重要的关键环节，BIOS 一直以来没有太大的改变。如今，这个“元老级别”的电脑技术正逐步退出历史舞台。英特尔公司从 2000 年开始，发明了可扩展固件接口（Extensible Firmware Interface，EFI），用以规范 BIOS 的开发。而支持 EFI 规范的 BIOS 也被称为 EFI BIOS。

为了推广 EFI，业界多家著名公司共同成立了统一可扩展固件接口论坛（Unified EFI Forum），英特尔公司将 EFI 1.1 规范贡献给业界，用以制订新的国际标准 UEFI 规范，UEFI 全称“统一的可扩展固定接口”（Unified Extensible Firmware Interface），在概念上非常类似于一个低阶的操作系统，并且具有操控所有硬件资源的能力。

英特尔在 6 系列主板中就已经配置 UEFI。目前新主板清一色使用 UEFI，不再使用传统的 BIOS。图 3-1-24 是华硕 Z87-Deluxe 主板的 UEFI 界面，语言可以选择简体中文，操作起来比传统的 BIOS 要简单一些。

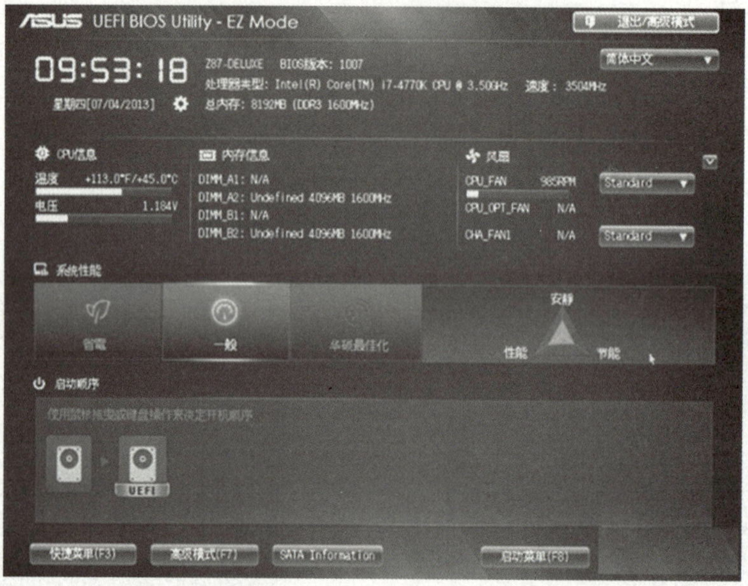

图 3-1-24 华硕 Z87-Deluxe 主板的 UEFI 界面

从用户的角度看，UEFI 具有以下特点：

（1） UEFI 采用图形化界面，支持鼠标操作。而且 UEFI 界面支持多语言选择，实现全中文的直观化操作。

（2） UEFI 支持硬盘管理和启动管理功能，具有脱离操作系统的管理工具，用户不必进入系统便可以对计算机进行整机维护工作。

（3） UEFI 具有比传统 BIOS 更好的基础网络支持力度，无需硬盘和操作系统就可以实现网络连接。

（4） UEFI 能缩短开机时间，相对于传统 BIOS 的数十秒的开机时间，UEFI 仅仅数秒。

任务二 制作 U 盘启动盘

一、任务描述

任选一款 U 盘启动盘制作工具，将一个 U 盘制作成启动盘，用于安装操作系统或作为系统维护。

二、任务分析

制作 U 盘启动盘几乎没有难度。准备一个 U 盘，容量最好大于 4GB。网上找一款 U 盘启动盘制作工具，下载、安装、运行，点击“一键制作 USB 启动盘”，将 U 盘插入电脑，待系统文件写入 U 盘后，U 盘启动盘就制作完成。

三、相关知识点

1. U 盘启动

正常使用电脑时，都是从硬盘启动进入操作系统。U 盘启动则是从 U 盘引导，执行 U 盘里的启动文件实现启动电脑，与硬盘里的系统无关。U 盘启动盘都集成常用工具软件，常用来安装操作系统或进行系统维护，特别在系统崩溃时能起到很大的作用。U 盘启动后也可以运行 U 盘里的 Windows PE 系统。Windows PE 即 Windows PreInstallation Environment（Windows 预安装环境），是带有限服务的最小 Win32 子系统，包括运行 Windows 安装程序及脚本、连接网络共享、自动化基本过程以及执行硬件验证所需的最小功能。

U 盘比光盘小巧，便于携带，使用方便，再加上现在大部分电脑都支持 U 盘启动，所以 U 盘启动盘成为最佳的系统维护工具。

2. U 盘启动盘制作工具

U 盘启动盘制作工具就是用来制作 U 盘启动盘的软件。制作工具很多，如：U 盘启动大师、大白菜超级 U 盘启动制作工具、电脑店 U 盘启动盘制作工具、老毛桃 U 盘启动盘制作工具、茄子万能 U 盘启动制作装机工具、通用 U 盘启动盘制作工具、U 易 U 盘启动盘制作工具、U 盘之家启动制作工具、U 启动 U 盘启动盘制作工具、U 大侠一键 U 盘装系统工具、U 卫士超级 U 盘启动盘制作工具、天意 U 盘启动盘制作工具等。各制作工具性能大同小异，如果一个制作工具制作的 U 盘启动盘不适合你的电脑，可以换一个试试。

U 盘启动盘制作工具一般具有以下性能：

（1） 一键制作启动 U 盘，所需操作只要点一下鼠标，操作简单。

（2） 启动系统集成 Windows PE 系统、一键装机、硬盘数据恢复、密码破解等实用程序。

（3） U 盘启动区自动隐藏，防病毒感染破坏，剩余空间可以正常当 U 盘使用，无任何影响。

U 盘启动盘制作工具将 U 盘模拟成硬盘、光驱或大容量软盘，具体模式如下：

（1） USB-HDD 硬盘仿真模式。DOS 启动后显示 C: 盘。此模式兼容性好，但对于一些只支持 USB-ZIP 模式的电脑则无法启动。一般制作 U 盘启动盘都采用这种模式。

（2） USB-ZIP 大容量软盘仿真模式。DOS 启动后显示 A：盘。此模式在一些比较老的电脑上是唯一可选的模式，但对大部分新电脑来说兼容性不好，特别是大容量 U 盘。

（3） USB-HDD+增强的 USB-HDD 模式。DOS 启动后显示 C：盘。兼容性极高，其缺点在于对仅支持 USB-ZIP 的电脑无法启动。

（4） USB-ZIP+增强的 USB-ZIP 模式。支持 USB-HDD/USB-ZIP 双模式启动。根据电

脑不同，有些 BIOS 在 DOS 启动后可能显示 C:盘，有些 BIOS 在 DOS 启动后可能显示 A:盘，从而达到很高的兼容性。其缺点在于有些支持 USB-HDD 的电脑会将此模式的 U 盘认为是 USB-ZIP 来启动，从而导致 4GB 以上大容量 U 盘的兼容性有所降低。

（5） USB-CDROM 光盘仿真模式。DOS 启动后可以不占盘符，兼容性一般。其优点在于可以像光盘一样进行 Windows 系统安装。制作时一般需要具体 U 盘型号/批号所对应的量产工具来制作。

四、任务实施

1. 安装大白菜超级 U 盘启动盘制作工具

本任务以大白菜超级 U 盘启动盘制作工具为例，介绍 U 盘启动盘的制作方法。

登录大白菜官网：http://www.winbaicai.com/，点击首页上的“下载装机版”链接，下载大白菜超级 U 盘启动盘制作工具，文件名为“dabaicai_v5.1zhuangji.exe”大小为 453.34MB。下载后运行文件“dabaicai_v5.1zhuangji.exe”进行安装，图 3-2-1 至图 3-2-6 是安装过程中的对话框。

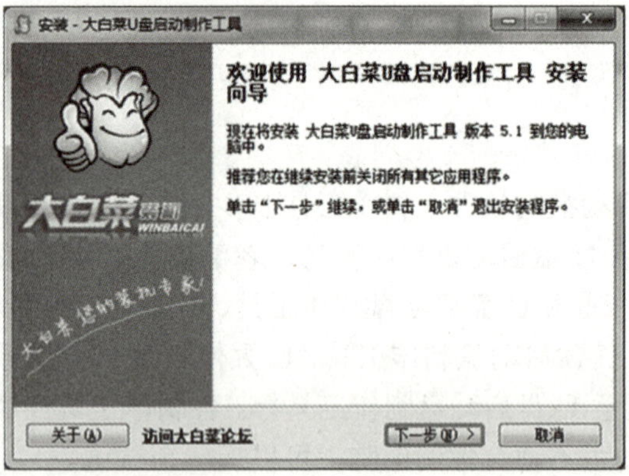

图 3-2-1 安装向导

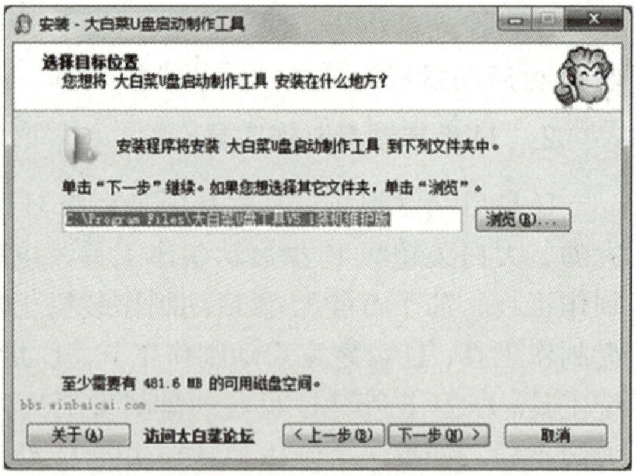

图 3-2-2 选择目标位置

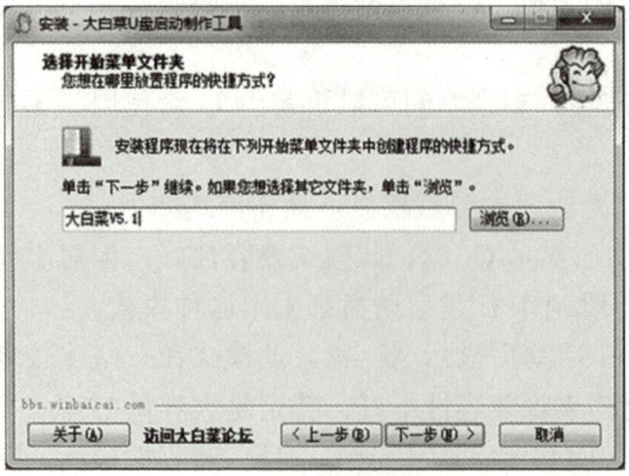

图 3-2-3 选择开始菜单文件夹

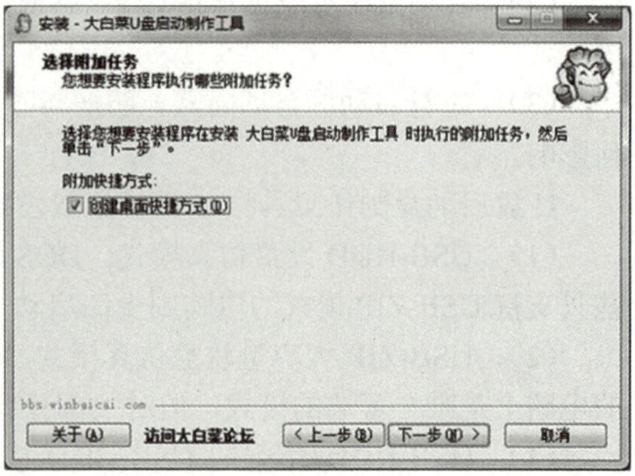

图 3-2-4 创建桌面快捷方式

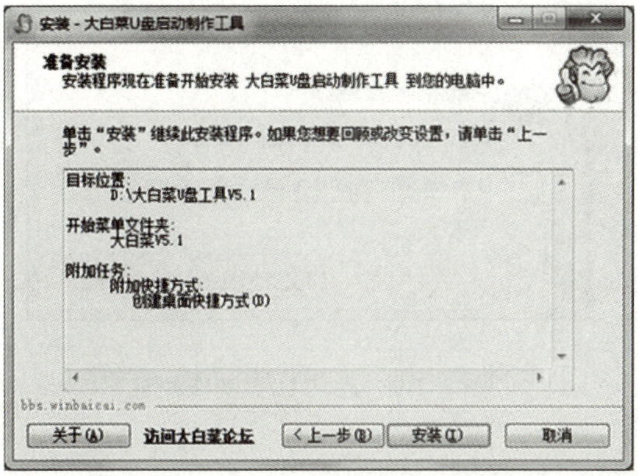

图 3-2-5 准备安装

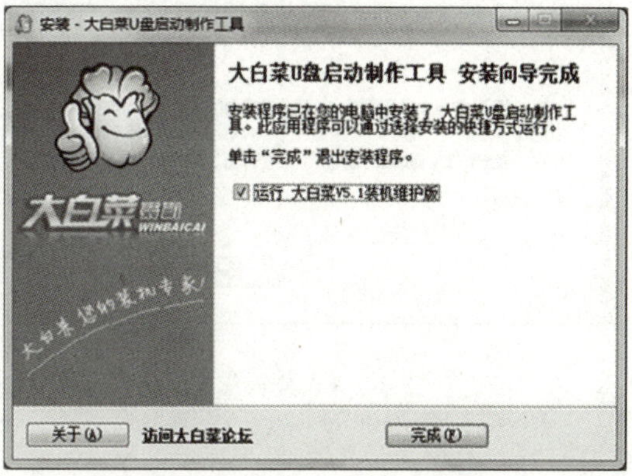

图 3-2-6 安装完成

2. U 盘启动盘制作

运行“大白菜 V5.1 装机维护版”，界面如图 3-2-7 所示。插入 U 盘，点击“归还 U 盘空间”按钮可以删除原来的 U 盘启动文件，释放空间。“模式”一般选“HDD-FAT32”，“分配”保持默认，点击“一键制作USB启动盘”按钮，弹出对话框，如图 3-2-8 和图 3-2-9 所示，点击“确定”按钮完成 U 盘启动盘制作。

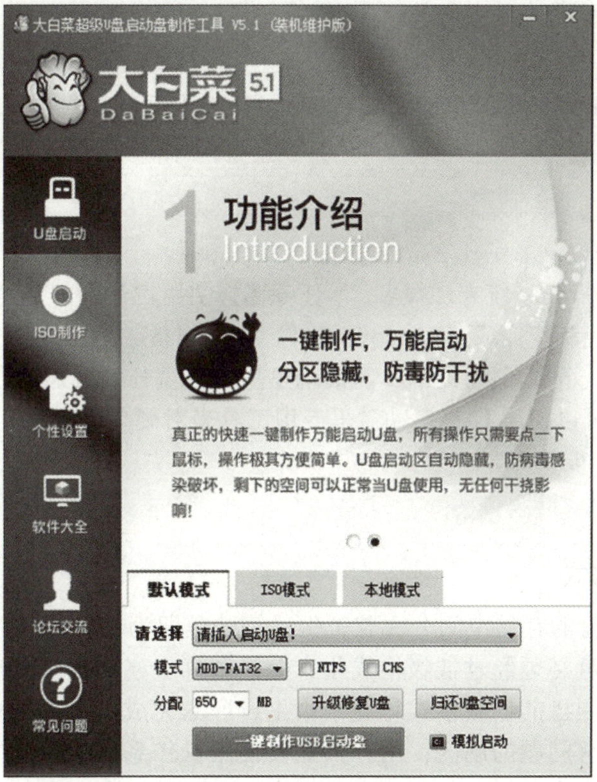

图 3-2-7 大白菜超级 U 盘启动盘制作工具 V5.1

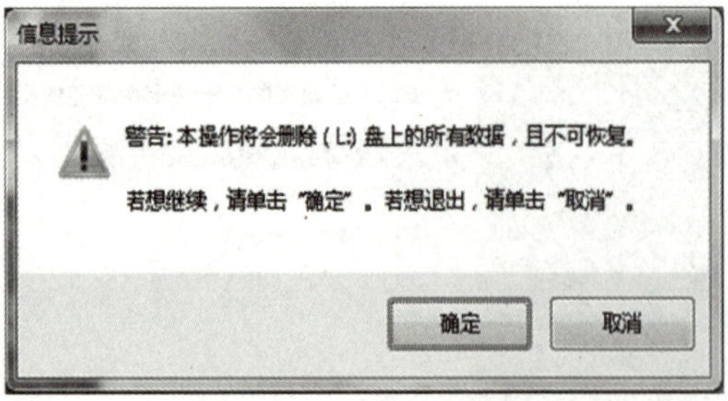

图 3-2-8　警告信息

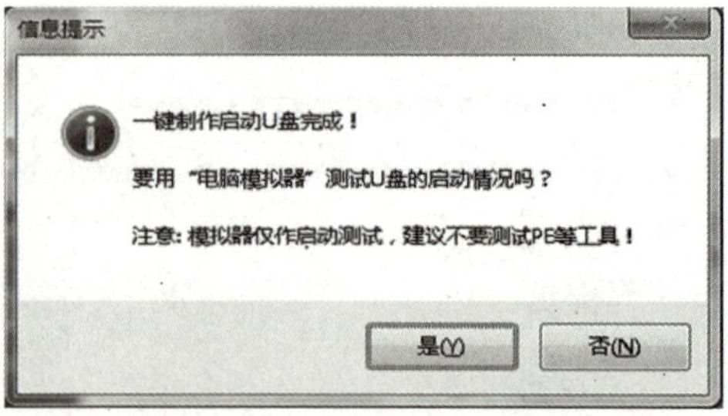

图 3-2-9　启动 U 盘制作完成

五、总结提高

用大白菜超级 U 盘启动盘来启动电脑，看看能否成功，如果不能引导电脑，找一找原因。其他 U 盘启动盘制作工具操作过程也类似，大家可自行尝试。

任务三　安装 Windows 操作系统

一、任务描述

对新组装的电脑或旧电脑全新安装 Windows 操作系统，安装前对硬盘进行分区格式化。

二、任务分析

安装 Windows 操作系统方法很多，本任务选择实用性最强的 U 盘启动全新安装法。U 盘启动盘上任务已经制作完成，Windows 镜像文件（.iso 文件）可以从微软官网或其他相关资源网站上下载，下载后解压到 U 盘启动盘里。硬盘分区格式化可以使用 Windows 安装文件来进行，也可以使用 U 盘启动盘里专用工具来对硬盘进行分区格式化。

三、相关知识点

1. 硬盘分区形式

我们将一块硬盘的存储空间分成若干份，每一份即为一个分区，用 C:、D: 等驱动器符来表示。新硬盘必须经过低级格式化、分区和高级格式化三个步骤处理后，才能用来存储数据。其中硬盘的低级格式化通常由生产厂家完成，主要是划定硬盘可供使用的扇区和磁道并标记有问题的扇区；用户只需要使用操作系统所提供的硬盘工具或其他硬盘工具对硬盘进行分区和格式化。硬盘分区信息记载着硬盘本身的相关信息以及硬盘各个分区的大小及位置等数据，这些数据在硬盘分区操作时写入，计算机每次开机访问硬盘时必须读取。硬盘分区信息若遭到破坏，系统将无法访问硬盘。目前硬盘分区形式有 2 种：MBR 和 GPT。

（1） MBR

MBR（Master Boot Record）：硬盘主引导记录，存储在硬盘的主引导扇区，位于硬盘的 0 柱面，0 磁头，1 扇区（扇区编号从 1 开始），大小为 512 字节。在主引导记录中仅仅包含一个 64 字节的硬盘分区表，而一个分区信息需要 16 字节，所以最多只能标识 4 个主分区（Primary partition）。所谓主分区是标识为由操作系统使用的一部分物理硬盘空间，当然也可以存储数据。为了解决驱动器符（盘符）不足的问题，MBR 允许有 1 个扩展分区，但扩展分区+主分区总和仍不能超过 4 个。扩展分区不能直接使用，要在扩展分区里再划分一个或多个逻辑分区，即逻辑盘，如 F：H：。在图 3-3-1 中，硬盘 0 为 MBR 分区形式，C：、D：为主分区，E：、F：、H：、I：、J：、K：为逻辑分区（逻辑盘），位于扩展分区内。

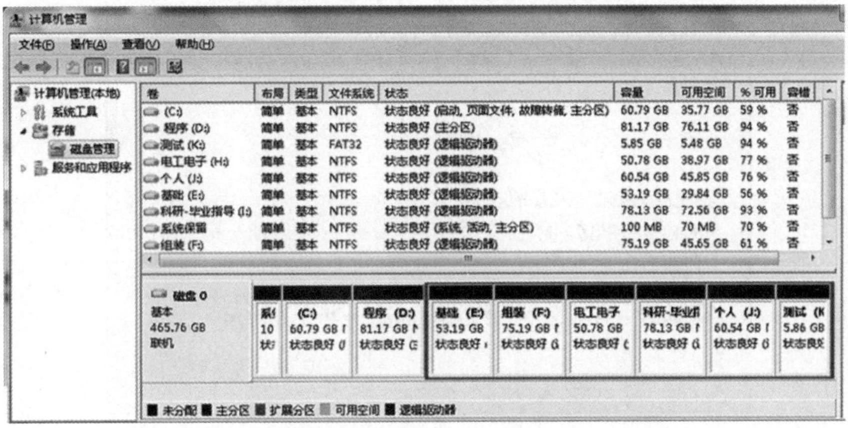

图 3-3-1 MBR 分区基本磁盘

MBR 是硬盘问世以来一直使用的硬盘分区形式。MBR 分区至少有 1 个主分区，最多有 4 个主分区，硬盘的容量等于各主分区容量加扩展分区容量，扩展分区容量等于所有逻辑分区的容量。MBR 最大分区容量为 2TB，最大支持 2TB 容量的硬盘（注：这里按 $1K=2^{10}$ 进行换算），超过 2TB 部分无法识别。

（2） GPT

从 WindowsVista 时代开始，为了解决硬盘限制的问题，微软和英特尔在 EFI 方案中开发了 GPT 分区形式。GPT 是 GUID Partition Table 的缩写，即 GUID 分区表，是物理硬盘分区表的结构布局标准。GUID 是 Globally Unique Identifier 的缩写，即全球唯一标识，GPT 的全称是全球唯一标识分区表。

Windows 系统对 GPT 分区支持情况见表 3-3-1。目前，新购电脑预装 Windows 8 64bit 系统的，硬盘分区采用 GPT 形式。当我们采用 Windows 864bit 系统格式化硬盘时，系统会提示用户选择 MBR 还是 GPT，如图 3-3-2 所示。

表 3-3-1 操作系统对 GPT 分区的支持情况

操作系统	数 据 盘	系 统 盘
Windows XP 32bit	不支持	不支持
Windows XP 64bit	支持	不支持
Windows Vista 32bit	支持	不支持
Windows Vista 64bit	支持	支持，需要 UEFI
Windows 7 32bit	支持	不支持
Windows 7 64bit	支持	支持，需要 UEFI
Windows 8 32bit	支持	不支持
Windows 8 64bit	支持	支持，需要 UEFI
Linux	支持	支持，需要 UEFI

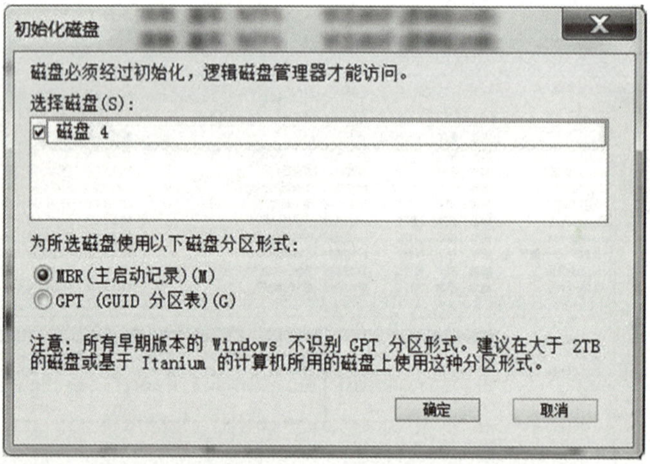

图 3-3-2 初始化磁盘时选择 MBR 还是 GPT

GPT 与 MBR 相比，有以下优点：

1） MBR 硬盘最多有 4 个主分区（或 3 个主分区+1 个扩展分区）。在 Windows 下，GPT 硬盘最多可划分 128 个分区（1 个系统保留分区及 127 个用户定义分区）。

2） GPT 可管理硬盘分区大小达到了 18EB，突破 MBR 2 TB 的极限。

3） GPT 分区表提供了备份和循环冗余校检（CRC）保护，更加安全可靠。

4） GPT 支持唯一的硬盘标识符和分区标识符（GUID）。

2. 分区格式

分区格式化是对硬盘分区进行初始化的操作，以便操作系统能够管理磁盘文件和文件夹。目前，Windows 分区格式主要有 2 种：FAT32 和 NTFS。

（1） FAT32

FAT（File Allocation Table），文件分配表，是一种由微软发明并拥有部分专利的文件系统，供 MS-DOS 和 Windows 等操作系统使用。FAT32 采用 32 位的文件分配表，理论上最大可以支持 2TB 分区，但受到 Windows 系统的限制，最大分区为 32GB，最大支持文件大小为 4GB。FAT32 主要应用于 Windows 98 及后续的 Windows 系统，支持长文件名。由于 FAT32 使用时间较长，适合需要使用较老版本软件的场合。

FAT32 有一个严重的缺点：FAT32 不会将文件整理成完整片段后再写入，长期使用后会使文件变得分散，形成碎片，从而减慢了读写速率，解决方法是定期对硬盘进行碎片整理。

采用 FAT32 对分区进行格式化操作时，主要是建立分区启动记录、文件目录表 FDT 和文件分配表 FAT。文件目录表是用于登记管理磁盘文件的详细信息，一个文件占一条目录，包括：文件名、扩展名、属性（档案、目录、隐藏、只读、系统、卷标）、创建日期和时间、文件/目录数据第一个簇的地址、文件/目录的大小等。

文件分配表是用来标识磁盘文件的空间分配信息。表 3-3-2 是 Windows 默认簇大小，分区大小超过 32GB 时不能使用 FAT32 格式。

表 3-3-2　Windows 默认 FAT32 分区的簇大小

分区大小	簇 大 小	扇 区 数
64 MB–128 MB	1 KB	2
128 MB–256 MB	2 KB	4
256MB–8 GB	4 KB	8
8 GB–16 GB	8 KB	16
16 GB–32 GB	16 KB	32

每个磁盘文件在文件分配表中的表项是一个单向链表，从文件目录表中获取磁盘文件的首簇号，再根据文件分配表中的偏移地址，得到下一簇的簇号，依次不断查找，直到遇到文件结束标志，即可找到全部文件内容。

FAT 表与 FDT 表一同管理整个磁盘文件，当文件写入磁盘时，操作系统在 FAT 表中寻找未用簇，依照文件大小分配一个或多个簇用来存储文件，同时在 FDT 表中添加该文件的各个目录项。当文件被删除时，操作系统在 FDT 表中将该文件目录项的首字节改为 E5，同时在 FAT 表中释放被删除文件所占用的簇。FAT 表或 FDT 表若受损，文件将无法使用，甚至会造成计算机无法启动。

（2） NTFS

NTFS（New Technology File System）是 Microsoft Windows NT 的标准文件系统，也用于后续 Windows 系统，是目前普遍使用的分区格式。NTFS 在磁盘上的结构大致上可以分为引导区、MFT 区、MFT 备份区、数据区、DBR（DOS Boot Record）备份扇区几个部分。

引导扇区位于分区的头 16 个扇区，包括 DBR 和自举代码，这些数据可以使系统找到 MFT。

MFT（Master File Table），即主文件分配表，是 NTFS 的核心，位于分区的前部。MFT 由一个或几个 MFT 项（文件记录）组成，每个 MFT 项占用 1024 字节。每个 MFT 项的前部几十个字节有着固定的头结构，用来描述本 MFT 项的相关信息，后面的字节用来存放“属性”。每个文件和目录信息都包在 MFT 中，每个文件和目录在 MFT 中至少有一个 MFT 项。除引导扇区外，访问其他任何一个文件和目录前都要先访问 MFT，在 MFT 中找到该文件的 MFT 项，根据 MFT 项中的记录信息找到内容并对其进行访问。

数据区是用户存储文件和文件夹的磁盘空间。MFT 在磁盘分区的中部为其保存一份备份；DBR 在分区的最后一个扇区保存了一份备份。

与 FAT32 相比，NTFS 主要有以下几点特性：

1） 容错性。

2） 安全性。

3） 使用 EFS 提高安全性。

4） 文件压缩。

5） 可恢复性。

6） 硬盘配额。

另外，NTFS 在默认情况下，簇的大小都是 4KB，能有效率地提高硬盘空间的利用率。NTFS 先进的数据结构为系统提供了更好的性能，在使用中不易产生文件碎片。NTFS 最大支持分区为 2TB，最大支持文件仅受到分区大小的限制。

3. 动态磁盘

动态磁盘也称动态硬盘，是磁盘属性的一种，在 Windows 2000 系统中开始引入，而我们常用的磁盘属性是基本磁盘。在基本磁盘上，只允许同一磁盘上的连续空间划分为一个分区。在动态磁盘上，没有“分区”的概念，而是以“卷”命名。一个卷可以跨越多达 32 个物理磁盘，这在服务器上是非常实用的功能，而且卷还可以提供多种容错功能。动态磁盘属性在硬盘分区格式化时选择。在图 3-3-3 中，磁盘 0 为动态磁盘，磁盘 1 为基本磁盘。

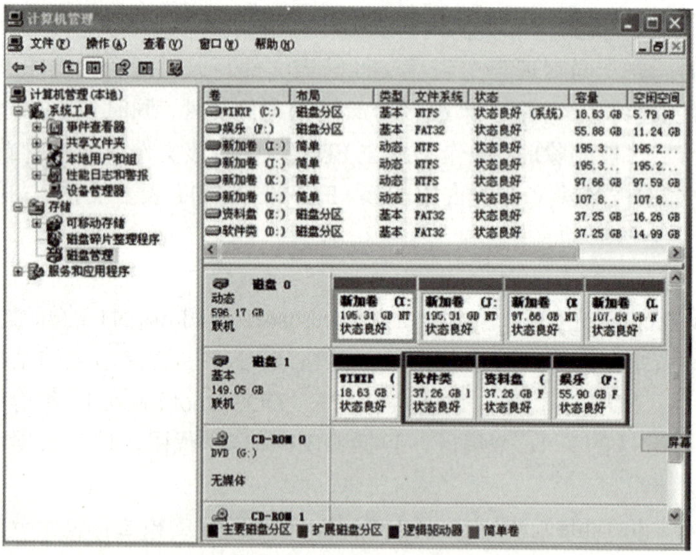

图 3-3-3 动态磁盘——磁盘 0

4. 常用磁盘分区格式化工具介绍

磁盘分区格式化工具很多，除了 Windows 自带的磁盘管理工具外，还有很多第三方开发的磁盘管理工具，如：DiskGenius、PQmagic、PartitionMagic、DM 等，用户可根据自身需求或个人爱好灵活选用。

（1）　Windows 自带的磁盘管理工具

Windows 自带的磁盘管理工具具有新建/删除分区（卷）、新建/删除扩展分区、新建/删除逻辑驱动器，格式化分区（卷），更改驱动器号和路径，以及分区（卷）属性查看等功能。以 Win7 为例，鼠标右击“计算机”图标，选择“管理”，就打开了“计算机管理”窗口，单击“磁盘管理”，就会显示本机中的所有磁盘分区信息，如图 3-3-1 所示。右击分区，打开的快捷菜单如图 3-3-4 所示，选择所需命令进行操作。如选择“格式化”选项，则弹出格式化分区（卷）对话框，如图 3-3-5 所示。

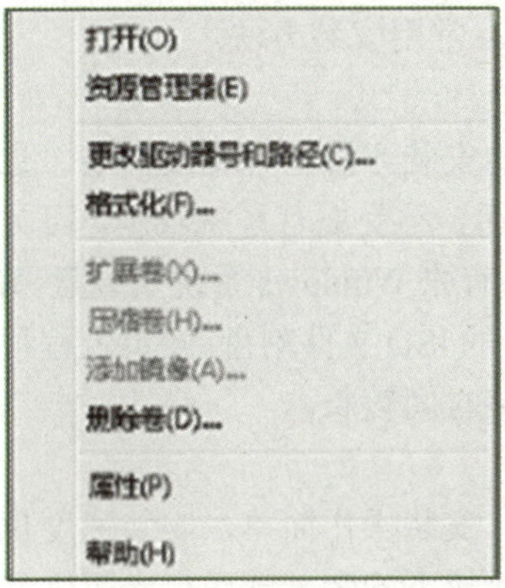

图 3-3-4　分区（卷）的快捷菜单

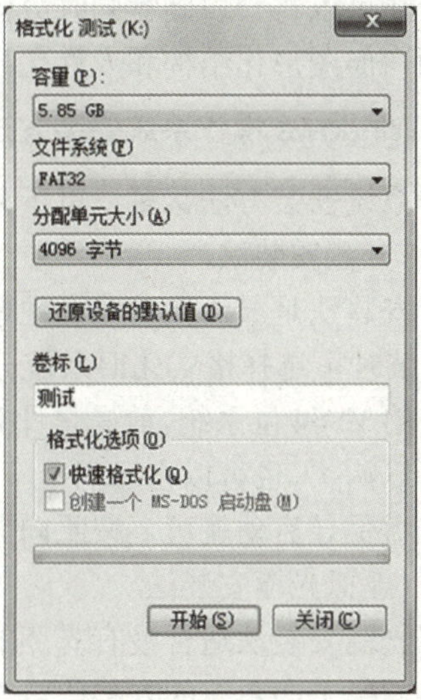

图 3-3-5　格式化分区（卷）对话框

Windows 系统自带的 Diskpart 命令也是一个分区管理工具，功能强大，且效率高。只不过 Diskpart 是 Windows 环境下的以命令窗口形式运行，适合熟悉 DOS 操作的用户使用。

（2）　第三方开发的磁盘管理工具

DiskGenius 是一款磁盘分区及数据恢复软件。除了具备基本的分区建立、删除、格式化等磁盘管理功能外，还提供了强大的丢失分区搜索、误删除文件恢复、误格式化及分区被破坏后的文件恢复、分区镜像备份与还原、分区复制、硬盘复制、整数分区、分区表错误检查与修复、坏道检测与修复、基于磁盘扇区的文件读写等功能。支持对 GPT 磁盘的分区操作，支持 VMware、Virtual PC、VirtualBox 虚拟硬盘格式，支持 IDE、SCSI、SATA 等各种类型的硬盘，支持 U 盘、USB 硬盘、存储卡（闪存卡），支持 FAT12/FAT16/ FAT32/NTFS/EXT3 文件系统，是一款不可多得的工具软件。

PQmagic 是一款非常优秀的磁盘分区管理软件，支持大容量硬盘，采用图表、数据、文字等方式使用户操作一目了然。PQmagic 可以非常方便地实现分区的创建、删除、拆分、合并、移动、隐藏、格式化，还能在不损失磁盘数据下调整分区大小，轻松实现 FAT32 和 NTFS 分区相互转换。PQmagic 可复制整个硬盘资料到分区，恢复丢失或者删除的分区和数据，无需恢复受到破坏的系统就可以将磁盘数据恢复或拷贝到其他磁盘。PQmagic 能够优化磁盘使应用程序和系统速度变得更快，能够管理安装多操作系统，实现多 C 盘引导功能。

Partitionmagic 是老牌的硬盘分区管理工具。其最大特点是允许在不损失硬盘中原有数据的前提下对硬盘进行重新设置分区、分区格式化以及复制、移动、格式转换和更改硬盘分区大小、隐藏硬盘分区以及多操作系统启动设置等操作。PartitionMagic 从其面世以来好评不断，用户可以通过 BootMagic 来方便管理多操作系统，使得一台电脑上安装和管理多个操作系统不再需要非常专业的电脑知识。

DM（Disk Manager）是 Ontrack 公司开发的一款老牌的硬盘管理工具，主要用于硬盘的初始化，如低级格式化、分区、高级格式化和系统安装等，是一款深受用户喜爱的硬盘维护工具。DM 支持大硬盘分区，分区速度快，能对硬盘进行低级格式化及快速低级格式化硬盘，还可以将一块硬盘同时分区成多格式多用途硬盘，便于安装多系统。DM 虽然是英文界面，但图形化结构和人性化设计还是容易上手的。

5. Windows 操作系统安装方法

操作系统安装方法甚多，以下列出的仅是 Windows 常用安装方法。

（1） 光盘安装法

光盘安装法是最经典、兼容性最好、最简单易学的安装方法。可升级安装，也可全新安装（安装时可选择格式化旧系统分区），安装方式灵活，不受原有系统限制，可灵活安装 Windows 的 32/64 位系统。前提是计算机要有光驱，还要有张 Windows 系统安装盘。Windows 系统盘可以购买，也可以自己网上下载 Windows 安装盘的 ISO 文件刻盘。安装过程很简单，只要从光盘引导启动就可，按照向导操作即可，但安装时间较长。

（2） 虚拟光驱安装法

虚拟光驱安装法适合没有光驱的计算机安装系统。安装操作简单，安装速度也快，但限制较多，用于多系统的安装比较合适。首先在现有系统下安装一款虚拟光驱软件，再将系统 ISO 文件复制在不安装系统的分区里。用虚拟光驱程序加载系统 ISO 文件，进入安装界面，接下来操作与光盘安装类似。如果是升级安装，C 盘要留有足够的空间；多系统安装要把新系统安装到新的空白分区里。

虚拟光驱安装法不足之处：一是由于安装时无法对现有系统盘进行格式化，所以无法实现单系统干净安装；二是因旧系统文件占用空间，硬盘空间比较浪费；三是因无法格式化旧系统分区，残留的病毒文件可能危害新系统的安全性；四是 32 位系统无法安装 64 位系统，64 位系统同样无法安装 32 位系统。

（3） 硬盘安装法

一种简单的硬盘安装法是把系统 ISO 文件解压到非系统安装分区，运行 SETUP.EXE 文件，按相应步骤操作就行。此方法的限制和缺点与虚拟光驱安装法相同，适合多系统的安装。

使用 nt6 hdd installer 安装，可以格式化 C 盘安装成纯净的系统，也可以安装成多系统，且原 32 位系统也能安装 64 位系统，前提是原系统要能运行。nt6 hdd installer 使用方法：首先，将 Windows 安装文件复制到硬盘非系统分区的根目录下，然后下载 nt6 hdd installer 并运行，如图 3-3-6 所示。选择推荐模式（模式 1 或模式 2）。重启后在启动菜单中选择刚才模式就可以启动安装程序，接下来的步骤和光盘安装相同。

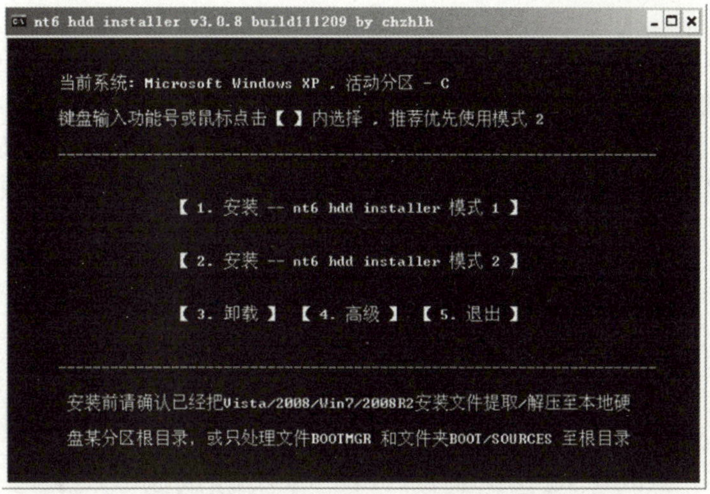

图 3-3-6　nt6 hdd installer 界面

（4） U 盘安装法

利用 U 盘启动盘引导电脑，在功能菜单里选择进入 Win PE 后，运行 SETUP.EXE 文件安装，也可以直接选择功能菜单里的“安装原版 Windows 系统”，注意事先要把 Windows 安装文件考入 U 盘或硬盘的非安装分区。U 盘安装法与光盘安装的优点相似，但不用刻盘，不需光驱，且安装速度比光盘快。另外，U 盘携带比光盘更方便，一次制备，多次安装，不用了随时可删除。有新版了，更新文件即可。U 盘启动盘还可以当急救盘：万一系统因各种原因崩溃造成启动不了系统，那就可以用 U 盘启动排除故障或重装系统。

本方法同样适用于读卡器和移动硬盘，特别是移动硬盘可以进一步提高安装速度。

（5） 在线升级安装法

微软在 Windows 新版发行时，会在其官网上提供 Windows 正版软件在线升级服务。用户采用在线升级安装法，可以安装最新版的正版 Windows。以 Win8 为例，用户先登录微软 Win8 购买或提供升级页面（http://windows.microsoft.com/zh-CN/windows/），点击“购买”或“立即升级”等一类的链接，下载 Win8 升级助手。接着运行 Win8 升级助手，Win8 升级助手检测用户电脑是否可运行 Win 8，若可以运行 Win 8 则直接进行购买。购买成功后会显示产品密钥，同时发一份邮件到用户的的邮箱中。接下来就是下载 Win8，下载完毕之后，Win8 升级助手就会自动进入安装过程。

（6） Ghost 安装法

Ghost 安装法是普遍采用的安装方法。利用 Ghost 工具，将系统镜像文件（Ghost 版）直接恢复到硬盘里，实现快速安装。系统安装完成后还会自动安装所有硬件的驱动程序和常用的软件，包括 Office、WinRAR 等必备软件，非常方便。Ghost 具体用法在“项目五系统维护”中介绍。

四、任务实施

本任务包含以下内容：（1）用 U 盘启动电脑；（2）对硬盘进行分区格式化；（3）安装 Windows 8 系统；（4）安装硬件驱动程序；（5）Windows 8 激活；（6）Windows 8 安装问题

处理。

Windows 8 分为 Windows RT、Windows 8 标准版、Windows 8 Pro 专业版、Windows 8 Enterprise 企业版四个版本，其中 Windows RT 专门为平板电脑设计的版本，其他三个版本均为桌面 PC 版。按位数分为 Windows 8 32bit 和 Windows 8 64bit，32 位软件丰富、软件兼容性好；64 位运行速度较快，但兼容性较 32 位差。Windows 8 系统对电脑硬件的要求如下：

- ✓ 1Ghz 以上主频的 CPU（32 位），双核 64 位 CPU（64 位）；
- ✓ 1GB 以上内存（32 位）或者 2GB 以上的内存（64 位）；
- ✓ 16 GB 的可用硬盘空间（32bit）或者 20 GB（64bit）；
- ✓ 支持 DirectX 9 和 WDDM 1.0 或者更高规格的显卡；
- ✓ 支持多点触摸的屏幕可以体验到更多 Win8 的新特性；
- ✓ 如果运行 Metro 模式应用，需要 1024×768 以上的分别率。

可见 Win8 对电脑硬件要求并不高，近几年购买的电脑都能安装 Win8。

1. 用 U 盘启动电脑

从网上下载 Win8 系统的 ISO 镜像文件，解压到 U 盘启动盘的根目录下。这里我们采用上一任务中已经制作完成的大白菜超级 U 盘启动盘。

大白菜超级 U 盘启动系统集成大白菜精心制作和改良的 PE 系统，可以识别不同硬盘驱动的 PE 系统，大白菜超级 U 盘 5.1 版全新加入 Win8PE，原生支持 USB3.0，增加 PE 智能安装器对 GPT 磁盘支持。允许用户自定义启动系统加载，用户只需要在大白菜官网或者在其他网上下载不同功能的 PE 或者其他启动系统，只要在制作时添加一下，就自动集成到启动系统中。集成一键装机、硬盘数据恢复、密码破解、DiskGenius 分区工具、通用 Ghost 备份还原工具等实用程序。

将大白菜超级 U 盘启动盘插入需要安装系统的电脑，在 BIOS 中设置成 U 盘启动。较老的电脑将 USB-HDD 设为第一引导，较新的电脑从引导硬盘中选 U 盘优先，按 F10 键保存退出。重启电脑，由 U 盘引导，大白菜 U 盘启动菜单如图 3-3-7 所示。

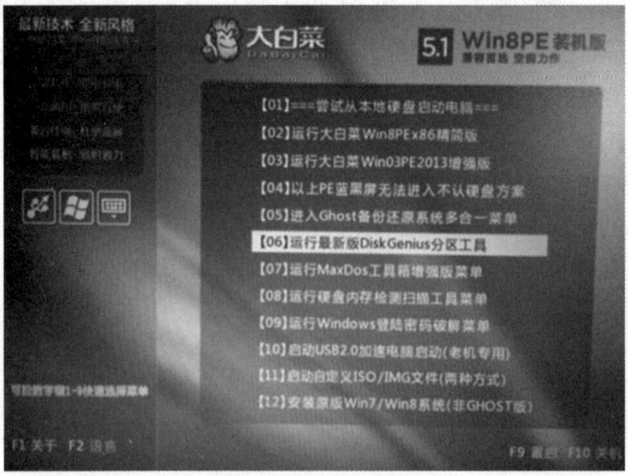

图 3-3-7 大白菜 U 盘启动菜单

2. 对硬盘进行分区格式化

在大白菜 U 盘启动菜单中，选择“【06】运行最新版 DiskGenius 分区工具”，打开 DiskGenius 窗口，如图 3-3-8 所示。DiskGenius 为全中文界面，与 Windows 窗口风格一致，从上到下依次为：窗口标题、菜单栏、常用工具栏、图形化磁盘分区、磁盘及分区列表（左）、分区详细信息等。

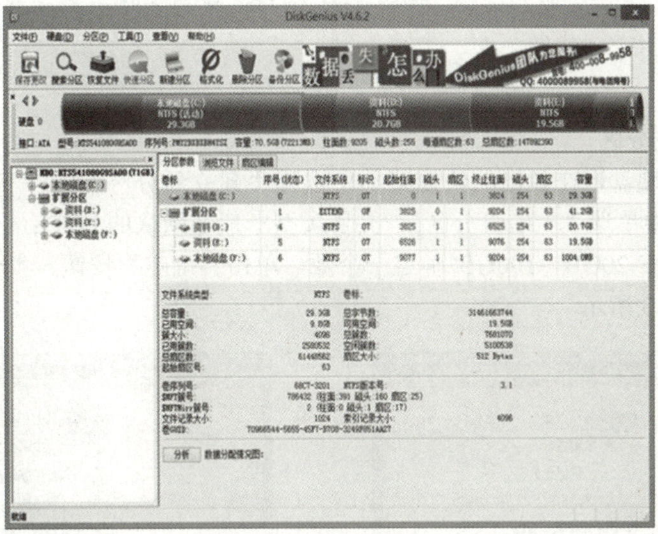

图 3-3-8　DiskGenius 窗口

（1）　删除分区

由于本例为旧硬盘，所以已有主分区 C:及扩展分区里面的逻辑盘 D:、E:、F:。要删除分区，只要右击图形化表示的分区，在弹出的快捷菜单中选择“删除当前分区”，如图 3-3-9 所示，在确认框中点击“是”按钮如图 3-3-10 所示。扩展分区只有逻辑分区全部删除了后才能删除，图 3-3-11 所示已经删除全部分区，相当于一个新硬盘。

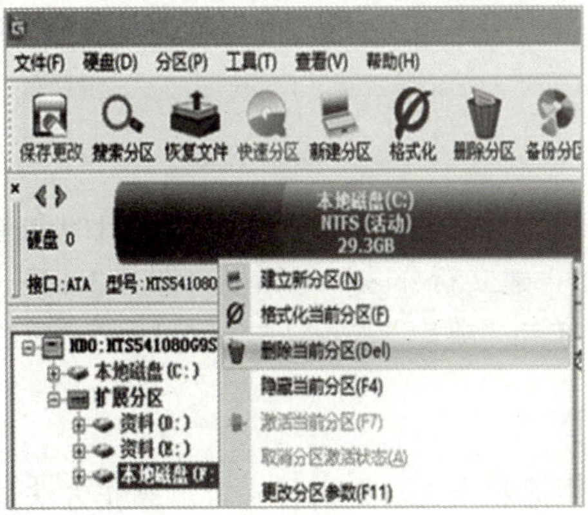

图 3-3-9　删除分区

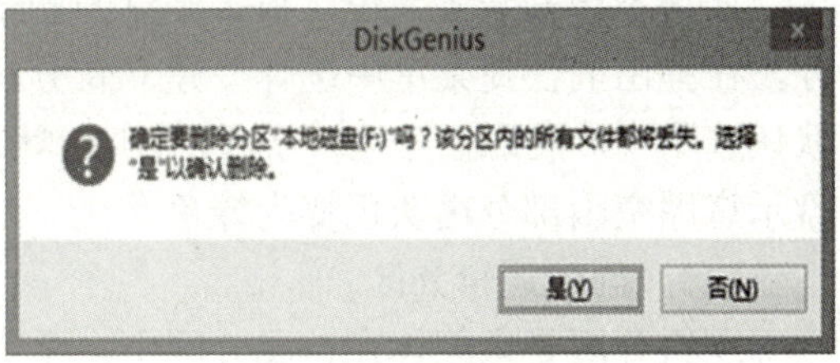

图 3-3-10　删除分区确认

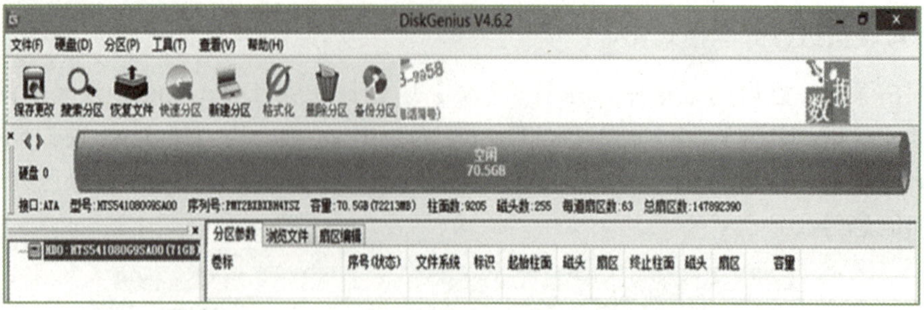

图 3-3-11　分区全部删除后的硬盘示意图

（2）　创建主分区

右击图形化硬盘，在弹出的快捷菜单中选择“建立新分区”，在“建立新分区”对话框（图 3-3-12）中单选“主磁盘分区”，文件类型一般选默认的 NTFS，分区大小根据硬盘大小确定，一般在 20GB～100GB 确定一个数，单击“确定”按钮。主分区建立后的硬盘示意图如图 3-3-13 所示。

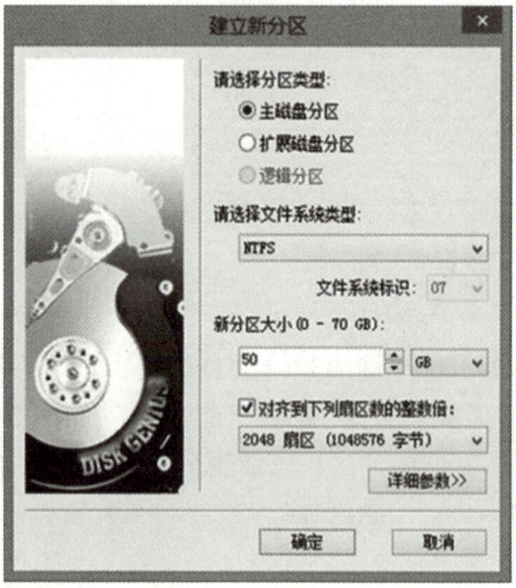

图 3-3-12　建立主分区

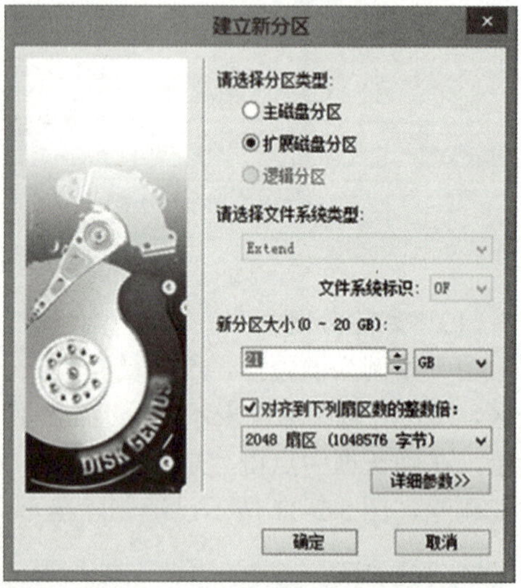

图 3-3-13　建立扩展分区

（3）　创建扩展分区

如果不想安装多系统，那么硬盘的剩余空间都给扩展分区。右击图形化硬盘的剩余部分，在弹出的快捷菜单中选择“建立新分区”，在“建立新分区”对话框（图 3-3-14）中，默认选中“扩展磁盘分区”，分区大小为默认值，单击“确定”按钮。扩展分区建立后的硬盘示意图空闲部分由灰色变为绿色。

（4）　创建逻辑分区

逻辑分区必须创建在扩展分区中，个数根据用途和个人喜好自行确定。操作方法与上类似，图 3-3-15 所示为 2 个逻辑分区建立后的硬盘示意图。

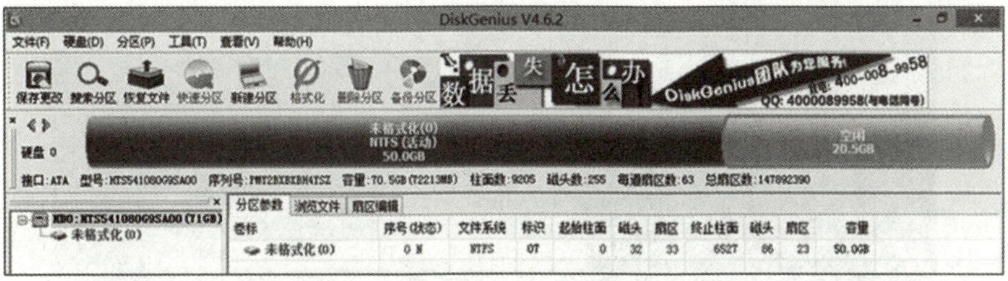

图 3-3-14　主分区建立后的硬盘示意图

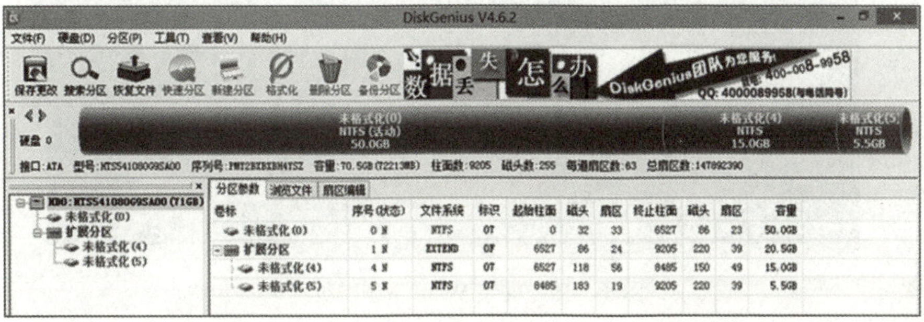

图 3-3-15　主分区及逻辑分区建立后的硬盘示意图

（5）　格式化分区

分区建立完毕，单击“保存更改”按钮，弹出图 3-3-16 所示的对话框，单击“是”。接着提示是否要格式化分区（图 3-3-17），单击“是”，DiskGenius 按默认设置格式化分区。对分区操作还有分区拆分、调整分区大小、隐藏分区、备份分区、激活分区等，大家自行操作，不再一一介绍。

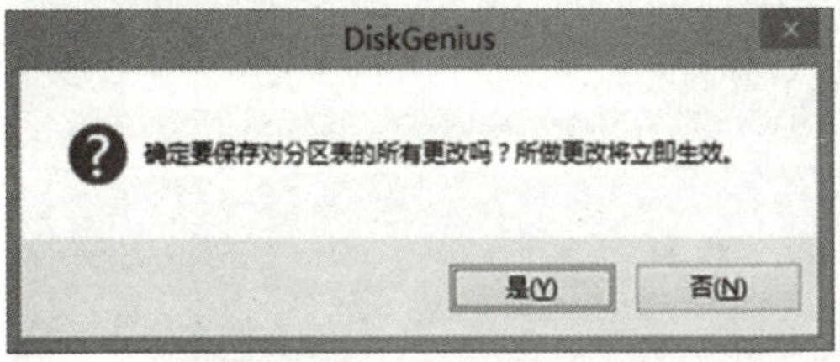

图 3-3-16　保存更改

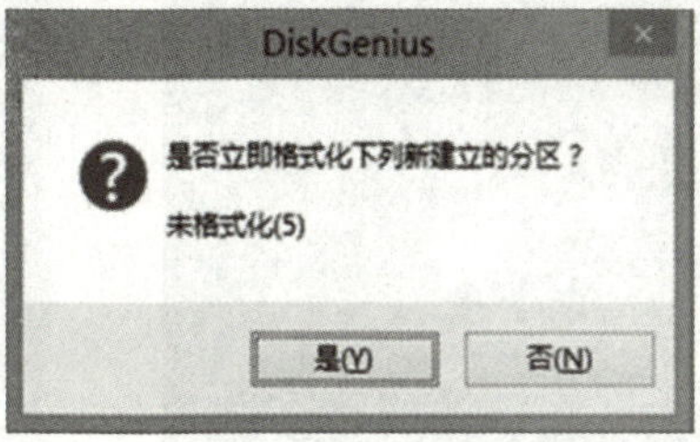

图 3-3-17　提示格式化分区

3.　安装 Windows 8 操作系统

硬盘分区格式化完成后，重启电脑，仍由 U 盘引导。当屏幕显示大白菜 U 盘启动菜单（图 3-3-7）时，选择“【12】安装原版 Win7/Win8 系统（非 GHOST 版）”，随即打开二级菜单，如图 3-3-18 所示。选择“【04】进 Win8 PE 安装 Win7/8（可点 Setup 安装）”，运行 Win8 PE，启动完毕后在桌面上双击“计算机”，打开 U 盘，双击里面的“Setup.exe”文件，运行 Win8 安装程序。

接下来是 Win8 的安装过程，需要数十分钟的时间。下面是安装过程中的部分显示信息。

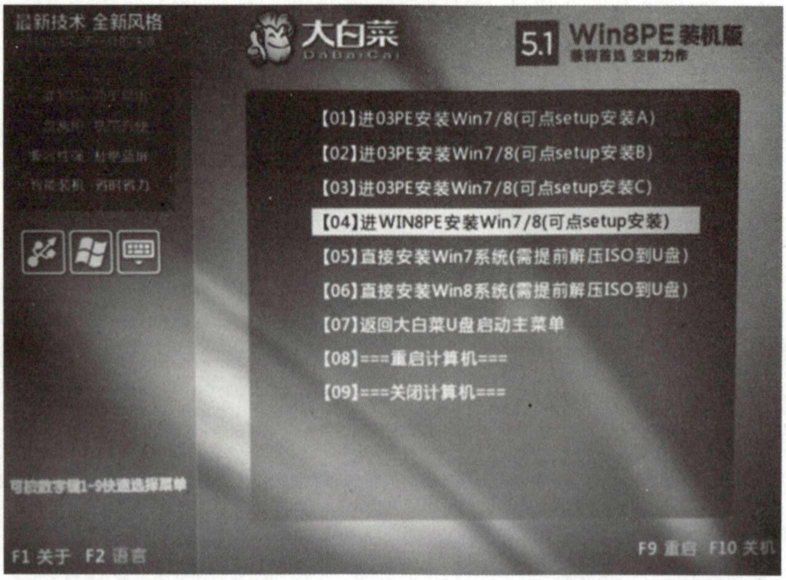

图 3-3-18 安装 Win8 系统二级菜单

图 3-3-19 是启动安装后首先出现的画面，图 3-3-20 所示是随后出现的 Win8 安装界面，要用户选择语言和其他选项，保持默认即可，点击“下一步”按钮。

图 3-3-19 安装开始画面

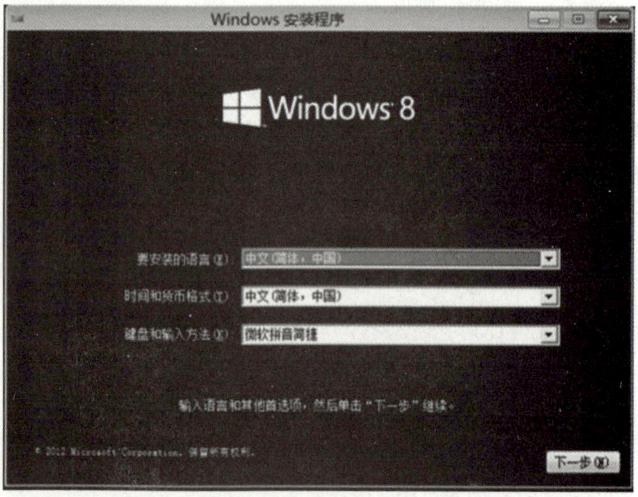

图 3-3-20 语言和其他选项

图 3-3-21 显示“现在安装”，点击“现在安装”按钮，屏幕显示“安装程序正在启动”（图 3-3-22）。图 3-3-23 是“许可条款”，勾选左下角的我接受，点击“下一步”按钮。接着出现图 3-3-24 是安装方式选择：升级和自定义，一般选择自定义安装。升级安装会覆盖当前的操作系统，比如在 Windows 7 状态下运行 Windows 8 安装程序，那么选择升级，安装完毕之后系统则变成 Windows 8，但系统盘中的其他文件和应用程序会保留下来；选择自定义安装，将 Win8 系统安装在非当前系统分区里成双系统，也可以格式化系统盘进行全新安装。图 3-3-25 是选择安装位置，根据自己的安装方式选择安装盘。在这里安装程序

可以对磁盘进行分区、调整大小、格式化，删除分区等操作。点击“下一步”就进入 Windows 8 的安装文件拷贝阶段了。图 3-3-26 显示安装进程，整个过程大概耗时 10 分钟左右，安装完成后提示重启电脑（图 3-3-27）。

图 3-3-21　现在安装

图 3-3-22　安装程序正在启动

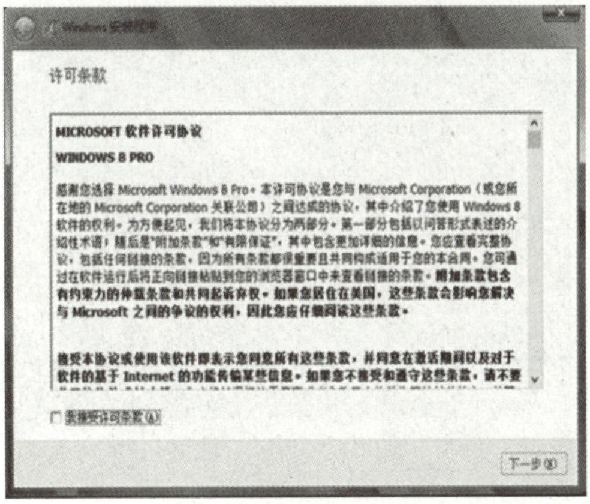

图 3-3-23　许可条款

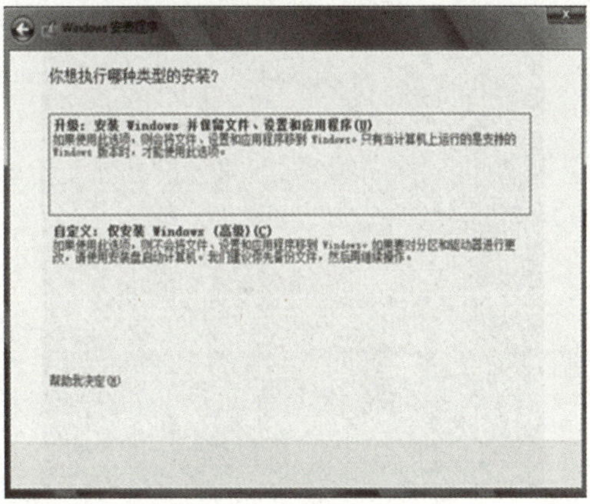

图 3-3-24　安装类型选项

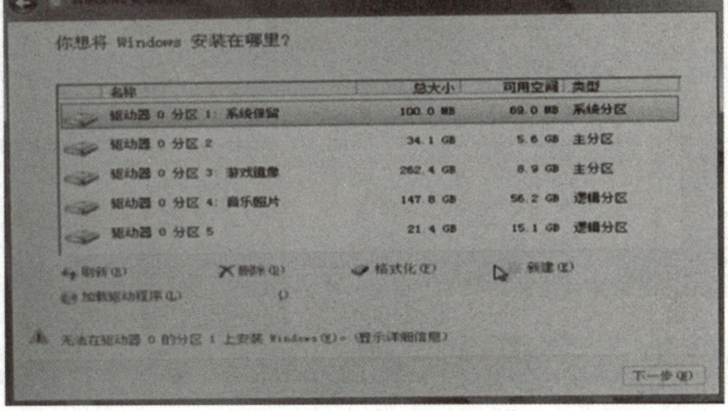

图 3-3-25　选择安装盘

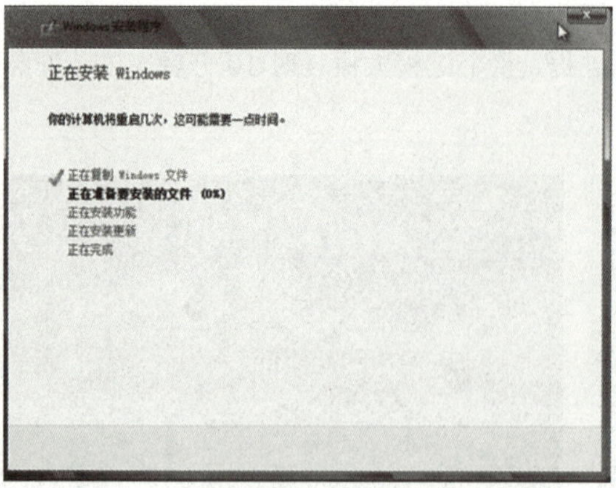

图 3-3-26　正在安装

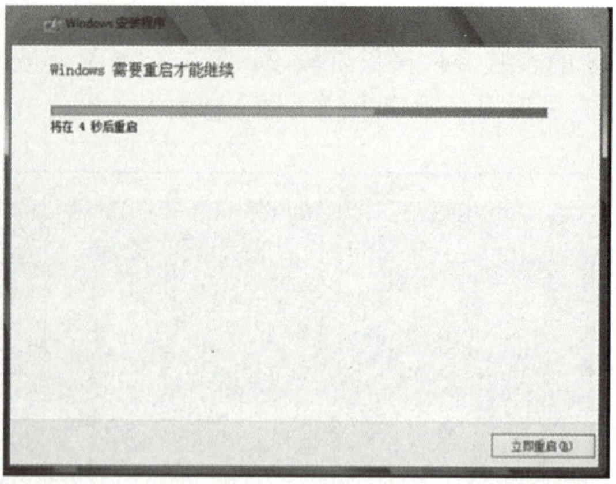

图 3-3-27　重启

图 3-3-28 是电脑重启过后，屏幕显示正在准备设备，稍后就会准备就绪（图 3-3-28），开始进入 Win8 设置，如：个性化设置、电脑名称、帮助保护和更新设置、在线查询问题和解决方法设置、帮助改善 Windows 和应用、登录用户名等设置，如图 3-3-30 至图 3-3-34 所示。

图 3-3-28　正在安装

图 3-3-29　重启

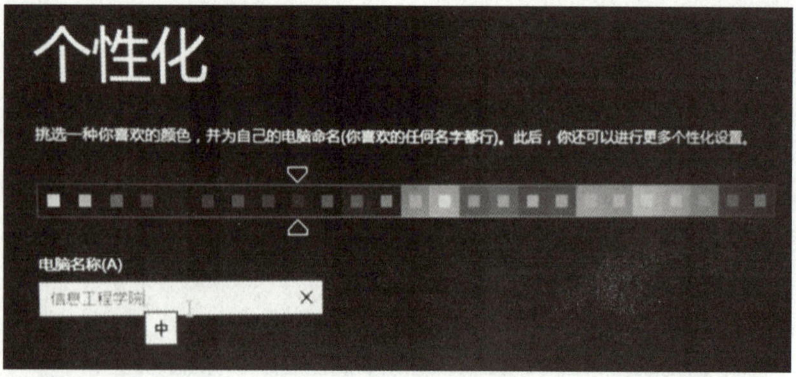

图 3-3-30　个性化设置

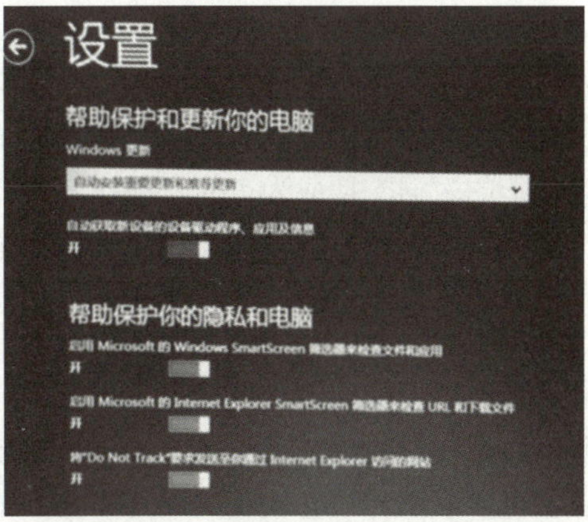

图 3-3-31　保护、更新、隐私设置

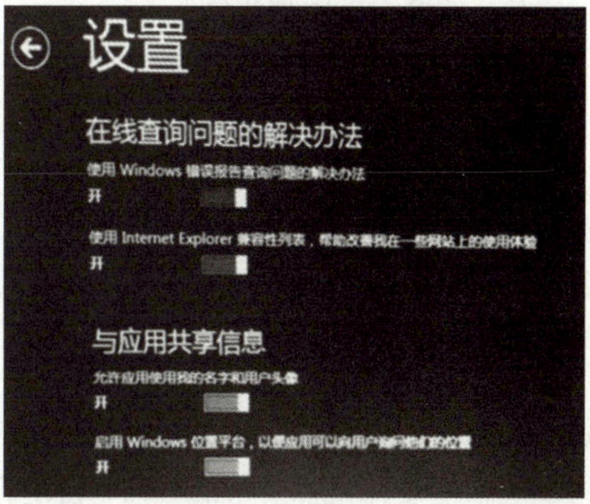

图 3-3-32　在线查询问题和解决方法设置

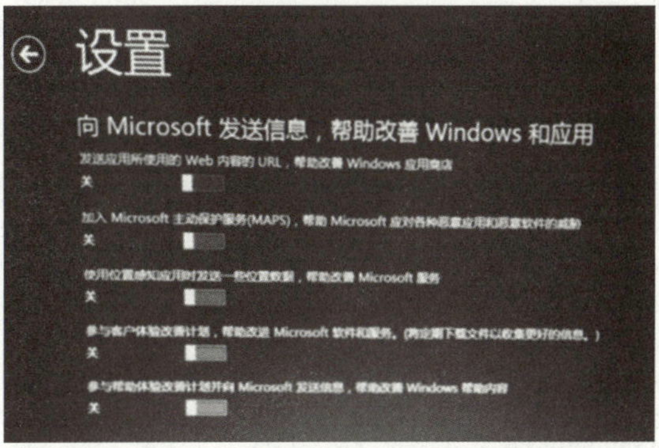

图 3-3-33　向 Microsoft 发送信息，帮助改善 Windows 和应用设置

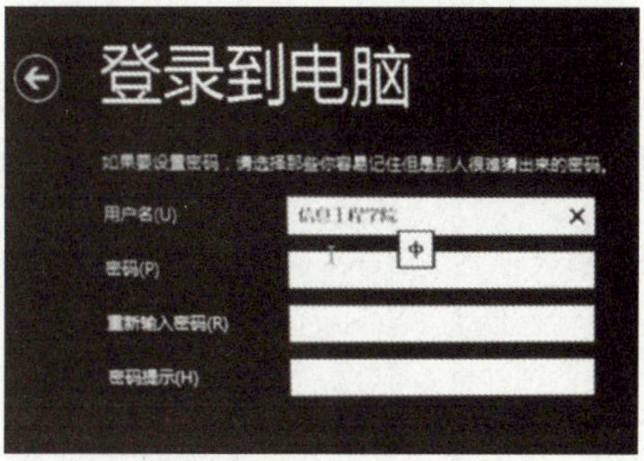

图 3-3-34　用户名和密码设置

设置完成后，稍候片刻，屏幕上出现期望已久的 Windows 8 开始菜单（如图 3-3-35 所示）。至此，Windows 8 安装基本完成。

图 3-3-35　Windows 8 开始菜单

4. 安装设备驱动程序

设备驱动程序（Device Driver）是一个允许高级电脑软件与硬件交互的程序，这种程序创建了一个硬件与硬件，或硬件与软件沟通的接口，经由主板上的总线或其他沟通子系统与硬件形成连接的机制，这种机制使得硬件设备上的数据交换成为可能。操作系统只有通过这个接口，才能控制硬件设备的正常工作，发挥出硬件相应的性能和功能。假如某设备驱动程序未安装或未正确安装，该硬件设备就不能正常工作。因此，操作系统安装完之后，必须安装设备驱动程序。

由于从 Windows 98 以来，微软在 Windows 中逐步集成了主流硬件驱动程序，让 Windows 对尽可能多的设备实现“即插即用”，所以我们在安装完 Windows 8 操作系统后，会发现很多硬件设备被 Windows 8 自动识别，直接可以使用，只有极少的设备需要手工安装驱动程序。那么，怎样知道哪些设备未安装驱动程序呢？很简单，打开设备管理器，看看系统识别了硬件没有。如图 3-3-36 所示，系统未识别的设备，会显示在设备管理器的“其他设备”栏下面，有个“未知设备”，还有个黄色惊叹号，表示该设备未被系统识别，需要安装设备驱动程序。

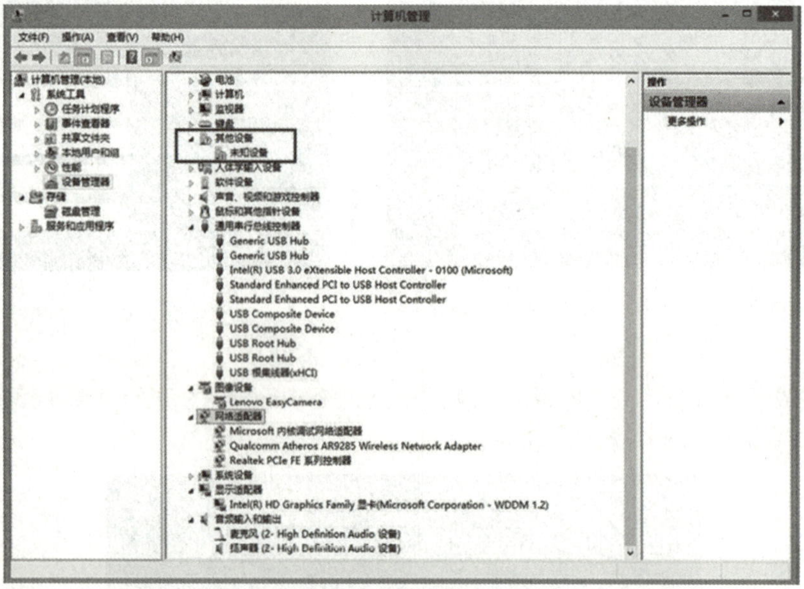

图 3-3-36 查看设备驱动程序

（1） 获取设备驱动程序

- ✓ 新购买的部件（如显卡）或新购买的电脑，如果有附带光盘，其设备驱动程序就在光盘里；
- ✓ 登录硬件设备厂商网站或品牌电脑官网或驱动之家网站，根据硬件或电脑型号及操作系统类型寻找相应设备驱动程序；
- ✓ 使用“驱动精灵”、“驱动人生”、鲁大师等驱动管理软件，自动智能检测系统中驱动安装有误或尚未安装驱动的设备，自动联网下载匹配的设备驱动程序；
- ✓ 使用 Windows Update 安装设备驱动程序。硬件厂商会将硬件的驱动程序提交给微软，用户通过微软 Windows Update 下载安装。

（2） 安装设备驱动程序举例

图 3-3-36 是联想 U310 超极本安装完 Windows 8 后的设备管理器截图，从图中我们看到，Realtek 声卡、Intel 酷睿 i 系列处理器的 HD3000 核心显卡、无线网卡、以太网卡、原生的 USB3.0 驱动程序都自动识别和安装上了，在“其他设备”栏下面，还有一个设备未被 Windows 8 识别出来，需要我们手工安装驱动。

这里使用访问品牌笔记本官网获取设备驱动程序。登录联想主页（图 3-3-37），鼠标指向“专业服务于支持”栏，点击左侧“lenovo 服务”下面的“更多”，进入联想产品支持页面（图 3-3-38），点击“笔记本”，进入确认产品型号页面（图 3-3-39），在产品大类中选择“笔记本”，产品系列中选择“IdeaPadU”，产品型号中选择“IdeaPadU310”，点击“确认选择”。显示下一页面（图 3-3-40），点击“驱动下载”，进入图 3-3-41 页面，在操作系统列表框中选择 Windows 8 32bit，点击“一键下载全部驱动”，弹出下载对话框（图 3-3-42），选择下载位置后，点击“下载”。驱动文件下载完毕，运行 Setup.exe 即可。

图 3-3-37 联想主页

图 3-3-38 联想产品支持页面

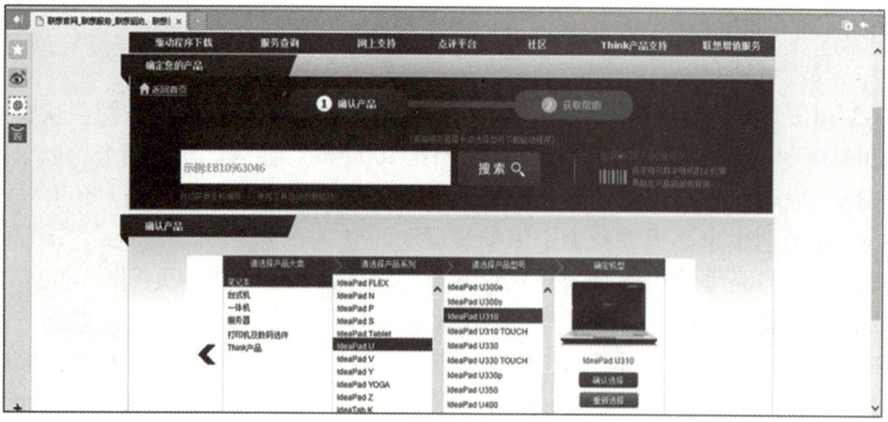

图 3-3-39　选择产品型号

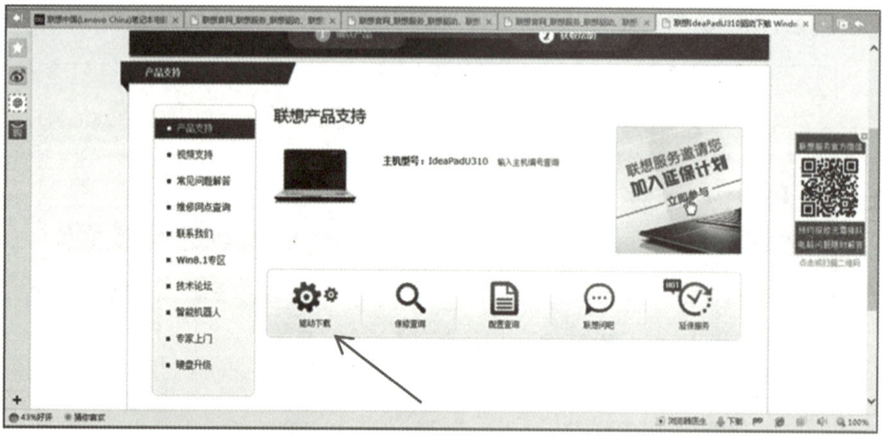

图 3-3-40　显示选定的产品

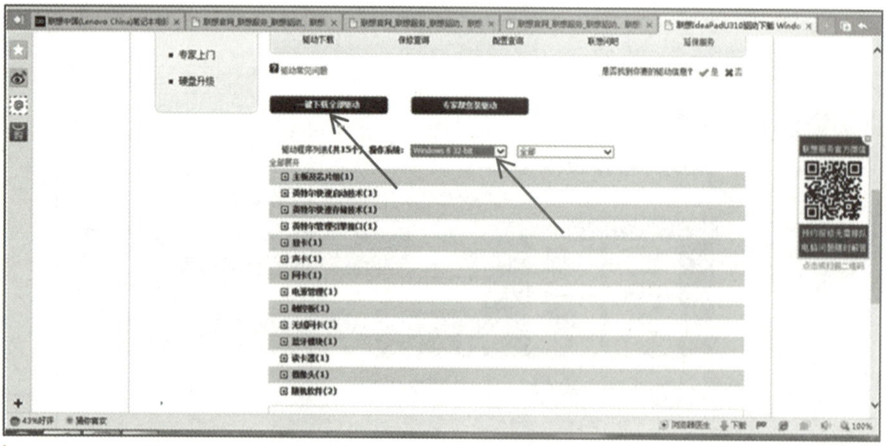

图 3-3-41　驱动列表

图 3-3-42　下载驱动文件对话框

5.　Windows 8 激活

正版 Windows 8 重新安装后，有时也需要激活，这样就需要采用系统中的激活功能。操作方法：将鼠标移至屏幕的右下角或右上角呼出 Charms 栏，然后选择“设置”，点击“电脑信息”选项，打开系统信息窗口，如图 3-3-43 所示。

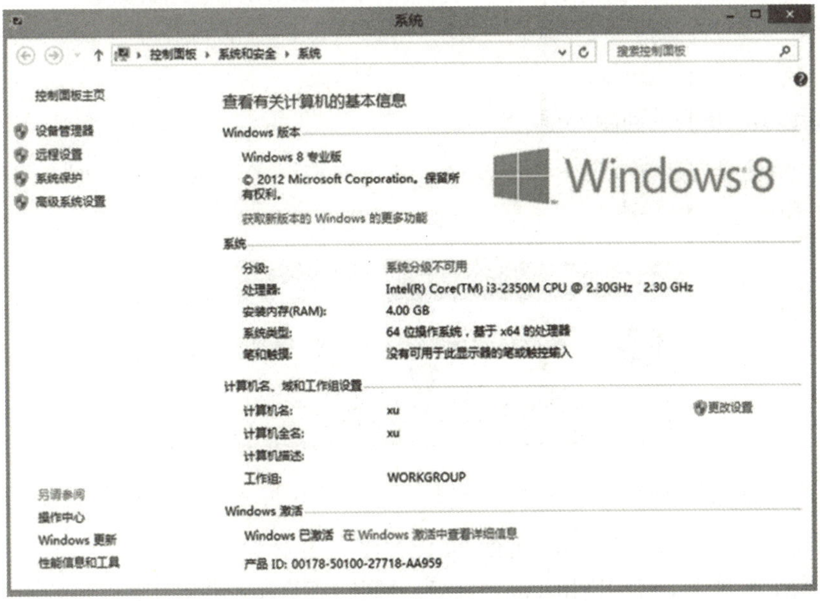

图 3-3-43　电脑信息

在“系统”界面的最下方，如果没有激活，则会提示激活按钮。点击“激活”，打开“Windows 激活”对话框（如图 3-3-44 所示），将产品密钥填写到输入框中并进行激活。稍等片刻，系统联网验证之后就会激活 Windows 8 系统了（如图 3-3-45 所示）。

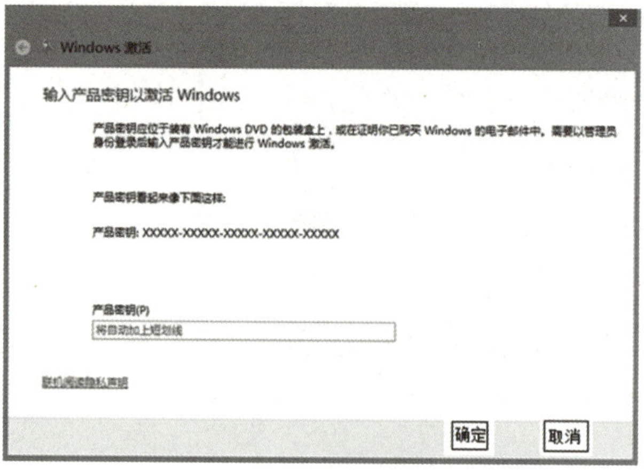

图 3-3-44　Windows 激活对话框

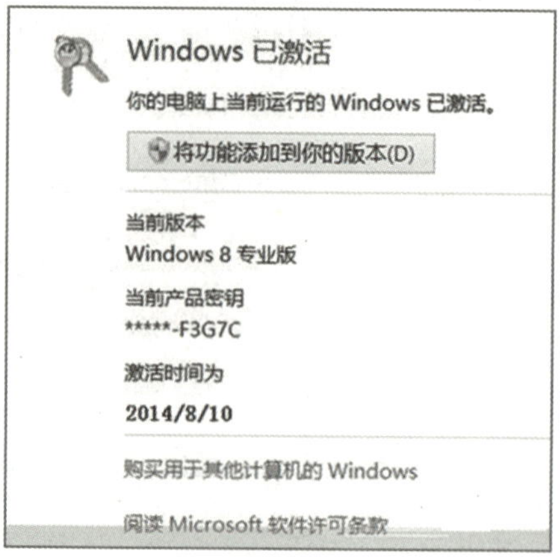

图 3-3-45　Windows 已激活

Windows 8 系统还可以使用断网后电话激活、Win8 激活工具激活等。

另外，如果 Win8 采用升级安装方式，即使用“Win8 升级助手”安装，而不通过光盘或 U 盘等介质安装，用户直接走完购买正版序列号和安装系统的流程，安装完成后就直接激活系统，无需再作激活操作。对于预置 Win8 的笔记本用户，重新安装 Win8 系统也不用手工激活系统。因为，现在的 OEM 厂商统一将 Win8 的激活码写进了 BIOS，系统安装完毕就自动激活。

6. Windows 8 安装问题处理

（1） 采用硬盘安装法安装 64 位 Win8，双击安装程序“setup.exe”时，显示出错信息如图 3-3-46 所示，如何解决？

图 3-3-46　32 位 Windows XP 不能运行 64 位 Win8 安装程序

原因：32 位 Windows XP 不能运行 64 位程序。

解决方法：使用 NT6 HDD Installer 工具。NT6 HDD Installer 主要针对没有光驱或者 U 盘安装系统的用户，可以支持 X86 和 X64 的系统，可以格式化 C 盘安装成纯净的系统，也可以安装成多系统。

（2） 笔记本已经预装 WIN8。现想做成 XP 和 Win8 双系统，计划先安装 XP 再安装 Win8，那么 Win8 安装完成后怎么激活？

预装电脑有一个微软标签，在主机上或者笔记本后面，上面有密钥，输入就可以直接激活，那么密钥与机子已经绑定。

（3） 想体验一下 Win8，但不想把系统换成 Win8，也不想装双系统，有无其他办法？

可以采用虚拟机安装 Win8。虚拟机就是借用计算机本身的一部分资源，分隔出一个资源空间，用来安装新系统，这个系统可以是 Windows、Linux、甚至 DOS 系统。现在用得较多的虚拟机是 VMware Workstation。这是一款功能强大的桌面虚拟计算机软件，提供用户可在单一的桌面上同时运行不同的操作系统和进行开发、测试、部署新的应用程序的最佳解决方案。VMware Workstation 8 正式版支持 Win8。

计算机里若没有安装 VMware Workstation 8，则先装它。安装时务必把设置里的软盘移走(Remove)，否则，会导致 Win8 无声音无网络。若 CPU 不支持硬件虚拟化，使用 VMware 8 依旧无法安装 64 位 Win8，只能安装 32 位 Win8。

（4） 安装 Win8 出现 something happened 错误提示并中止继续安装，该怎么办？

原因：安装 Win8 系统时，出现 something happened 错误提示，大多是在现有系统之上点击 setup.exe 完成双系统的安装，并且原有的系统上装有 360 等安全软件，而杀毒软件等都是渗透到系统底层的，会阻止新系统的安装。

解决办法：安装 Win8 系统前，不妨主动卸载现有的杀毒软件等安全辅助软件，等到双系统安装完成后再重新安装安全软件。

（5） 系统安装完后，视频画面一跳一跳的，什么原因？

视频不连贯通常是显卡驱动没有安装正确，选择合适版本的显卡驱动，重装一下驱动即可。

（6） 在 64 位 Win8 系统中，安装 32 位 Win7，显示出错信息如图 3-3-47 所示，怎么办？

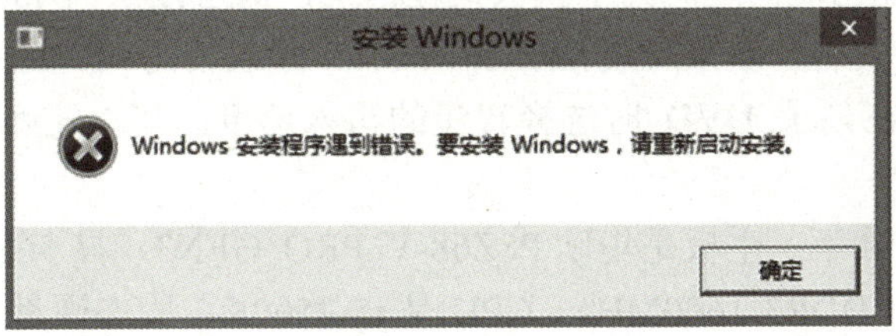

图 3-3-47　出错信息

Win7 系统下装 Win8 或者 Win8 系统下装 Win7，都必须同样是 32 位或者是 64 位，不然不兼容，要不就是提示因为兼容问题安装不上或者就是安装之后特别不稳定，出现的问题特别多。所以，建议 Win8 下的 64 位系统下安装 Win7 的 64 位系统。

（7） 电脑装固态硬盘和机械硬盘构成双硬盘，固态硬盘用作系统盘，机械硬盘用作储存盘。安装完 Win8 系统后，机械硬盘盘符消失，只能在磁盘管理中看到，如何解决？

解决此类问题可以尝试以下三种办法：①在磁盘管理中，右击机械硬盘的分区，更改驱动器号和路径，添加一个盘符；②在磁盘管理中重新对机械硬盘进行分区格式化；③安装 Win8 前，先把机械硬盘从电脑里拔出，待安装完成后，再把机械硬盘装回去。

（8） Win8 无法升级到 Win8.1，怎么办？

一般情况下，Windows 8（或 Windows RT）更新到 Windows 8.1（或 Windows RT 8.1），在 Windows 应用商店主页的突出位置能看到免费更新。如果已打开应用商店，但没看到更新，可能是由以下原因导致。

一是未安装 Windows 最新更新。由于没有更新最近的系统补丁，导致缺乏关键的推送信息，这个问题是最为普遍的。安装了最新更新“KB 2871389”，应用商店才会提供 Windows 8.1。

二是运行的 Windows 8 版本不支持来自应用商店的免费更新。这些版本包括：

- Windows 8 企业版。
- 企业使用 KMS 激活安装的 Windows 8 专业版。
- 使用 MSDN ISO 安装并使用批量激活密钥激活的 Windows 8 版本。

如果使用 MSDN ISO 安装了 Windows 8，可能可以使用 MSDN 中类似的 ISO 安装 Windows 8.1。否则，可以执行全新安装。

（9） Windows 8.1 安装程序停止响应时应如何操作？

使用升级助手或 DVD 来升级 Win8 到 Win 8.1，出现安装程序停止响应，请查看以下可能原因和相应问题的解决方法。

① 安装程序可能仍在后台运行，可能需要长达两小时才能完成 Windows 8.1 的安装。如果已经等待两小时以上，请重新启动电脑，看是否显示 Windows 欢迎屏幕。

② 电脑可能存在不兼容的硬件或驱动程序。断开所有不需要的外部硬件连接，然后重新运行 Windows 8.1 安装程序。

③ 电脑中可能存在阻止升级的软件。如果已经安装防病毒软件，则可能需要先卸载该软件，然后才能升级到 Windows 8.1；如果正在使用加密软件，可能需要先挂起该软件，然后再进行升级。

④ 安装介质可能出现问题。为了获取最佳结果，请直接从 Windows 8.1 安装程序进行安装。如果要创建安装介质来安装 Windows 8.1，建议使用 U 盘，而不是 DVD；如果必须使用 DVD，请在刻录 DVD 时选择较慢的写入速度。写入速度越慢，刻录过程成功的几率越高。

（10） 电脑配置如下：主板是华硕 P8Z68-V PRO GEN3，显卡是技嘉 GTX560Ti，内存条是海盗船 2*4GB DDR3 1600MHz，CPU 是 i5 2500K，固态硬盘是镁光 M4 256G。安装的软件都在应用商店下载，为什么 Win8 开机用了 25 秒，远远超出正常值 4～9 秒？用 Win8 优化大师、魔方优化大师对系统进行了优化，还是解决不了开机速度慢的问题。

原因：从电脑配置看，是近期新购买的，档次也不低，Win8 开机应能达到 4～5 秒，开机慢的根本原因在固态硬盘上。

解决办法：在 BIOS 中开启固态硬盘的 AHCI 模式，再用 DiskGenius 对固态硬盘重新分区，4K 对齐。如图 3-3-12 所示，分区类型选“主磁盘分区”，文件系统类型为“NTFS”，勾选“对齐到下列扇区的整数倍”，在扇区数框里，32 位系统选 2048，64 位系统选 4096，实现 4K 对齐。然后重新安装系统。

五、总结提高

通过本任务的学习，同学们基本掌握了 Windows 操作系统的一般安装方法。有条件的话，可以进一步学习操作系统各种安装法，如：光盘安装法、虚拟光驱安装法、硬盘安装法、U 盘安装法、在线升级安装法、Ghost 安装法、虚拟机安装法等，其中 U 盘安装法是系统安装的首选方法，必须熟练掌握。

目前在用的 Windows 操作系统有：Vista、XP、Win7、Win8（含 Win8.1）。Vista 和 XP 微软已终止提供技术支持，但我国使用 XP 的用户还不少，原因之一是在 XP 环境下开发的应用软件数量多，兼容性好。Win7 可以说是主流，部分喜欢追求时尚的用户已经将 Win7 升级到 Win8。Win8 由于推出时间不长，兼容性相对较差，有些软件无法安装或者安装后无法正常使用，甚至有些硬件找不到 Win8 驱动程序，另外，用户对 Win8 的操作方法还有一个适应过程。

新购买的电脑安装 64 位 Win8 系统可以发挥最大性能。Intel 从 6 系列主板开始使用 UEFI，这些主板支持系统盘使用 GPT 分区形式。64 位 Win8 支持硬盘 GPT 分区，可管理硬盘分区大小达到了 18EB，突破 MBR 2 TB 的极限，轻松使用 2 TB 及以上的硬盘。GPT 还可以将硬盘最多可划分 128 个分区，远超 MBR 4 个主分区的限制。如果想在数秒内实现 Win8 开机，可以搭配一块容量 32GB 以上的固态硬盘。固态硬盘用作系统盘，大容量机械硬盘用作数据盘，以达到最佳性价比。固态硬盘使用时，要开启 AHCI 模式和 4K 对齐。在 Win7、Win8 下，使用系统自带工具进行分区格式化，分区默认是 4K 对齐。

旧电脑大多使用 XP 系统，如果硬件条件允许，也可以升级到 Win7、Win8。如果某些应用程序必须在 XP 下使用，同时又想使用 Win8，可以做成 XP +Win8 双系统。安装双系统一般先安装老系统，再安装新系统，2 个系统分别安装在不同的主分区上。

操作系统安装完成后，要检查一下设备驱动程序安装情况，方法是打开资源管理器，看看有没有还未识别的设备。设备驱动程序未安装或安装不正确，该设备将不能正常工作。

电脑上唱主角的是各类应用程序。如果应用程序比较多，安装前要规划一下，分门别类，安装在不同的分区上，这样既方便管理又便于使用。至于应用程序具体怎样安装，应该不会成问题吧，在此不再展开。大家可以自己试着安装一下 Office、360、VMware Workstation 等，顺着安装向导一步一步走，大多不会有什么问题的。

练习题三

一、选择题

1. 进入 Phoenix BIOS 设置程序，按功能键______。

   A. Del　　B. F2

   （C）F10　　D. Esc

2. 储存设定值并离开 CMOS Setup 程序可以按功能键______。

   A. F5　　B. F6

   C. F10　　D. F12

3. 计算机中用得最多的 BIOS 是______。

   A. AMI　　B. Intel

   C. Lenovo　　D. Phoenix-Award

4. 计算机里默认值的含义是______。
   A. 指一个属性、参数在被修改前的初始值
   B. 指一个属性、参数的值不允许被修改
   C. 指该数值已经丢失
   D. 指该数值已经失效
5. 在 BIOS 中，USB Controller 设置为[Disabled]，其作用是______。
   A. 所有 USB 接口都能用　　B. USB 接口鼠标不能用
   C. 所有 USB 接口不能用　　D. USB 接口键盘不能用
6. 固态硬盘做系统盘时，BIOS 中 SATA Mode 应设置为______。
   A. IDE　　B. RAID
   C. SATA　　D. AHCI
7. 用 U 盘启动盘制作工具将 U 盘制作成启动盘，最常用的 U 盘模式是______。
   A. USB-ZIP　　B. USB-HDD
   C. USB-CDROM　　D. USB-FDD
8. 硬盘主引导记录（MBR）占用硬盘存储空间大小为______。
   A. 512 bytes　　B. 1024bytes
   C. 2028bytes　　D. 4096bytes
9. GPT 最大管理硬盘分区大小达到______。
   A. 2TB　　B. 18EB
   C. 128PB　　D. 8ZB
10. 安装 Windows 8 下的 64bit 系统，至少需要可用硬盘空间______。
   A. 20 GB　　B. 40 GB
   C. 60 GB　　D. 80 GB

二、判断题

1. 计算机系统由硬件系统和操作系统两大部分构成。（ ）
2. 64 位 CPU 可以安装 64 位 Windows，也可以安装 32 位 Windows。（ ）
3. 开机密码可以在 BIOS 里面设置，也可以在 Windows 控制面板里面设置。（ ）
4. 运行 Windows 安装程序前，必须先将硬盘分区格式化，否则不能安装 Windows。（ ）
5. 在 MBR 硬盘里，如果要使用超过 4 个盘符，必须创建扩展分区。（ ）
6. 在 Windows 下，GPT 分区表最多支持 128 个分区。（ ）
7. 为了保持固态硬盘性能，必须定期对其进行碎片整理。（ ）
8. 默认情况下，NTFS 分区里每个族大小都是 4KB。（ ）
9. Win8 系统安装完成后，不再需要手工安装设备驱动程序。（ ）
10. Win8 不激活也能使用。（ ）

三、填空题

1. 目前使用最多的 BIOS 有______和____________厂商的产品。

2. 根据电脑启动设备不同，可以将启动设置为______、______、______，以及软盘启动、网络启动等。

3. 清除开机密码，一种可以使用的方法是______。
4. 制作 U 盘启动盘，U 盘容量最好大于______。
5. Windows 安装文件扩展名是：______。
6. 目前硬盘分区形式有 2 种：______和______。
7. MBR 分区表最大支持______容量硬盘，GPT 分区表最大支持______容量硬盘。
8. 目前 Windows 分区格式主要有 2 种：______和______。
9. Windows 下，FAT32 分区最大为______，最大支持文件大小为______； NTFS 分区最大为______，最大支持文件大小为______。
10. 常用的第三方开发的磁盘管理工具有：______、______、______、______、等。

四、问答题

1. 在 MBR 分区形式中，主分区与逻辑分区有区别吗？
2. 在 MBR 分区形式中，可以不创建扩展分区吗？
3. 有哪些方法可以对硬盘进行分区？
4. 在 GPT 分区形式中，有扩展分区吗？
5. 怎样查看硬盘是 MBR 还是 GPT 分区形式？
6. 怎样查看你的电脑硬盘分区格式？
7. 硬盘分区盘符为啥从 C：开始，为何不用 A:、B:？
8. 什么是“簇”？怎样知道一个分区簇的大小？
9. 一个 U 盘剩余空间 10GB，想将一个 6GB 的文件拷贝进去，结果报错，为何？
10. 操作系统可以安装在逻辑分区吗？
11. Windows 系统安装有哪些方法？
12. 装系统时，BIOS 防病毒选项是开启还是关闭？为什么？
13. 在 32 位 XP 系统里，怎样硬盘安装 64 位 Win8 系统？
14. Windows 升级安装与全新安装有何区别？
15. 设置管理员密码有何作用？
16. 32 位 Win8 支持 4GB 以上内存吗？
17. 怎样查看你的电脑 CPU 是 32 位还是 64 位？
18. 固态硬盘为啥要 4K 对齐？怎样实现 4K 对齐？
19. 获取设备驱动程序有哪些途径？
20. 如何激活 Windows 8？

五、操作题

1. BIOS 设置操作：

（1） 设置开机密码为：123456；

（2） 设置进入 BIOS 密码为：123456；

（3） 设置 BIOS，禁用 U 盘；

（4） 启动顺序设置：U 盘为第一启动项；

（5） 恢复本次操作。

2. 硬盘分区格式化操作：

（1） C 盘主分区，容量：30GB，分区格式：NTFS；

（2） 硬盘剩余空间都作为扩展分区；

（3） 在扩展分区内建立两个大小相等的逻辑盘 D：和 E:，D 盘分区格式：NTFS，E 盘：FAT32；

（4） 调整分区大小，将 E 盘 10GB 空间划给 D 盘。

3. 任选一款 U 盘启动盘制作工具，将一个 U 盘制作成启动盘。

4. 从网上下载一个 Windows 8 镜像文件，并解压到 U 盘里。

5. 用 U 盘安装 Windows 8。

6. Windows 8 安装完成后，检查设备驱动程序，将未识别的设备装上驱动程序。

7. 从网上下载 Office 软件，将 Office 软件安装在 D 盘。

项目四 测试计算机性能

装机的同学往往有这样的问题，买的部件是不是货真价实？新电脑性能到底怎样？要解决这些疑点，可以用相关软件来测试。测试软件很多，有测试硬件指标的，也有测试性能的，测试性能包括测试部件性能和测试整机性能。

本项目介绍常用测试软件的使用方法。

任务一 部件测试

一、任务描述

用 EVEREST 测试软硬件系统信息；用 CPU-Z 测试 CPU 参数；用 wPrime 测试 CPU 性能；用 CrystalDiskMark 测试固态硬盘性能；用 HD Tune 测试机械硬盘参数和性能；用 GPU-Z 测试显卡参数。

二、任务分析

测试软件可以从网上下载，安装后就可使用。测试结果要进行对比分析，才能知道优劣。

三、相关知识点

1. EVEREST

EVEREST 全称为 EVEREST Ultimate Edition，目前最新版本是 5.50。EVEREST 是一个测试软硬件系统信息的工具，可以详细地显示出 PC 每一个方面的信息，支持上千种主板、上百种显卡以及 CPU 等设备的侦测。

2. CPU-Z

CPU-Z 是一款家喻户晓的 CPU 检测软件，是检测 CPU 使用程度最高的一款软件，除了使用 Intel 或 AMD 自己的检测软件之外，我们平时使用最多的此类软件就数它了。CPU-Z 支持的 CPU 种类相当全面，软件的启动速度及检测速度都很快。另外，它还能检测主板和内存的相关信息，其中就有我们常用的内存双通道检测功能。当然，对于 CPU 的鉴别我们还是最好使用原厂软件。

使用这个软件可以查看 CPU 的信息。如 CPU 名称、厂商、内核进程、内部和外部时钟、局部时钟监测等参数。选购之前或者购买 CPU 后，如果我们要准确地判断其超频性能，就可以通过它来测量 CPU 实际运行频率和倍频。

3. wPrime

wPrime 是一款通过计算质数来测试 CPU 的运算能力（特别是并行能力）的工具，测试多核心处理器比 Super π 更准确。与 Super π 的单线程运算不同的是，wPrime 在打开一个软件界面下，可以支持多个核心的处理器运算，甚至是 8 核心处理器。

4. CrystalDiskMark

CrystalDiskMark 软件是一款测试硬盘或者存储设备的小巧工具，简单易于操作的界面让您随时可以测试存储设备。其测试项目非常全面，测试存储设备大小和测试数字都可以设置，测试的项目包括了 1MB 连续读写，512K 连续读写，4K 随机读写，32 位队列深度下 4K 随机读写。队列深度描述的是硬盘能够同时激活的最大 IO 值，队列深度越大，实际性能也会越高。

5. HD Tune

HD Tune 硬盘检测工具是一款小巧易用的硬盘工具软件，其主要功能有硬盘传输速率检测，健康状态检测，温度检测及磁盘表面扫描等。另外，还能检测出硬盘的固件版本、序列号、容量、缓存大小以及当前的 Ultra DMA 模式等。虽然这些功能其他软件也有，但难能可贵的是此软件把所有这些功能积于一身，非常小巧，速度又快。

6. GPU-Z

GPU-Z 是一款 GPU 识别工具，能直观地表现出显卡的相关信息。GPU-Z 中文版，绿色免安装，界面直观，运行后即可显示 GPU 核心，以及运行频率、带宽等，如同 CPU-Z 一样，也是款必备工具。

四、任务实施

1. 用 EVEREST 测试软硬件系统信息

EVEREST 运行后的界面如图 4-1-1 所示，左边为项目列表，右边为项目内容，与 Windows 窗口风格一致。

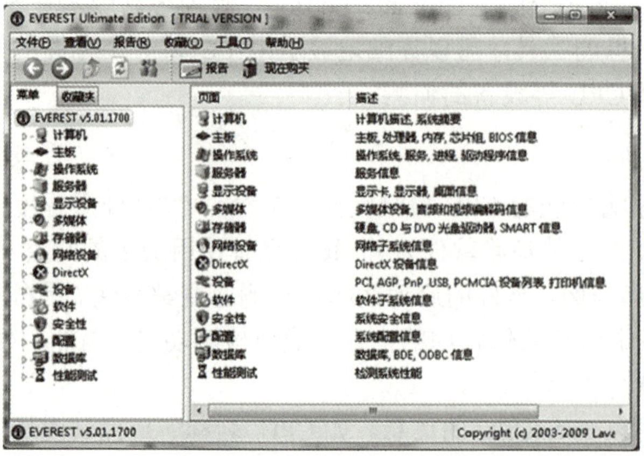

图 4-1-1　EVEREST 的操作界面

下面介绍几个常用功能。

（1） 查看部件的温度

点击图 4-1-1 左边的“计算机”，再点击“计算机”下的“传感器”，就可在右边窗格看到各部件的温度，如图 4-1-2 所示。温度的高低直接影响计算机的稳定性与响应速度。

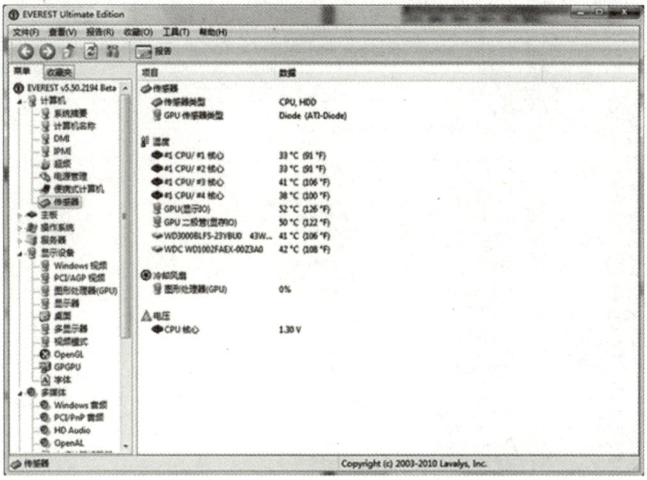

图 4-1-2 用 EVEREST 查看部件温度

（2） 查看主板芯片

点击图 4-1-1 左边的“主板”，再点击“主板”下的“芯片组”，就可以清楚地看到当前主板的相关信息，如图 4-1-3 所示。本计算机主板的北桥是 INTEL G31，南桥是 INTEL ICH7。

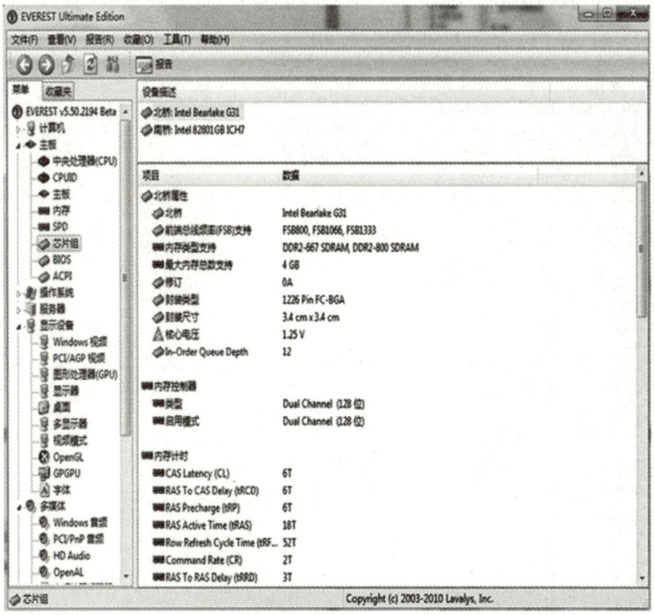

图 4-1-3 用 EVEREST 的查看主板芯片信息

（3） 查看显卡芯片信息

通过“显示设备”下的“图形处理器”可以看到显卡的参数，如图 4-1-4 所示。从中我们可以知道本机显卡的生产日期，生产工艺一系列数据，从这些数据上，能知道自己购买的显卡是公版显卡还是非公版显卡。目前有些笔记本厂家，通过 GPU 的 BIOS 芯片升级或者超频将低版本的显卡提升到高版本的型号，实际上性能却没提升多少。

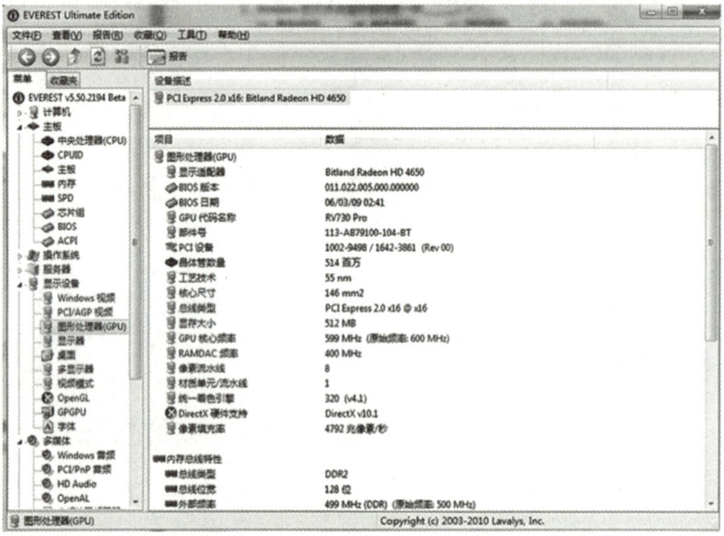

图 4-1-4 用 EVEREST 的图形处理器（GPU）查看显卡信息

（4） 查看声卡信息

在多媒体中我们能看到两个声卡，如图 4-1-5 所示。一个是 AD1984A 的声卡，另一个是由于本机安装了一张 ATI 的独立显卡，ATI 的显卡都自带了声卡（这个声卡却没声卡接口，是通过显卡 HDMI 接口转输入到像电视机这种外接设备才会有声音）。

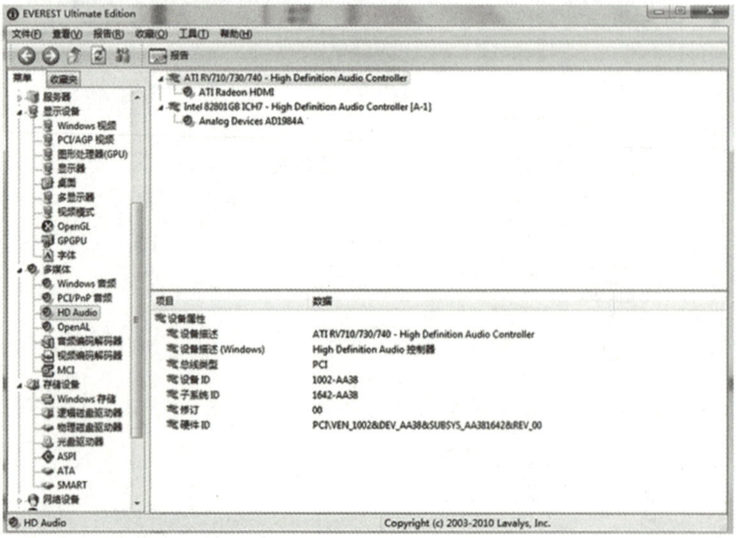

图 4-1-5 EVEREST 的多媒体界面

（5） 查看网卡

在“网络设备”中，能看到网卡品牌、型号和 MAC 地址，如图 4-1-6 所示。MAC 地址总共有 6 组字符组成，前三组字符是指定一个品牌的字符，后三组是品牌厂商自己确定的。通过软件可以对 MAC 地址后三组字符进行修改。图 4-1-6 中的网卡是 broadcom（博通）的，型号是 5784。安装网卡驱动的话，必须对上品牌、型号，否则，驱动就算安装上去了，也不能显示本地链接。

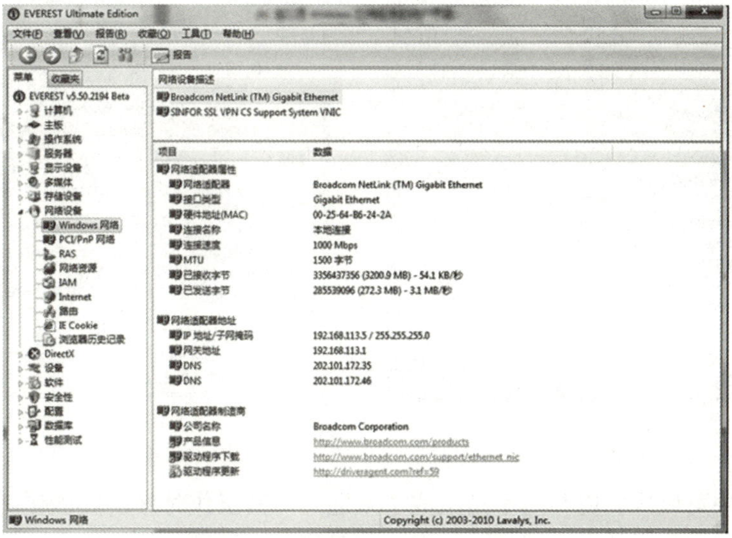

图 4-1-6 EVEREST 的网络设备界面

2. 用 CPU-Z 测试 CPU 参数

CPU-Z 运行后的界面如图 4-1-7 所示，有处理器、缓存、主板、内存、SPD（图 4-1-8 至图 4-1-10）等选项卡。

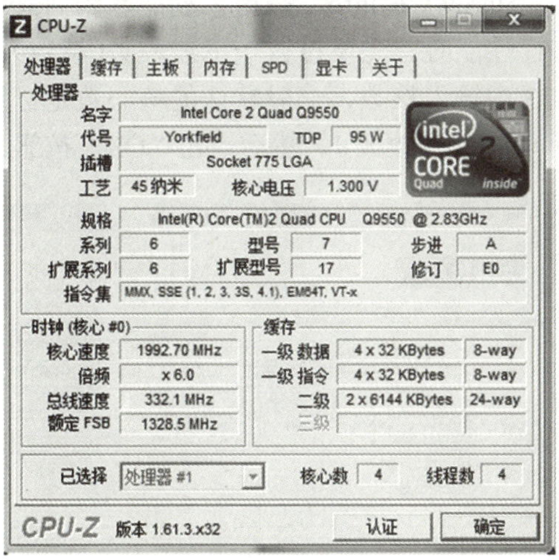

图 4-1-7 CPU-Z 主界面

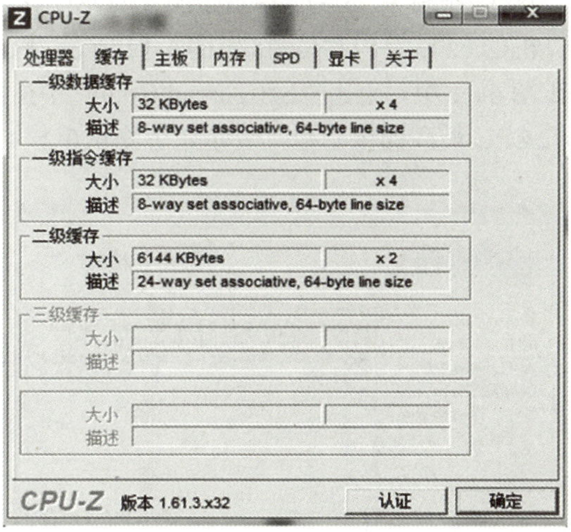

图 4-1-8 CPU-Z 缓存界面

CPU-Z 的主界面可以非常清楚查看到关于 CPU 的全部信息，包括：CPU 使用功率、名称、核心数等。

CPU-Z 的缓存中，我们能看 CPU 一级与二级缓存数据，虽然在主界面中我们也能看到 CPU 缓存，但相比缓存界面中的缓存数据详细度不够。

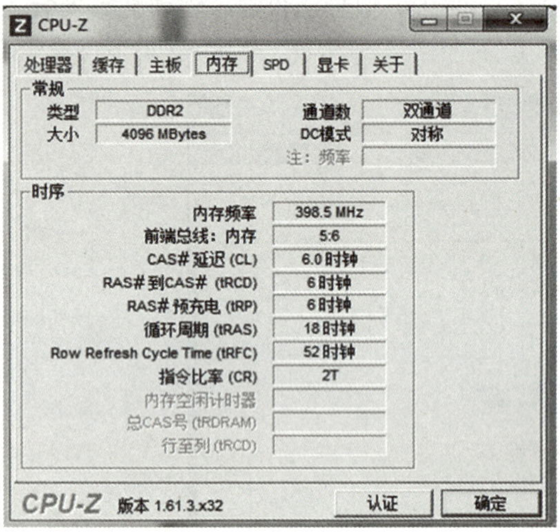

图 4-1-9　CPU-Z 内存界面

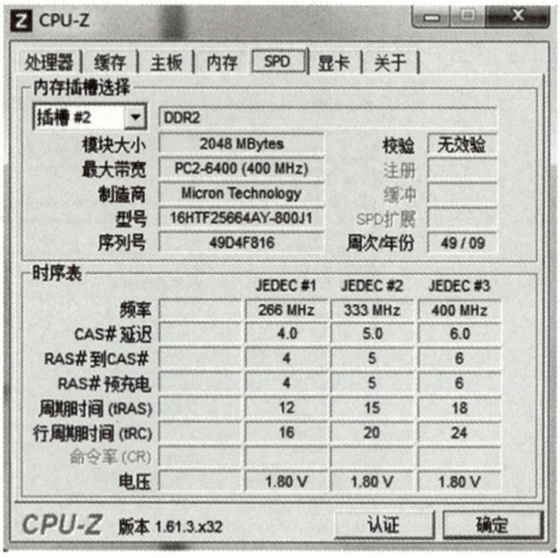

图 4-1-10　CPU-Z SPD 界面

内存界面中可以看到内存是不是组成了双通道与其工作时序，其工作时序是衡量一根内存条的优秀性，数据是越小越好。这个工作时序是可以修改的，但为了其稳定性，建议还是保持出厂时的工作时序。

SPD 是一组关于模组的配置信息按钮，在这里能看到内存的全面信息。在 SPD 中，如果有多条内存，这里在下拉框下就可以选择性地查看。

3. 用 wPrime 测试 CPU 性能

WPrime 启动后的界面如图 4-11 所示。点击“Hardware info”按钮，就能看到当前计算机的 CPU 及内存信息，如图 4-12 所示。测试 CPU 性能时首先要设置一下线程数(核数)，在图 4-11 中，点击“Set Thread Count”，在图 4-13 中输入核数，一般默认的核心数是计算机 CPU 最高的核心数，假如你想测试单核心，可以将数字改成 1，然后点击“OK”按钮。

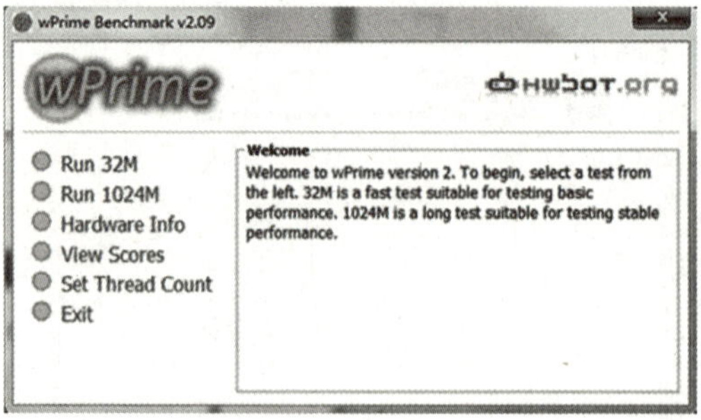

图 4-1-11　WPrime 界面

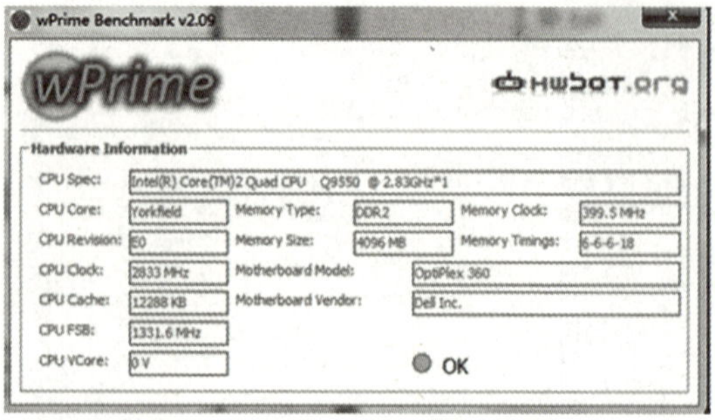

图 4-1-12　WPrime 硬件信息界面

WPrime 只提供两种运行方式，一种是 32M 方式，还有一种是 1024M 方式。由于以 1024M 方式测试要很久，本项目使用的 32M 方式测试。点击“Run 32M”进行测试，测试结果如图 4-1-14 所示。点击“View Scores”可获取得分，如图 4-1-15 所示。

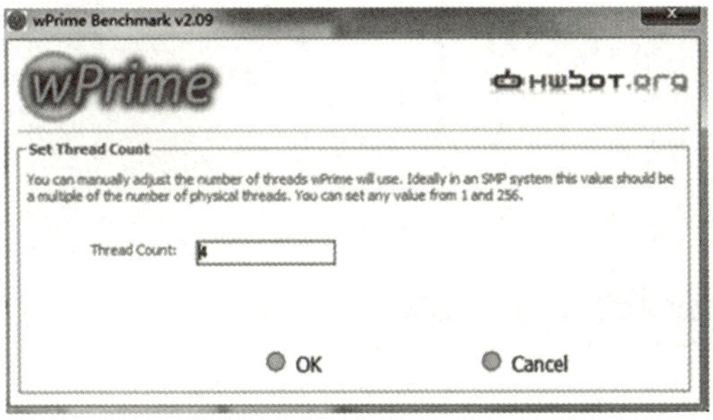

图 4-1-13 WPrime 设置核心数界面

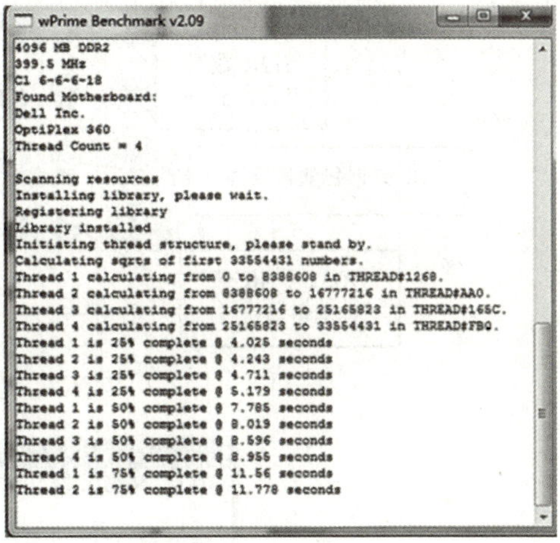

图 4-1-14 WPrime 测试结果

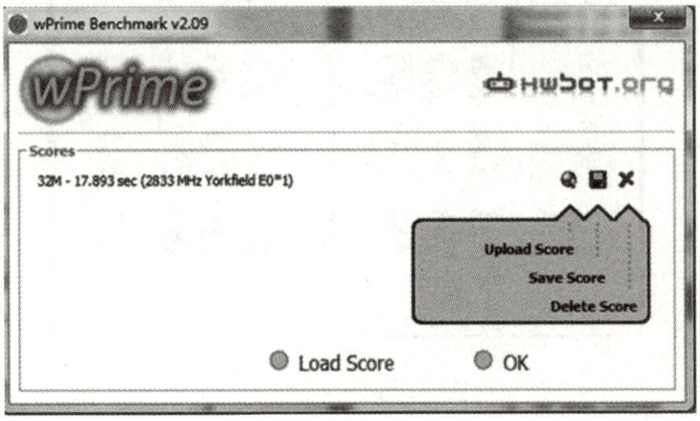

图 4-1-15 WPrime 测试得分

CPU-Z 是非常好用的软件，不但能查看 CPU 的信息，而且还能查看其他配件的信息。WPrime 与 SUPER π 是有一些区别的。SUPER π 对于早期单核的 CPU 运行测试运行比较多，随着 CPU 的发展 SUPER π 似乎跟不上其他一些软件的脚步。而 WPRIME 不但能运行单核心到多核心的测试，而且最新版本都能认到目前 INTEL CPU 最新的 Ivy BridgeCPU 核心。

4. 用 CrystalDiskMark 测试固态硬盘性能

CrystalDiskMark 的界面如图 4-1-16 所示，其功能是测试固态硬盘的读写数率。测试时，可以自定读写次数、文件大小、盘符，测试方式有：All、Seq、512K、4K、4KQD32。点击左边相应按钮即可开始测试，片刻后，测试数据显示在窗口中，很直观。我们将文件大小设置为 1000MB，这样测试的能更准确一点。等待片刻后测试数据如图 4-1-17 所示。

从 CrystalDiskMark 测试的数据中我们看到，镁光 Crucial M4 128G 固态硬盘的读取速度达到了 528.3MB/s，而写入速度也达到了 202.3MB/s，速度相当快。

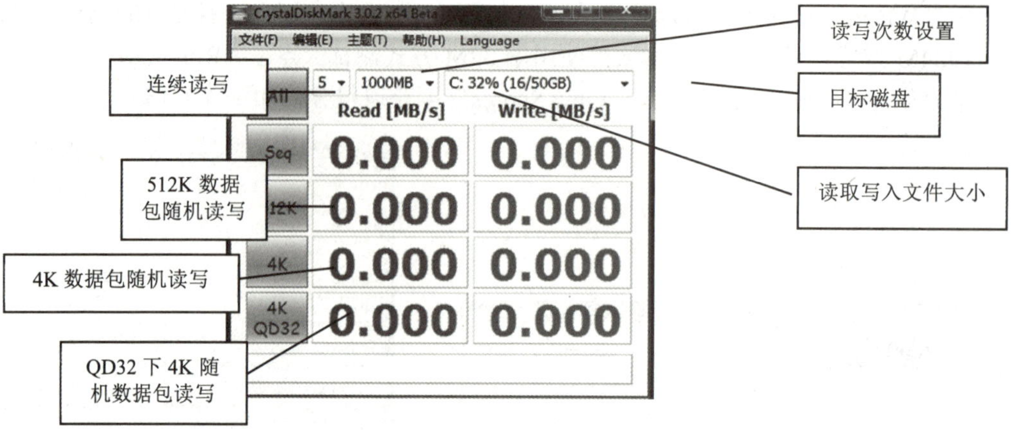

图 4-1-16　CrystalDiskmark 的界面

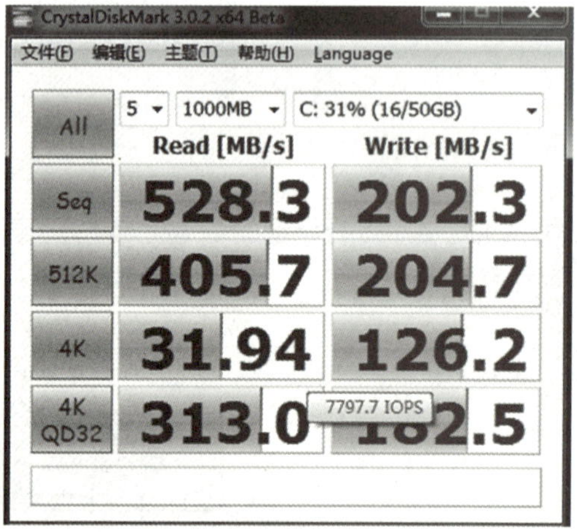

图 4-1-17　CrystalDiskMark 测试完成的界面

5. 用 HD Tune 测试机械硬盘的参数和性能

HD Tune 的操作界面如图 4-1-18 所示，中间有：基准、信息、健康、错误扫描、文件基准、磁盘监视器等多个标签；上部有硬盘选择和硬盘温度显示；右边有：读取、写入选项，点击“开始”按钮即可进行测试。以下为相关项目测试结果，如图 4-1-19 至图 4-1-26 所示。

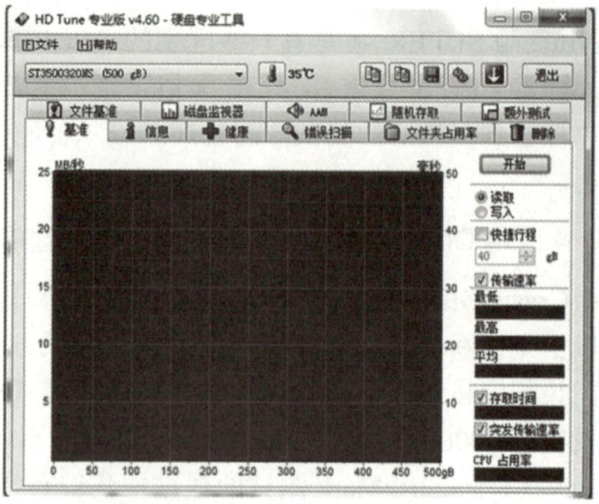

图 4-1-18　HD Tune 的操作界面

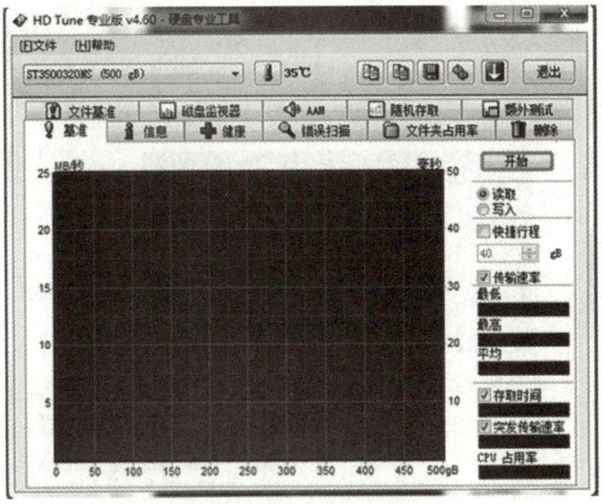

图 4-1-19　HD Tune 的基准界面

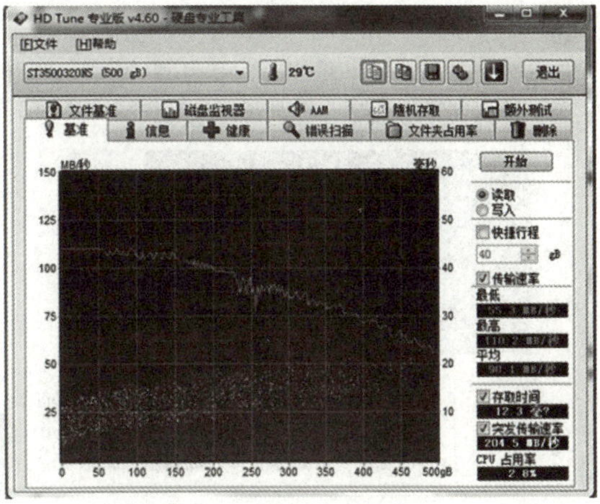

图 4-1-20　硬盘读取性能测试

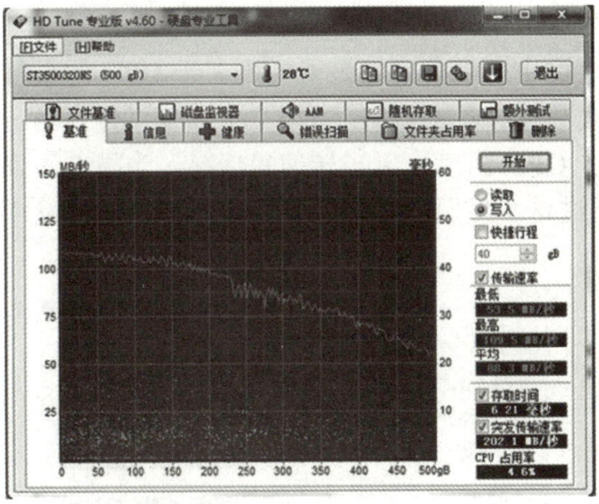

图 4-1-21　硬盘写入性能测

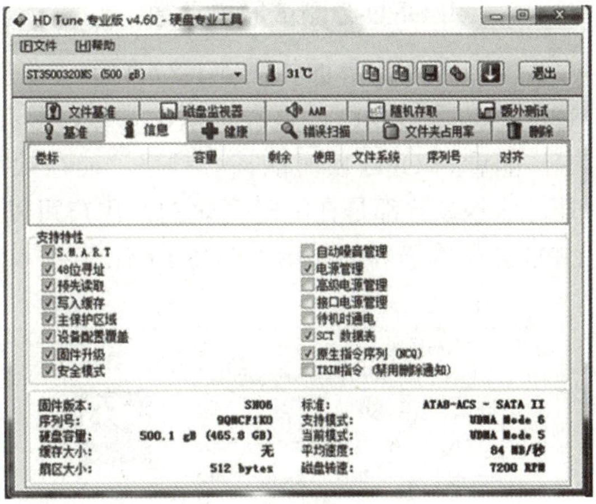

图 4-1-22　硬盘相关参数信息

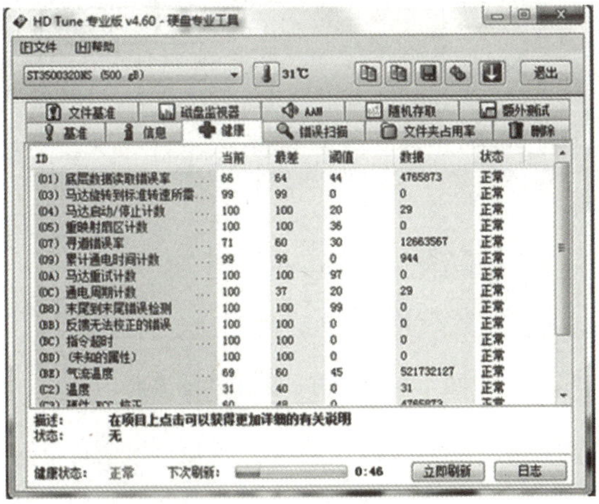

图 4-1-23　硬盘相关健康值

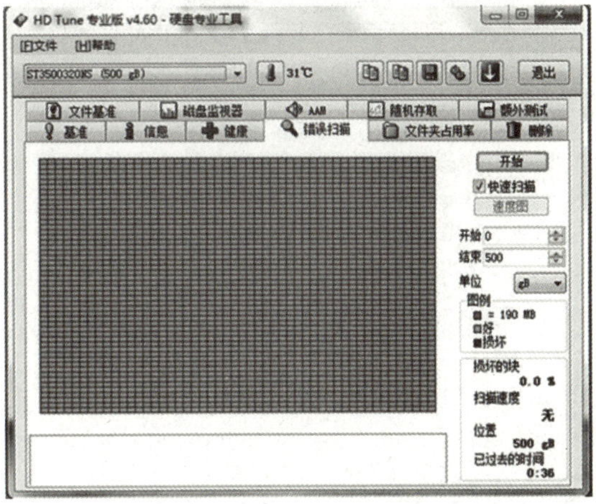

图 4-1-24　硬盘错误扫描

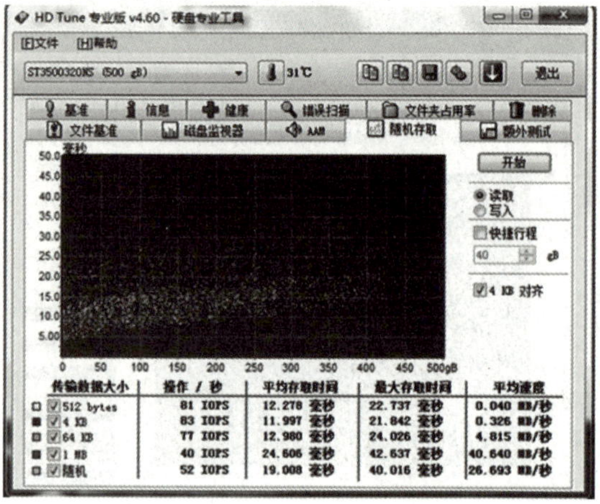

图 4-1-25　硬盘随机读取数据

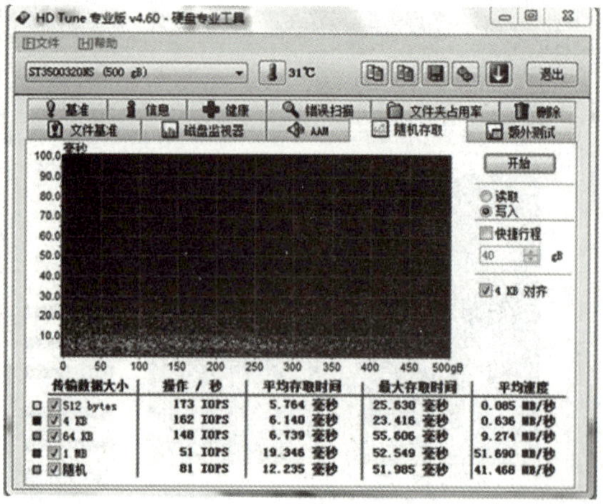

图 4-1-26　硬盘随机写入数据

6. 用 GPU-Z 测试显卡参数

GPU-Z 程序界面如图 4-1-27 所示。在主界面中可以非常清楚查看到关于 GPU 的全部信息，包括：GPU 的显存类型，带宽，显存大小等。在 GPU-Z 中第二个标签“传感器”中，能看到 GPU 实时的核心频率、显存频率、GPU 温度、风扇转速等情况。当显卡满载时，这些参数都是在随时变化的。用户可以通过这个界面实时地了解到显卡的工作情况，GPU-Z 传感器界面如图 4-1-28 所示。

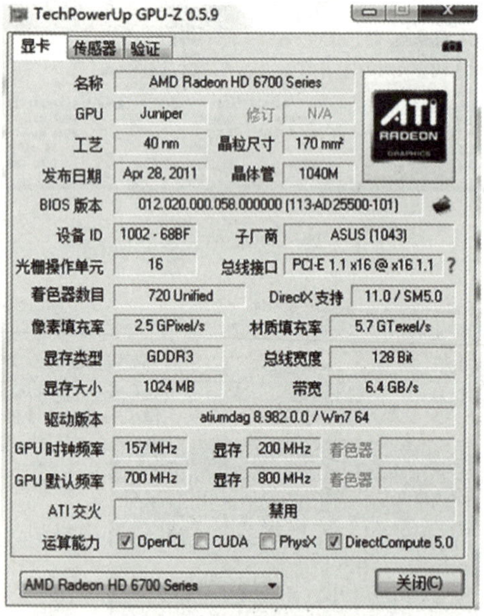

图 4-1-27　GPU-Z 主界面

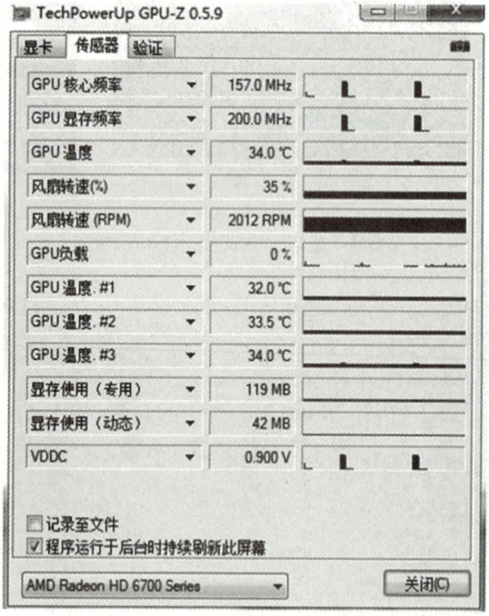

图 4-1-28　GPU-Z 传感器界面

五、总结提高

EVEREST、CPU-Z、GPU-Z 等软件可以测试硬件参数，帮助我们鉴别硬件的真实面目，让我们明明白白地使用硬件，正确使用硬件。Wrpimer、SUPER π、CrystalDiskmark 和 HD Tune 主要测试硬件性能，帮助我们比较同类硬件之间的差距，合理选用硬件。测试软件很多，这里仅举例介绍几个，用户可以从网上寻找和下载有关测试软硬件，对部件进行测试。

任务二　整机测试

一、任务描述

用 3D Mark 软件对整机性能进行测试。

二、任务分析

用 3D Mark 软件对整机进行测试，首先要进行必要的设置，然后运行选定的项目，最后 3D Mark 给出一个综合评分，评分反映了计算机的综合性能。

三、相关知识点

3Dmark 是 futuremark 公司的一款专为测量显卡性能的软件，是一个权威性的基准测试软件，能衡量游戏显卡 DX11 性能的高低。现已发行 3Dmark99、3Dmark2001、3Dmark2003、3Dmark2005、3Dmark2006、3Dmark vantage、3Dmark 11 和 3Dmark 12。而现在的 3Dmark 已不仅仅是一款衡量显卡性能的软件，其已渐渐转变成了一款衡量整机性能的软件。

3DMark 11 最大的亮点是使用原生 DirectX 11 引擎，在测试场景中应用了包括 Tessellation 曲面细分、Compute Shader 以及多线程在内的大量 DX11 新特性。

3Dmark 11 包含了深海（Deep Sea）和神庙（High Temple）两大测试场景，画面效果堪比 CG 电影，不为测试仅为欣赏其美轮美奂画面效果，畅想未来游戏的图形发展趋势，3DMark 11 也不容错过。

3DMark 11 包含四个图形测试项目，一项物理测试和一组综合性测试，并重新提供了 Demo 演示模式。该测试程序使用了 Bullet 物理引擎，支持新的在线服务，并在原有英文支持的基础上，加入了简繁体中文等语言的原生支持。

3DMark 11 分为基础版（Basic Edition）、高级版（Advanced Edition）和专业版（Professional Edition）三种版本：基础版免费，只能进行性能级（Performance）预设测试，包括四个图形测试场景、物理测试场景、综合测试场景、音频视觉演示（分辨率固定于 720p）。可在线创建账户、查询和对比结果。高级版可进行入门级（Entry）、性能级（Performance）、极限级（Extreme）三种预设的测试，允许自定义测试设置。音频视觉演示可自定义分辨率。允许离线测试结果管理和循环测试，在线结果保存无限制。专业版（Professional Edition）允许演示循环，附带画质工具，支持命令行自动运行。

四、任务实施

3DMark 06 软件界面如图 4-2-1 所示，主要有 Tests（测试）、Settings（设置）、System（系统）、Results（结果）四个栏目，下方为操作和设置按钮。进行软件设置点击“Image Quality”，出现如图 4-2-2 所示界面，其中有分辨率、反锯齿、纹理过滤、帧渲染四个主要选项。

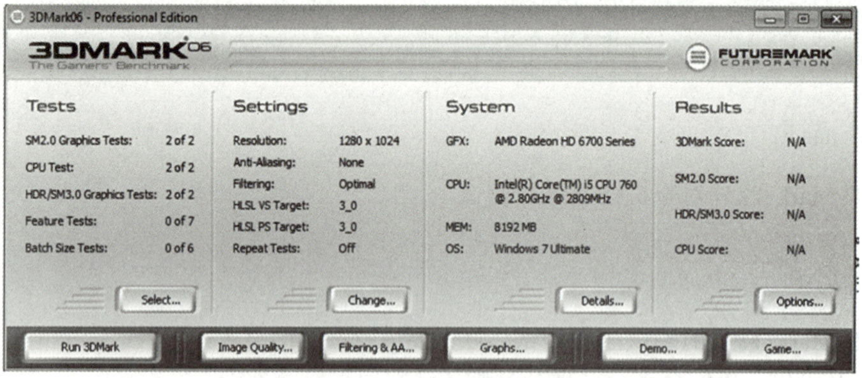

图 4-2-1　D Mark 06 界面

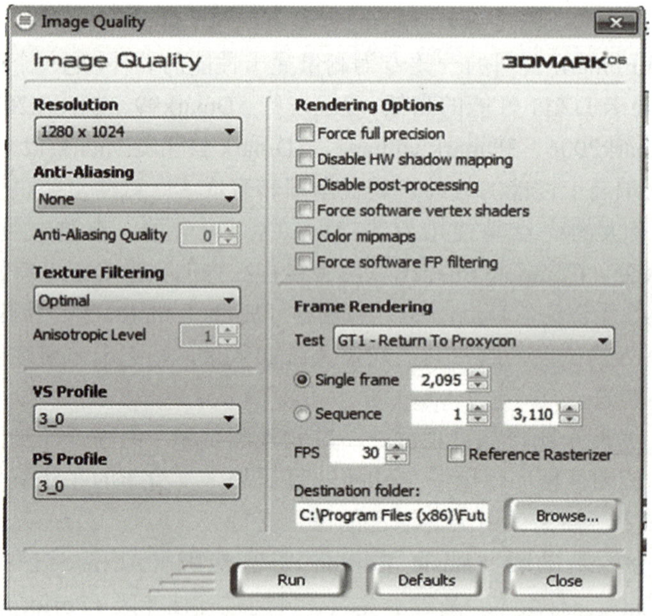

图 4-2-2　3D Mark 06 测试设置

点击 TESTS 栏目的 Select 按钮。出现选择显卡测试内容（如图 4-2-3 所示），选择好测试内容，点击“OK”按钮进行确认。设置好软件后，点击软件界面的 Run 3D Mark 会进行显卡性能测试，测试内容为软件 TESTS 界面的内容。在测试期间，软件会在显示器底部出现以下信息（如图 4-2-4 所示）。

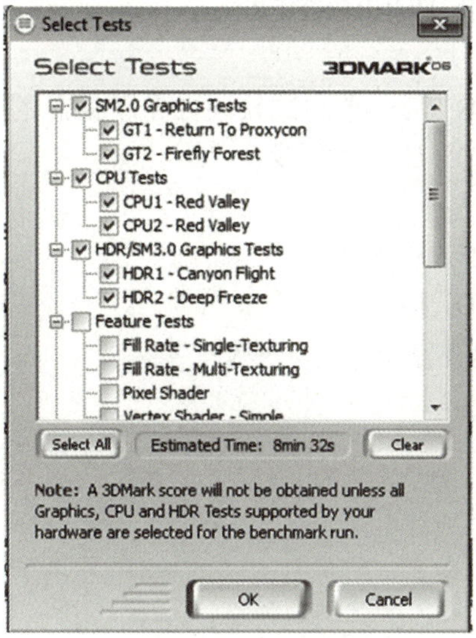

图 4-2-3 测试选项

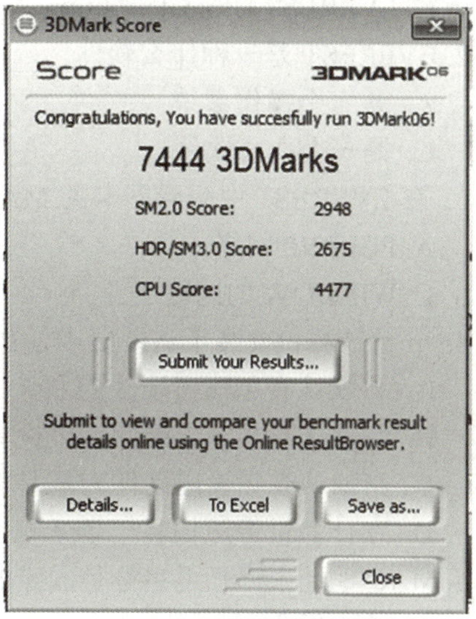

图 4-2-4 3D Mark 得分

其中 FPS（frames per second）每秒帧数，是实时变化的，在评定显卡性能时，此数值越高越好。

3D Mark 在经过 6 个动画场景，大约 15 分钟后，会出现得分结果，如图 4-2-5 所示。3D Mark 得分主要包含了 SM2.0、HDR/SM3.0 Score、CPU Score 三个分数，分别代表了 shader model 2.0(渲染模型 2.0 版)、基于 SM3.0 下的 HDR 技术(全称为 High Dynamic Range，即高动态范围）和 CPU 性能得分。

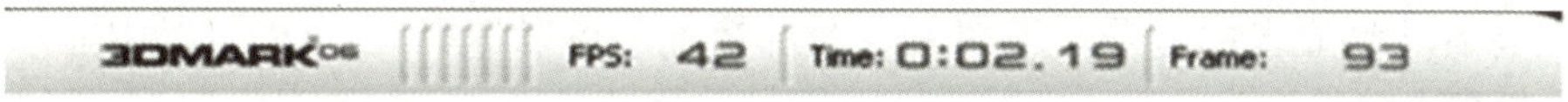

图 4-2-5 3D Mark 测试运行期间

五、总结提高

3DMARK 是 futuremark 公司的一款专为测量显卡性能的软件，现在已经演变为测试整机性能的标准测试软件，3DMARK 测试分是衡量计算机性能的标志性的一个重要指标。计算机整机性能由多方面的因素决定，我们可以选有不同的软件准对性地进行测试，来全面客观地评价计算机的整体性能。

练习题四

一、选择题

1. EVEREST 全称为______。

A. EVEREST　　　　B. EVEREST Ultimate

C. EVEREST Ultimate Edition　　D. EVEREST Edition

2. EVEREST 是一种什么软件______。

A. 是一个操作系统　　B. 是一个测试软硬件系统信息的工具

C. 是一个办公软件　　D. 是一个游戏

3. 在 EVEREST 中想看网卡的 MAC 地址应该选择______。

A. PCI/PNP 网络　　B. 网络资源

C. WINDOW 的网络　　D. 接口类型

4. 一台计算机安装了 ATI 显卡，想通过液晶电视输出音效，应该______。

A. 将默认音频输出硬件为显卡中的声卡

B. 将默认音频输出硬件为主板集成声卡

C. 将默认音频输出硬件为液晶电视

D. 在计算机旁边加装一个音响

5. MAC 地址中哪几组字符是固定的______。

A. 前二组　　B. 前三组

C. 前四组　　D. 前五组

二、判断题

1. 查看 MAC 地址是在网络设备中 PCI/PNP 网络中。(　)

2. MAC 地址是可以修改的，但只能修改最后三组字符。(　)

3. 在桌面上可以为同一个 Windows 应用程序建立多个快捷方式。(　)

4. 查看本地网上链接速度可以在 EVEREST 中网络设备下 WINDOWS 网络中看到，一般分百兆与千兆。(　)

5. 只想看一块显卡的型号，不想看参数的情况下可以选择 EVEREST 中显示设备下 PCI/AGP 视频。(　)

三、操作题

1. 在 EVEREST 中查看有关显卡各个详细参数。

2. 在 EVEREST 中查看有关主板各个详细参数。

3. 用 CPU-Z 测试 CPU 参数。

4. 用 wPrime 测试 CPU 性能。

5. 用 CrystalDiskMark 测试固态硬盘性能。

6. 用 HD Tune 测试机械硬盘参数和性能。

7. 用 GPU-Z 测试显卡参数。

8. 用 3D Mark 测试显示系统性能。

项目五　系统维护

操作系统会因安装卸载软件产生了大量垃圾、上网时也会产生了大量临时文件、同时在系统使用中也会遭受到木马的潜入，系统使用过程中的多种因素都会让用户感觉操作系统不够强劲。为了使计算机系统的所有资源能协调一致地工作，用户在日常使用中必须对计算机系统进行必要的维护。

本项目从系统常规维护、杀毒软件使用、系统备份与恢复、光盘刻录、数据恢复、系统故障排除这几个方面介绍操作系统的维护方法。

任务一　常规维护系统

一、任务描述

Windows 操作系统是一个非常庞大的系统，使用不当就可能使得系统崩溃。采取一定的措施，使系统保持在良好的运行状态是系统维护的主要目的，同时，计算机硬件系统的维护也是系统常规维护的重要一部分。本任务主要是通过常规、实用的方法来维护计算机的硬件系统和软件系统。

二、任务分析

计算机系统的维护方法是多种多样的，本任务主要是通过维护硬件系统、清理 C 盘的空间、整理分区磁盘碎片、设置虚拟内存、添加系统补丁、备份和恢复系统注册表等方法来维护和优化系统。

三、相关知识点

1. 常用维护工具

（1） 起子：应选用长把和短把带磁性的十字起子各一把，小一字起子一把。

（2） 尖头镊子：可以用来夹持小物件，如螺丝和跳线等，选用不锈钢镊子。

（3） 扁嘴钳或尖嘴钳：用来拧紧固定主板的铜螺柱和拆卸机箱上铁挡片。

（4） 毛刷、吹尘或吸尘器：毛刷用来清扫计算机内部的灰尘，然后用吹尘或吸尘器清除灰尘。

（5） 无水酒精：用于软盘驱动器磁头或腐蚀部位的清洁。

（6） 棉球：用来蘸取无水酒精后擦拭硬件。

（7） 清洗盘。

2. 清理磁盘

默认下 Win7 保留系统还原功能。只要正常使用机器，系统会每隔一段时间自动设置一个还原点，方便用户在系统出问题时恢复到当时的状况。系统还原点占用一定的磁盘空间，累积的还原点多了，会占用大量的磁盘空间。

每一次上网，系统都会将相应文件保存在用户的 Temporary Internet Files 目录下，并在 Cookies 目录有相应记录。其他常规操作也会创建一些临时文件及备份文件，所有这些文件占用的容量是不可忽视的。所以我们有必要在计算机使用了一段时间后，对系统磁盘进行清理，以删去这些临时文件，使硬盘有更大的可用空间。

3. 磁盘碎片整理

磁盘碎片应该称为文件碎片，在磁盘分区中，文件是被分散保存到磁盘的不同地方的，而不是连续地保存在磁盘连续的簇中，又因为在文件操作过程中，Windows 系统可能会调用虚拟内存来同步管理程序，这样就会导致各个程序对硬盘频繁读写，从而产生磁盘碎片。

硬盘使用的时间长了，文件的存放位置就会变得支离破碎——文件内容将会散布在硬盘的不同位置上。这些“碎片文件”的存在会降低硬盘的工作效率，还会增加数据丢失和数据损坏的可能性。碎片整理程序把这些碎片收集在一起，并把它们作为一个连续的整体存放在硬盘上。Win7 自带有这样的程序：磁盘碎片整理程序，一些专业的工具软件如：NortonUtilities 和 Nuts&Bolts 等也可以很好地完成此项工作。

4. 虚拟内存

虚拟内存是用硬盘空间做内存来弥补计算机 RAM 空间的缺乏，它是作为物理内存的“后备力量”而存在的，当实际 RAM 满时（实际上，在 RAM 满之前），虚拟内存就在硬盘上创建了。虚拟内存实际在硬盘中表现为一个临时文件，用来保存程序运行时要用的，但系统物理内存又没有存放空间的数据。在 WIN7 操作系统的 C:目录下有一个名为 pagefile.sys 的系统文件，它的大小经常自己发生变动，小的时候可能只有几百兆，大的时候则有数个吉，这就是虚拟内存的页面文件。

5. 注册表

注册表可以说是一个操作系统用来存储计算机系统硬件、软件、用户环境以及系统运行状态信息的一个数据库。有了注册表，操作系统就知道了当前计算机拥有哪些硬件、各硬件的品牌、安装了哪些软件，从而能够很好地去控制这些硬件和软件。

注册表由用户配置文件和注册表文件两大部分组成。用户配置文件存放在安装操作系统的磁盘的根目录的 Documents and Settings 目录下的用户名目录中，包含两个隐藏文件 Ntuser.dat 和 Ntuser.int 以及日志 Ntuser.log。注册表文件一般存放于安装操作系统的磁盘的 Windows\system32\config 文件中，包含文件名为 Default、Sam、Security、Software、System 而扩展名为 Log、Sav 等多个文件。

四、任务实施

1. 硬件设备的维护

现在介绍一下各种硬件设备的一般维护方法，在开始拆卸电脑之前首先要导去身上的静电，这一点是和装机相同的。具体步骤如下：

（1） 准备工作

拔下显示器、键盘、鼠杯、电源等与主机的连线，然后打开机箱，断开机箱内部的各条数据线、电源线、信号线，接下来拆卸各种板卡、CPU 和内存。

（2） 清洁机箱的内部

长期使用的计算机往往机箱内存有大量的灰尘，各种扳卡的表面也会积有大量的灰尘。用拧干的湿抹布擦拭机箱，个别不易擦拭的角落可以使用毛刷清洁，然后将计算机放在容易晾干水分的地方。

各种括卡和内存条的“金手指”可能被氧化了，可以把板卡或内存条在各自的插槽中反复插拔几次，将“金手指”表面的氧化层磨去。主板或各种板卡可以用蘸取无水酒精后的棉球擦拭。

CPU 的风扇的尘标或许是最多的，仍然可以用毛刷将风扇扇叶里的灰尘清除。

（3） 清洁显示器

把湿抹布拧干，仔细擦拭显示器外壳，注意不要把水挤出来，否则流进散热孔里就麻烦了。如果污垢难以擦掉，可以用橡皮来擦，只是不要把碎屑掉进散热孔里。假如你的显示器外壳过脏，说明你应该每个星期拭擦一次。

显示器屏幕表面涂有各种保护层，不能使用任何有机溶剂来擦拭。可以用拧干的湿抹布（也可以用脱脂棉或镜头纸）擦拭屏幕，拭擦时，从屏幕中央逐渐扩展到边框，力量要轻。擦完后水分一定要晾干，否则不能开机。

（4） 清洁键盘和鼠标

键盘和鼠称也可以用湿抹布来清洁。键盘按键之间可能难以擦到，可以用棉签蘸水去擦。有的键盘是防水的，可以在自来水龙头下使用刷子刷干净，不过晾晒需要的时间长一些。

2. 清理系统磁盘 C 分区的空间

使用磁盘清理工具可以帮助用户释放硬盘驱动器空间，删除临时文件、Internet 缓存文件和安全删除不需要的文件，腾出它们占用的系统资源，以提高系统性能。

（1） 单击“开始”→“控制面板”→“系统与安全”→“释放磁盘空间”→“磁盘清理”，打开“磁盘清理：驱动器选择”窗口，如图 5-1-1 所示。

（2） 在“选择驱动器”窗口的下拉列表中选择所要清理的 C 磁盘分区后，单击“确定”按钮，则弹出“（C:）的磁盘清理”窗口，如图 5-1-2，在磁盘清理标签页中选择要删除的文件。

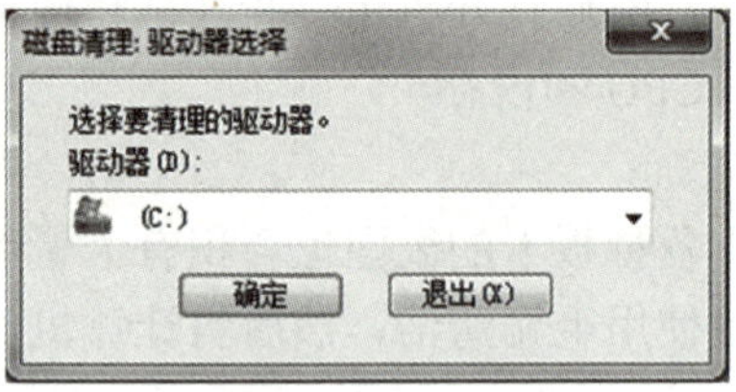

图 5-1-1　选择驱动器

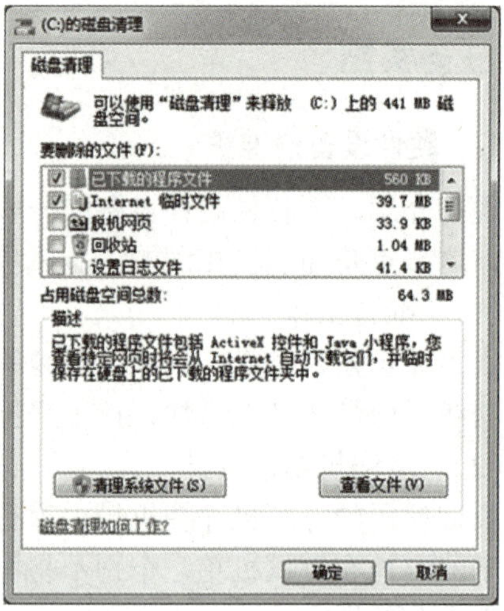

图 5-1-2　清理选项设置

（3） 在"（C:）的磁盘清理"窗口中单击"确定"按钮，则弹出一个确认窗口，如图 5-1-3 所示。单击其中的"删除文件"按钮则开始磁盘清理，清理完成后自动关闭该磁盘清理工具软件。

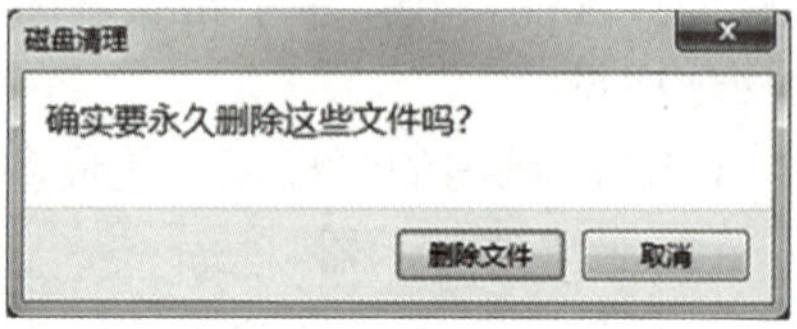

图 5-1-3　确认窗口

3. 对系统磁盘 C 分区进行碎片整理

（1） 单击"开始"→"控制面板"→"系统与安全"→"对硬盘进行碎片整理"，打开"磁盘碎片整理程序"主界面窗口，如图 5-1-4 所示。

（2） 选择所要进行碎片整理的 C 磁盘分区，单击"分析磁盘"按钮，系统开始对 C 磁盘分区进行分析最后得出 C 磁盘分区有多少比例的磁盘碎片，看是否有必要进行碎片整理，如图 5-1-5 所示。

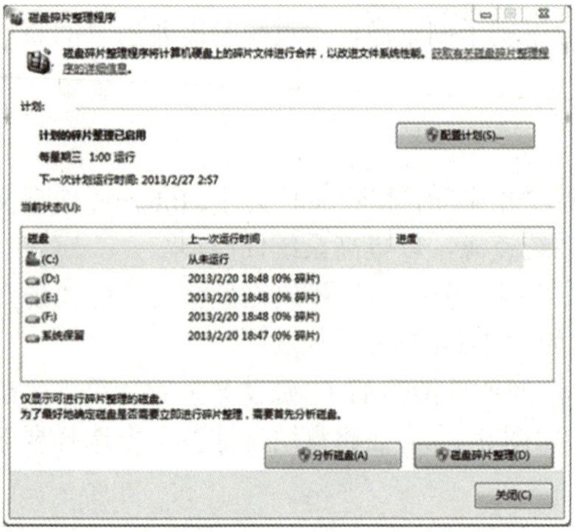

图 5-1-4　磁盘碎片整理程序主界面

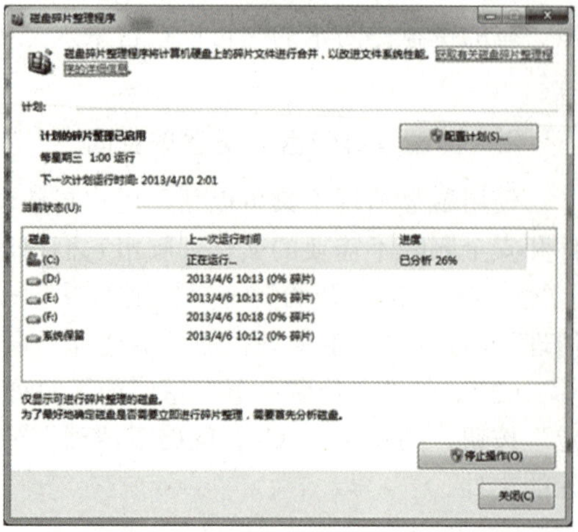

图 5-1-5　分析磁盘碎片界面

（2）分析后得出需要对磁盘进行整理，单击“磁盘碎片整理”按钮，开始对 C 磁盘分区进行碎片整理。

提示：

在对磁盘进行碎片整理期间，最好关闭病毒防火墙等一些常驻内存的程序，并且不要运行其他应用程序，以保证碎片整理工作的正常进行。

4. 设置虚拟内存

（1）单击“开始”→“控制面板”→“系统与安全”→“系统”→“高级系统设置”，具体界面如图 5-1-6 所示。

（2）单击“性能”项目中的“设置”按钮，弹出“性能选项”对话框，如图 5-1-7 所示。

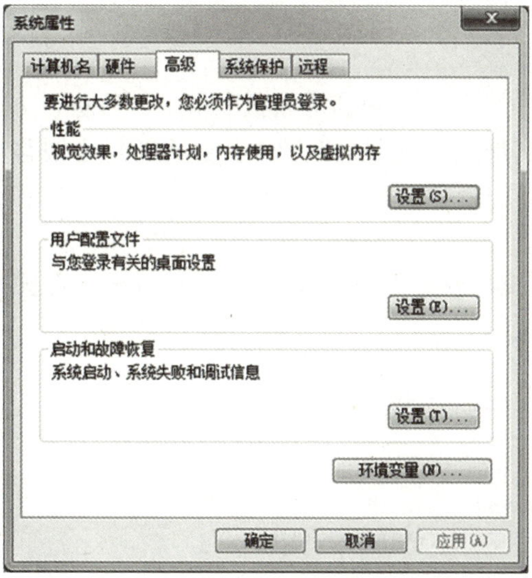

图 5-1-6　系统属性

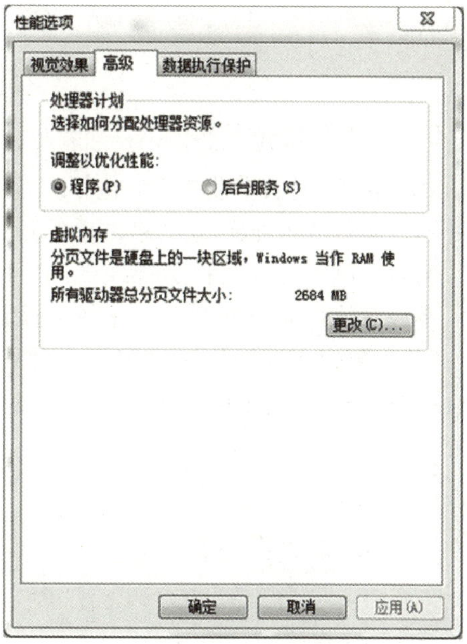

图 5-1-7　性能选项

（3）单击“虚拟内存”项目中的“更改”按钮，打开“虚拟内存”对话框，如图 5-1-8 所示，即可以对虚拟内存进行设置。

如何确定虚拟内存的大小呢？如果是一个初学者，不知道怎么设置，则你可以选择“自动管理所有驱动器的分页文件大小”，即由系统来自动的管理虚拟内存的大小。如果要手动设置虚拟内存的大小，则首先取消“自动管理所有驱动器的分页文件大小”，然后选择“自定义大小”来设置虚拟内存容量的范围，在实际使用过程中按照实际内存容量的 1.5～3 倍的来设置虚拟内存的大小。

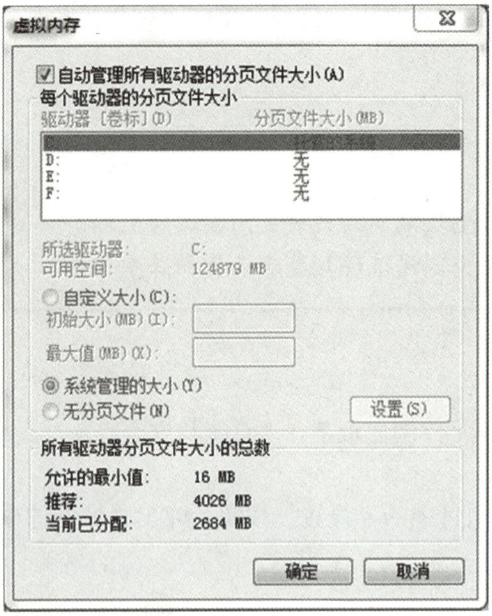

图 5-1-8　虚拟内存

5. 添加系统补丁

Microsoft 提供重要更新，包括安全和其他重要更新，它们可以帮助保护计算机，防止遭受那些通过 Internet 或网络传播的新病毒和其他安全威胁的攻击。其他更新包含增强功能，例如可以帮助计算机运行地更加平稳的升级程序和工具。

设置系统自动更新的具体操作步骤如下：

（1） 单击“开始”→“控制面板”→“系统与安全”→“Windows Update”，在弹出的对话框中点击左侧的“检查更新”，如图 5-1-9 所示。

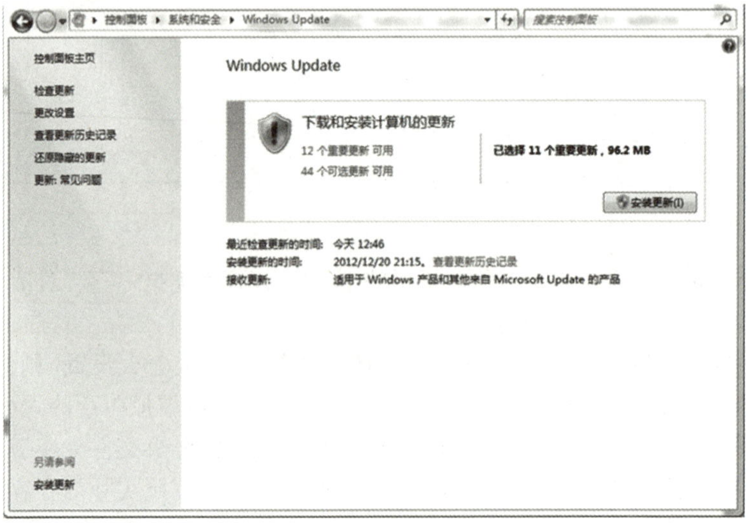

图 5-1-9　系统属性

（2）　系统搜索到更新后点击“安装更新”，则可以更新现有系统。

（3）　点击“更改设置”，可以弹出更新策略设置窗口，如图 5-1-10 所示。

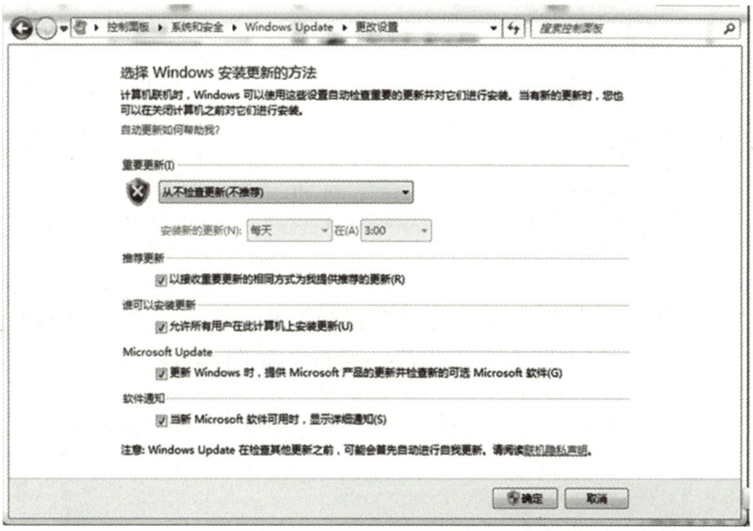

图 5-1-10　更新策略设置窗口

6. 备份系统注册表

Win7 系统的注册表包含有复杂的系统信息，这些信息对计算机至关重要，对注册表更改不正确可能会使计算机无法操作。当我们真的需要修改注册表的时候，不管做任何更改，一定要备份注册表，将备份副本保存到保险的文件夹或者 U 盘中。如果想要取消更改，导入备份的注册表副本，就可以恢复原样了。

Win7 系统中备份注册表的方法如下：

（1）　鼠标左键单击 Win7 系统桌面左下角圆形按钮，在搜索框中键入“regedit”，如图 5-1-11 所示，按回车键或者用鼠标点击搜索到的程序，即可打开注册表编辑器。有时候统会提示要求输入管理员密码或 UAC 确认。

（2）　找到注册表中需要备份的项或子项，点击选中，如图 5-1-12 所示。

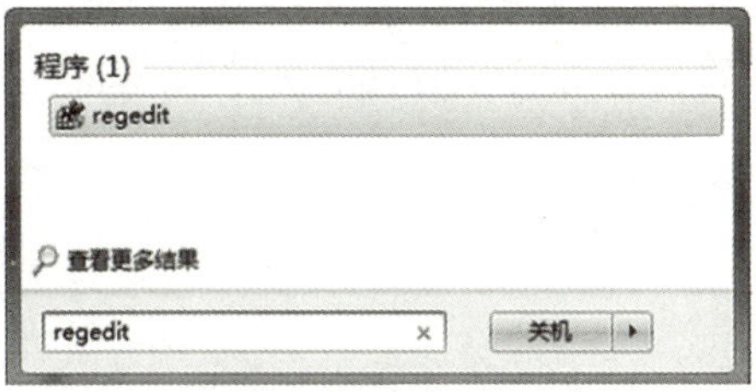

图 5-1-11　搜索 regedit 文件

图 5-1-12　选择备份的项或子项

（3）　点击“文件”菜单中的“导出”菜单项，如图 5-1-13 所示。（如果我们需要导入注册表，就在这个界面的“文件”菜单中的“导入”菜单项）

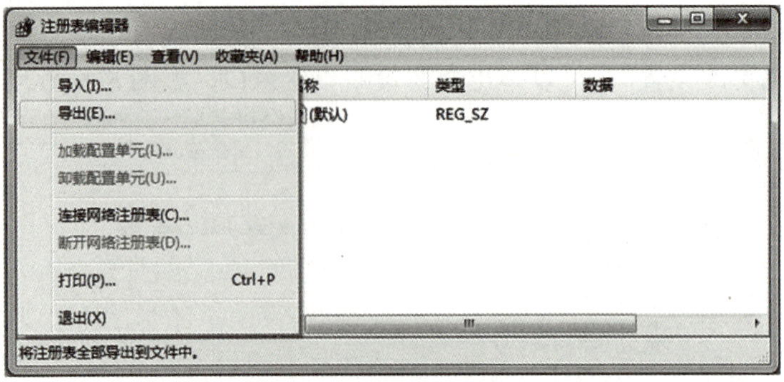

图 5-1-13 导出注册表

（4） 在“导出注册表文件”面板的“保存在”框中，选择要保存备份副本的文件夹位置，然后在“文件名”框中键入备份文件的名称，如图 5-1-14 所示。

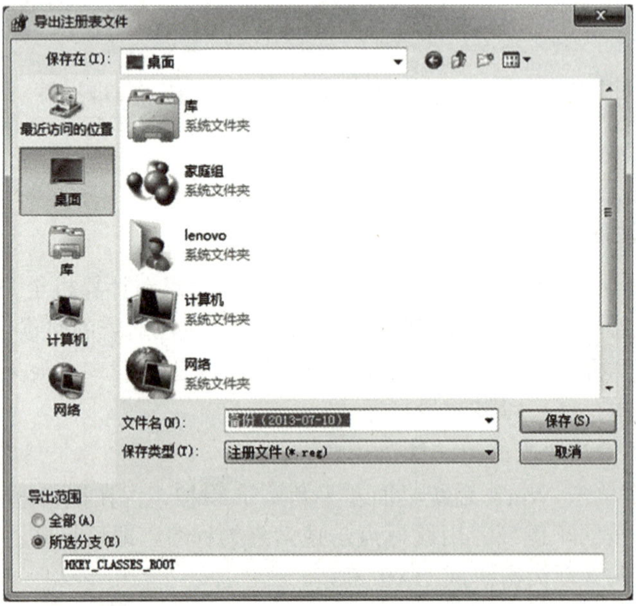

图 5-1-14 保存注册表文件

（5） 单击“保存”按钮后，当前注册表信息就会被保存在一个.reg 文件中，如果注册表发生什么错误或者问题，我们可以用相似的步骤，将保存好的注册表信息导入 Win7 系统中，就可以轻松解决注册表错误导致的问题。

提示：

必须以管理员身份登录才能导入完整的信息，如果不是以管理员身份登录，则仅能更改适用于当前用户账户的设置。另外，在编辑注册表之前，最好使用“系统还原”创建一个还原点。该还原点包含有关注册表的信息，您可以使用该还原点取消对系统所做的更改。

五、总结提高

系统的常规维护主要有计算机硬件系统和软件系统的维护，硬件维护主要维护计算机的硬件部件，软件维护主要维护计算机的操作系统和用户软件。磁盘空间的清理可以清除系统运行过程中产生的垃圾文件和临时文件，让系统和用户有更多的运行空间。磁盘碎片整理和虚拟内存设置可以加快计算机系统的运行速度，为系统添加补丁则可以让操作系统更加安全、稳定、可靠。计算机用户应该养成定期对计算机系统进行日常维护的良好习惯。

任务二 查杀病毒

一、任务描述

操作系统是一个非常庞大、复杂的系统软件，尽管系统的设计之初着重考虑系统健壮性、稳定性。但是，系统的一些设计缺陷和漏洞以及计算机病毒的出现使得计算机系统的安全性受到严重的威胁。随着计算机的普及，特别是网络的普及，计算机病毒和黑客恶意攻击更是日益频繁，如何有效保护好自己使用的计算机系统，使之处于良好的工作状态，应该是每位计算机使用者的重要任务。显然安装杀毒软件及防火墙是非常必要的。本任务主要介绍和学习操作系统杀毒软件的安装和使用。

二、任务分析

主要介绍瑞星杀毒软件和卡巴斯基反病毒软件的安装和升级，以及如何使用瑞星杀毒软件和卡巴斯基反病毒软件进行查杀病毒。

三、相关知识点

1. 计算机病毒

计算机病毒（Computer Virus）在《中华人民共和国计算机信息系统安全保护条例》中被明确定义，病毒指“编制者在计算机程序中插入的破坏计算机功能或者破坏数据，影响计算机使用并且能够自我复制的一组计算机指令或者程序代码”。

计算机病毒不是天然存在的，是某些人利用计算机软件和硬件所固有的脆弱性编制的一组指令集或程序代码。它能通过某种途径潜伏在计算机的存储介质（或程序）里，当达到某种条件时即被激活，通过修改其他程序的方法将自己的精确拷贝或者可能演化的形式放入其他程序中，从而感染其他程序，对计算机资源进行破坏。计算机病毒具有繁殖性、破坏性、传染性、潜伏性、隐蔽性和可触发性。

2. 杀毒软件

杀毒软件，也称反病毒软件或防毒软件，是用于消除电脑病毒、特洛伊木马和恶意软件的一类软件。杀毒软件通常集成监控识别、病毒扫描与清除和自动升级等功能，有的杀毒软件还带有数据恢复等功能，是计算机防御系统（包含杀毒软件、防火墙、特洛伊木马和其他恶意软件的查杀程序、入侵预防系统等）的重要组成部分。

杀毒软件一般是由两部分构成的，一部分是主程序，另一部分是病毒库。病毒库中记录了所有已知病毒的特征码，当杀毒软件进行查杀病毒时，主程序会把用户计算机中的任何可疑代码与病毒库中的病毒特征码作比较，如果这两种代码是一致的，就认为是病毒，随后根据用户的操作选择，进行清除病毒、直接删除感染文件和忽略等操作。

3. 目前流行的杀毒软件

目前流行的杀毒软件不下数十种，每年各大 IT 网站都会推出自己的杀毒软件排行榜，对于各种杀毒软件各大网站贬褒不一众说纷纭。下面介绍几款所谓流行的杀毒软件。

（1）360 杀毒软件:360 杀毒是 360 安全中心出品的一款国产免费的云安全杀毒软件。360 杀毒无缝整合了来自罗马尼亚的国际知名杀毒软件 BitDefender（比特梵德）病毒查杀引擎、国际权威杀毒引擎小红伞（4.0 正式版可选同时开启小红伞和 BitDefender 两大知名反病毒引擎）、360QVM 第二代人工智能引擎、360 系统修复引擎，以及 360 安全中心潜心研发的云查杀引擎。五引擎智能调度，为您提供完善的病毒防护体系。360 杀毒具有以下优点：查杀率高、资源占用少、升级迅速等。同时，360 杀毒可以与其他杀毒软件共存，是一个理想杀毒备选方案。

（2） 瑞星杀毒软件：国内备受用户欢迎的国产杀毒软件之一，采用获得欧盟及中国专利的六项核心技术，形成全新软件内核代码，是目前国内外同类产品中最具实用价值和安全保障的杀毒软件产品。瑞星杀毒软件是一款基于瑞星“云安全”系统设计的新一代杀毒软件。深度应用“云安全”的全新木马引擎、“木马行为分析”和“启发式扫描”等技术保证将病毒彻底拦截和查杀。再结合“云安全”系统的自动分析处理病毒流程，能第一时间极速将未知病毒的解决方案实时提供给用户。2011 年 3 月 18 日瑞星宣布杀毒软件永久免费。

（3） 卡巴斯基反病毒软件：一款来自莫斯科的国际著名安全软件。以其完美的查杀能力深受用户青睐，被众多计算机专业媒体及反病毒专业评测机构誉为病毒防护的最佳产品。该软件能够保护家庭用户、工作站、邮件系统和文件服务器以及网关。除此之外，还提供集中管理工具、反垃圾邮件系统、个人防火墙和移动设备的保护，包括 Palm 操作系统、手提电脑和智能手机。

（4） 诺顿防病毒软件：来自美国的赛门铁克公司最新推出的诺顿防病毒软件，凭借其独创的基于信誉评级的诺顿全球智能云防护等创新科技，往往担当领导全球安全行业最新技术和发展趋势的角色。诺顿全防护系统提供了业界领先的安全解决方案，其中包含电脑防护、网络防护、全球智能云防护、入侵防护四个强大的独特防护层，经证实可主动阻止在线威胁，提前防止其感染您的计算机。

四、任务实施

1. 使用瑞星杀毒软件

（1）　安装瑞星杀毒软件

从瑞星官方网站下载最新的瑞星杀毒软件 V16 版，该版本完美支持 64 位操作系统，可以很好的运行在现行的 Vista、Win7 以及 Win8 操作系统中。运行瑞星杀毒软件 V16 版的安装应用程序（ravv16std.exe）会弹出安装设置界面，如图 5-2-1，选择“中文简体”并确定安装目录后点击“开始安装”按钮，则进入自动安装界面，如图 5-2-2 所示，安装完成后软件界面如图 5-2-3 所示。

图 5-2-1　安装设置界面

图 5-2-2　自动安装界

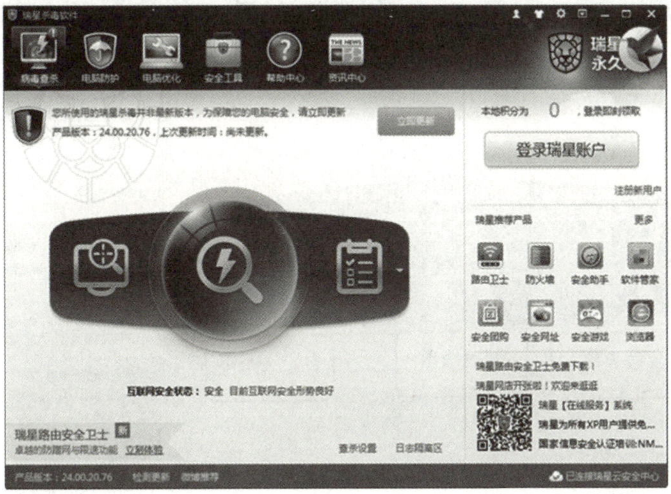

图 5-2-3　瑞星杀毒软件 V16 版主界面

（2）　升级瑞星杀毒软件

点击瑞星杀毒主界面左下方的“检测更新”，则会弹出软件升级界面，如图 5-2-4 所示，软件会自动进行更新，若点击“升级完成”，则会返回软件主界面；若点击右上方的“升级设置”，则可以弹出升级策略设置界面，如图 5-2-5 所示。

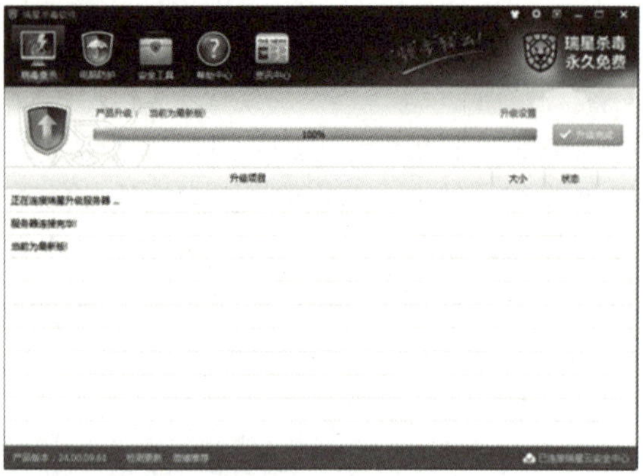

图 5-2-4　升级界面

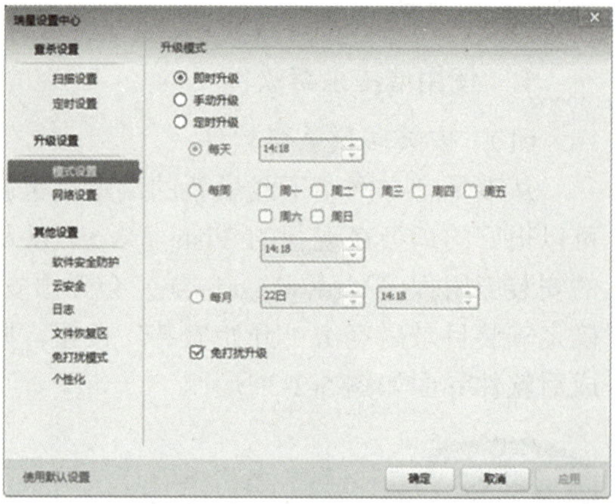

图 5-2-5　升级策略设置界面

（3） 使用瑞星杀毒软件查杀 C 盘的病毒

① 点击软件主界面左上方的“病毒查杀”按钮，界面如图 5-2-6 所示，界面中有三个按钮：左边是“全盘杀毒”按钮，用于全面查杀系统及整个硬盘，最大限度保证系统安全，但整个查杀过程会耗费较长时间；中间是“快速查杀”按钮，可以快速查杀硬盘的重要区域，高速清除活体病毒；右边是“自定义杀毒”按钮，用于查杀指定目录内的文件，确保目录和文件的安全。

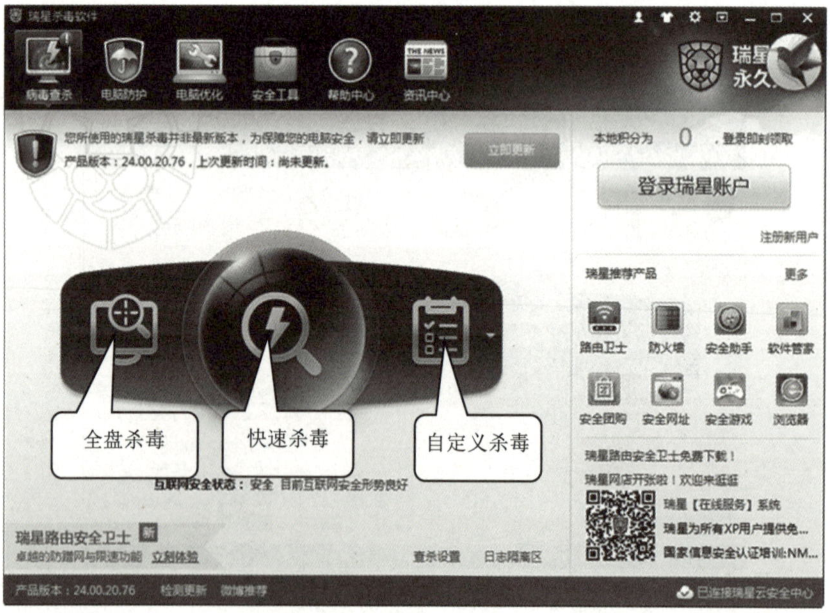

图 5-2-6　主界面

② 点击右边是“自定义杀毒”，弹出“选择查杀目录”窗口，如图 5-2-7 所示，选中“本地磁盘（C:）”复选框以查杀 C 盘的病毒，同时为了安全可以选中下面的“系统引导区”、

“系统内存”、“系统目录”、“自启动程序”、“IE 插件”复选框。

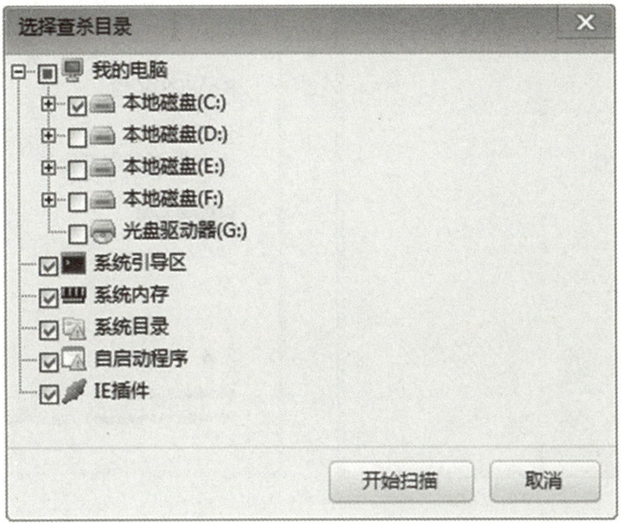

图 5-2-7　选择查杀目录

③ 点击“开始杀毒”按钮，则开始查杀病毒，界面如图 5-2-8 所示。

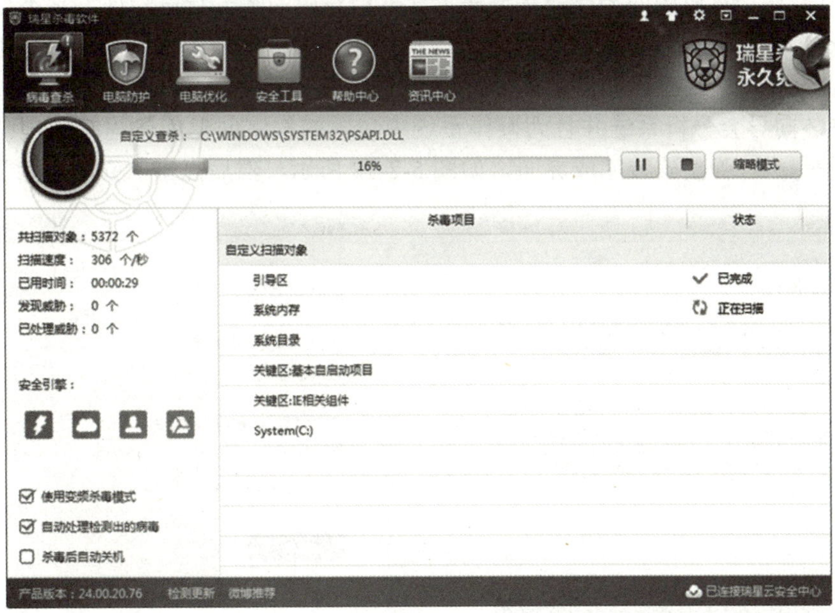

图 5-2-8　查杀界面

2. 使用卡巴斯基反病毒软件 2015

（1） 安装卡巴斯基反病毒软件 2015

① 启动卡巴斯基反病毒软件 2015 的安装向导，弹出“搜索程序的更新版本”窗口，如图 5-2-9 所示，新版本搜索完毕则会弹出欢迎使用卡巴斯基反病毒软件 2015 安装向导界

面，如图 5-2-10 所示。

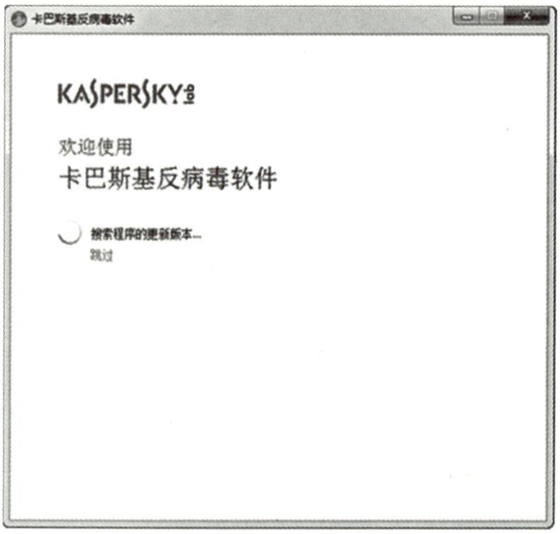

图 5-2-9　搜索程序新版本

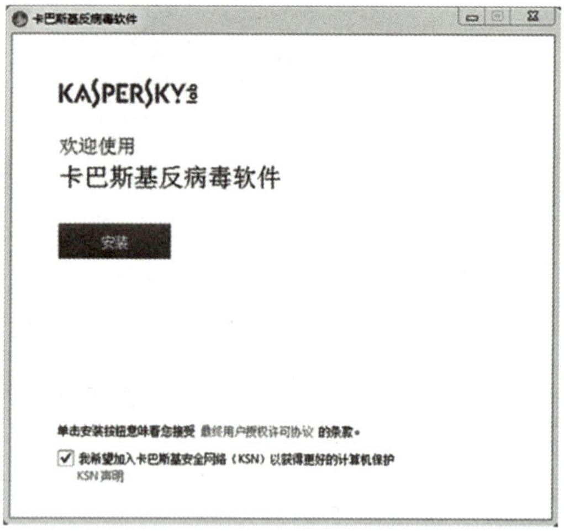

图 5-2-10　欢迎安装界面

② 仔细阅读“最终用户授权许可协议”及“加入卡巴斯基安全网络协议”，如果您选择加入卡巴斯基安全网络，卡巴斯基实验室将会接收您计算机所检测到的新威胁的信息，系统信息以及您计算机中的卡巴斯基反病毒软件所对应的唯一身份验证，它不会发送个人数据。如果您同意协议中的所有条款，选择“我接受加入卡巴斯基安全网络”。然后点击“安装”按钮，继续安装，弹出如图 5-2-11 所示的正在安装界面。

③ 安装向导会分析系统并且为操作系统中包含的程序创建信任程序的规则，请等待直到该过程完成，弹出安装完成界面，如图 5-2-12 所示，然后点击“立即重启”按钮。

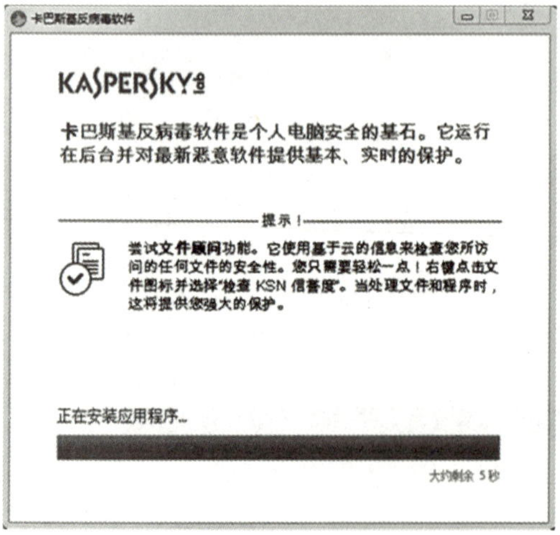

图 5-2-11　正在安装界面

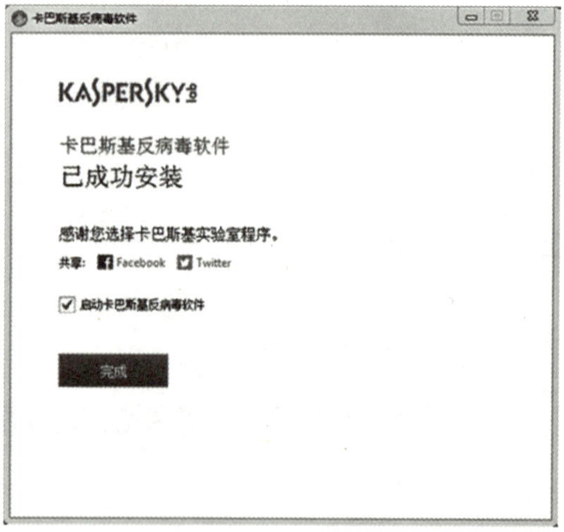

图 5-2-12　安装完成界面

④ 激活卡巴斯基反病毒软件 2015：在程序文件拷贝完成并且模块成功注册后，安装向导将会建议激活卡巴斯基反病毒软件 2015，如图 5-2-13 所示。授权激活后，您可以查看到授权许可类型和有效期，如图 5-2-14 所示，点击“完成”按钮来完成卡巴斯基反病毒软

件 2015 安装过程。

图 5-2-13　激活卡巴斯基反病毒软件 2015

图 5-2-14　安装完成界面

提示：

为了启动安装向导，请执行以下操作：

（1）如果您购买的是卡巴斯基反病毒软件 2015 光盘版，把安装光盘放入 CD-ROM 后安装会自动开始运行。如果安装光盘没有自动运行，您也需要手动运行可执行程序来进行安装。为此需要打开卡巴斯基反病毒软件 2015 安装程序所在的文件夹并双击运行可执行程序（.exe 的文件）。

（2）如果您是在线购买的卡巴斯基反病毒软件 2015，您会得到一个下载安装程序的链接，并且手动运行可执行程序进行安装。

（2）　使用卡巴斯基反病毒软件 2015 查杀病毒

在卡巴斯基反病毒软件 2015 中，扫描一个对象（一个文件，文件夹或者盘符）可以有两种方法：

- 通过程序主界面扫描对象。
- 通过微软右键菜单扫描对象。

要通过卡巴斯基反病毒软件 2015 的主界面扫描某个对象，请执行如下操作：

① 打开程序主界面，如图 5-2-15 所示，在主界面的左侧，选择“扫描”，则会弹出“扫描”窗口，如图 5-2-16 所示，点击“运行扫描”按钮，则会对计算机所有硬盘数据进行扫描，另外，也可以用拖动或浏览两种方式来定义病毒扫描区域。

② 拖动方式：点击“自定义扫描”，然后将要查杀病毒的目标对象拖动到“扫描”窗口右下角中带有向下箭头的“拖动对象到此处扫描”区域，如图 5-2-17 所示，然后可以点击“运行扫描”按钮开始扫描，扫描进度将显示在任务管理器窗口里，扫描结果也会显示在任务管理器窗口，如图 5-2-18 所示。

图 5-2-15　主界面

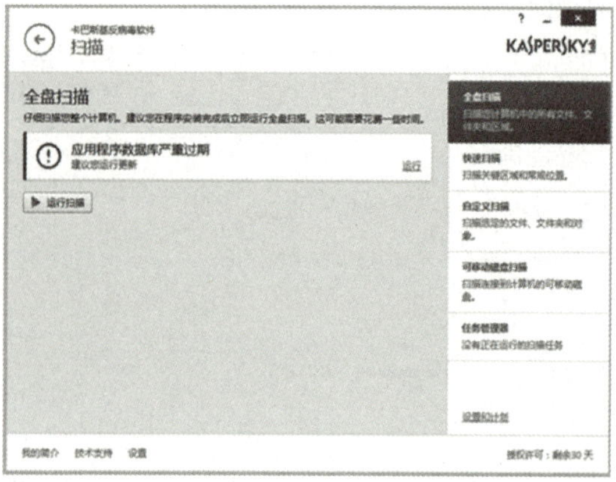

图 5-2-16　智能查杀窗口

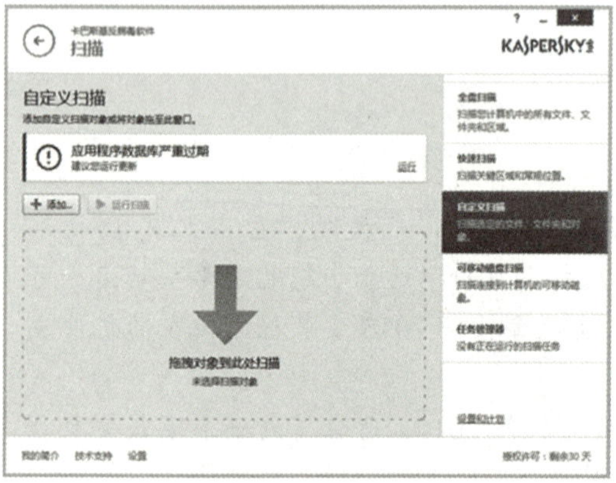

图 5-2-17　自定义扫描

图 5-2-18　扫描进度

③ 浏览方式：点击如图 5-2-17 所示的“自定义扫描”窗口中的“添加”按钮，在弹出的“选择文件和文件夹”窗口中，如图 5-2-19 所示，可以选择想要扫描的对象。可以多次点击“添加”按钮来添加多个扫描对象，如图 5-2-20 所示。

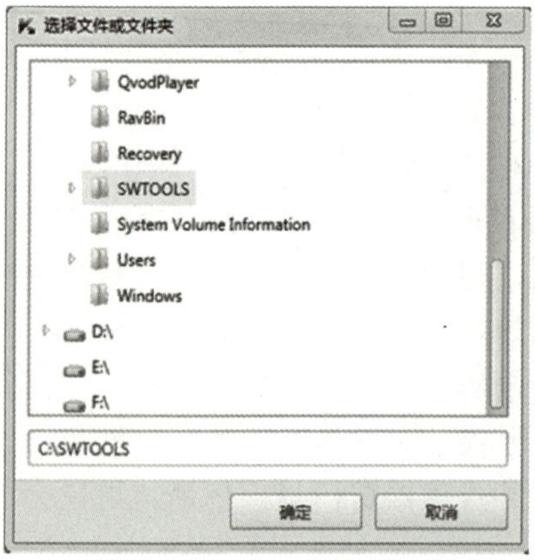

图 5-2-19　选择文件和文件夹

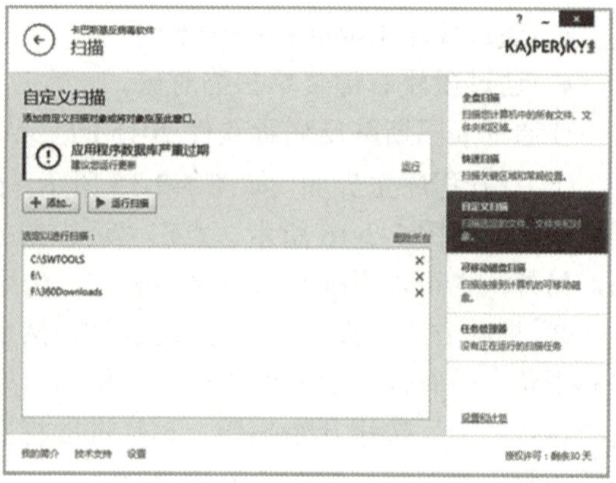

图 5-2-20　添加多个扫描对象

通过微软右键菜单对某个文件进行病毒扫描，需做如下操作：

① 右键单击想要扫描的对象，在打开的右键菜单中选择“扫描病毒”，如图 5-2-21 所示，在打开的任务管理器窗口上可以看到扫描进度，以及扫描结果，如图 5-2-22 所示。

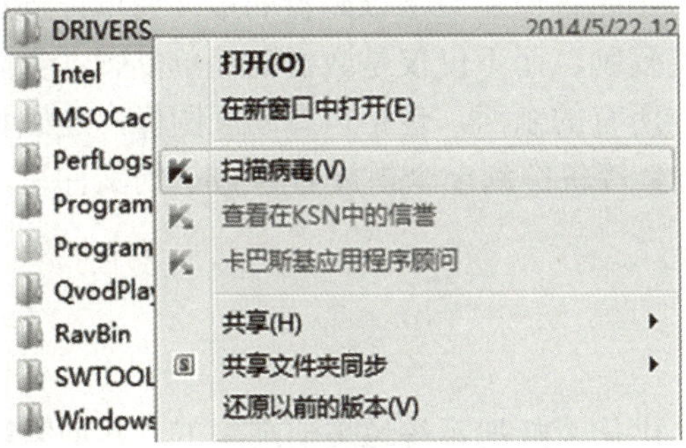

图 5-2-21　右键菜单

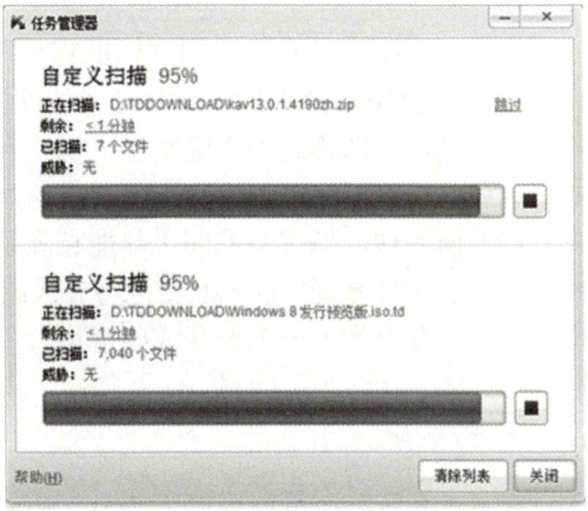

图 5-2-22　扫描进度

五、总结提高

通过本节的学习，读者了解了计算机病毒、杀毒软件以及目前流行使用的杀毒软件。

杀毒软件的使用步骤基本上是：安装→激活→查杀病毒→病毒库升级。使用杀毒软件进行查杀病毒的步骤基本如下：

① 选择查杀病毒的对象：一个文件，文件夹或者盘符。

② 单击杀毒按钮进行杀毒。

任务三　系统备份与恢复

一、任务描述

操作系统是一个非常健壮、稳定的系统软件，但是由于软件或多或少的会有一些漏洞和硬件兼容性的问题，同时操作系统的用户的使用水平也是参差不齐。因此，操作系统在使用过程中难免会出现死机、蓝屏等较为严重的故障，这会严重的威胁操作系统的安全与稳定。本任务主要是介绍和学习操作系统备份与恢复。

二、任务分析

主要介绍使用 Win7 自带的工具和 GHOST 软件对操作系统进行备份与恢复。

三、相关知识点

1. GHOST

Ghost（幽灵）软件是美国赛门铁克公司推出的一款出色的硬盘备份还原工具，可以实现 FAT16、FAT32、NTFS、OS2 等多种硬盘分区格式的分区及硬盘的备份还原。Ghost 俗称克隆软件，既然称之为克隆软件，说明其 Ghost 的备份还原是以硬盘的扇区为单位进行的，也就是说可以将一个硬盘上的物理信息完整复制，而不仅仅是数据的简单复制；克隆人只能克隆躯体，但这个 Ghost 却能克隆系统中所有的东西，包括声音动画图像，连磁盘碎片都可以帮你复制。Ghost 支持将分区或硬盘直接备份到一个扩展名为.gho 的文件里，也支持直接备份到另一个分区或硬盘里。

四、任务实施

在备份系统前，最好可以用 360、Windows 优化大师把系统垃圾清理一下，并把需要的系统补丁都打上，确保备份的是一个最佳的状态，更要保证系统是无毒无木马的！

1. 使用 Win7 自带的工具备份和恢复系统

（1） 使用 Win7 自带的工具备份系统

① 进入 Win7 电脑桌面，点击左下角按钮，在弹出的开始菜单中点击“控制面板”，如图 5-3-1 所示，在弹出的“控制面板”窗口中找到“备份和还原”，如果觉得默认图标太小不好查找，请点击控制面板右侧的“大图标”查看方式，如图 5-3-2 所示。

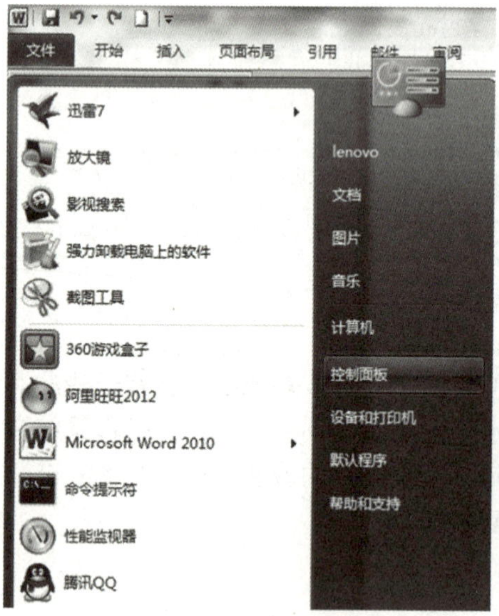

图 5-3-1 开始菜单

图 5-3-2 控制面板

② 点击“备份和还原”进入备份还原设置界面，如图 5-3-3 所示，点击“设置备份”，则弹出“设置备份”，主要是设置将备份文件存放在哪里，图 5-3-4 演示的是将备份文件存

放在 D 盘。

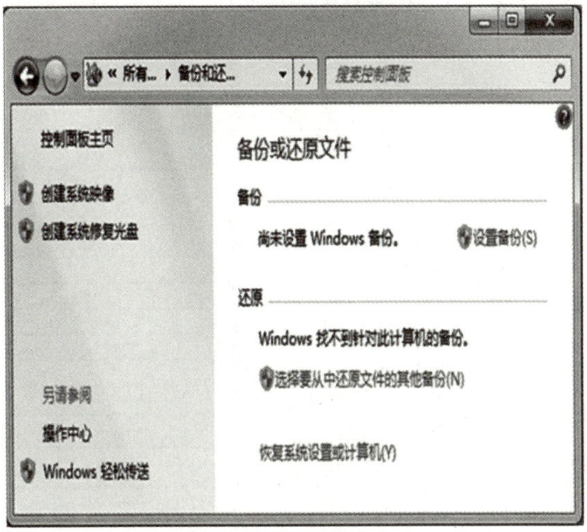

图 5-3-3　备份还原设置界面

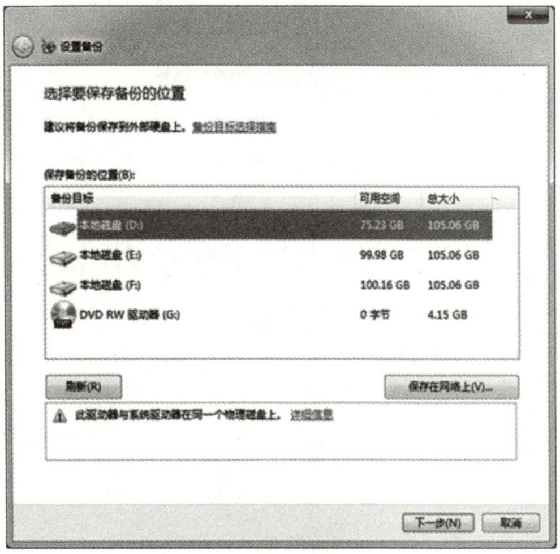

图 5-3-4　设置备份

③ 点击“下一步”，则会弹出备份内容选择窗口，如图 5-3-5 所示。这里我们可以选中“让我选择”，则弹出一个新窗口，自己确定将备份哪些文件，通常可以选择备份 C 盘，如图 5-3-6 所示。

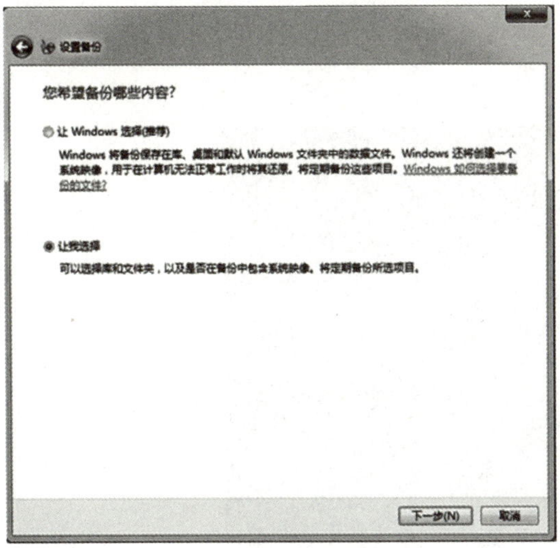

图 5-3-5　选择备份内容 1

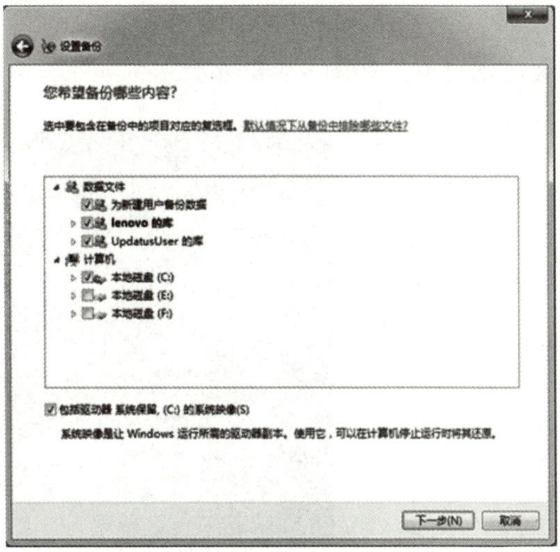

图 5-3-6　选择备份内容 2

④ 再点击“下一步”，则弹出确认窗口，如图 5-3-7 所示，点击“保存设置并运行备份”，则系统进行备份系统。

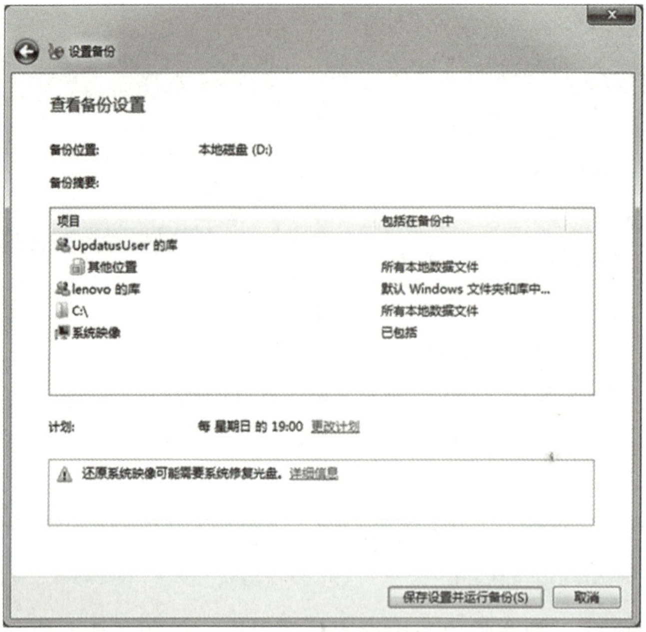

图 5-3-7　确认窗口

（2）　使用 Win7 自带的工具恢复系统

① 当系统出毛病时，系统还原就有用了，重启计算机，按住 F8 键不放，等待出现高级启动菜单，如图 5-3-8 所示。

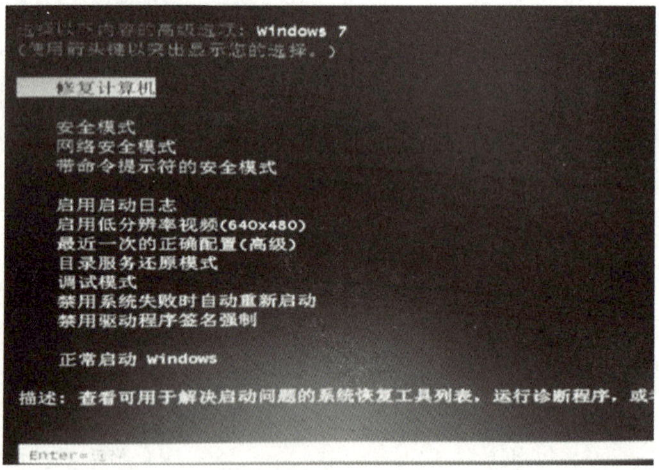

图 5-3-8　高级启动菜单

② 选择“修复计算机”并按 Enter 键。此时，屏幕上会显示“Windows 正在加载文件”，一会儿后出现类似 XP 系统开机时的那种滚动条。最终打开一个“系统恢复选项”对话框，并要求选择键盘输入方式，如图 5-3-9 所示，直接点击“下一步”，则会弹出身份验证窗口，要求输入账号及密码，如图 5-3-10 所示。

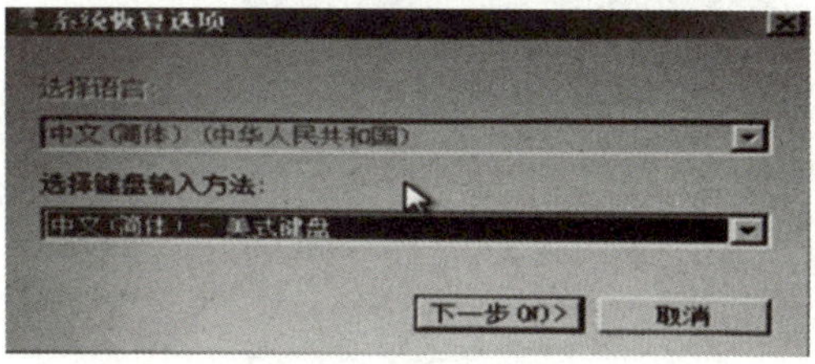

图 5-3-9 选择键盘输入方式

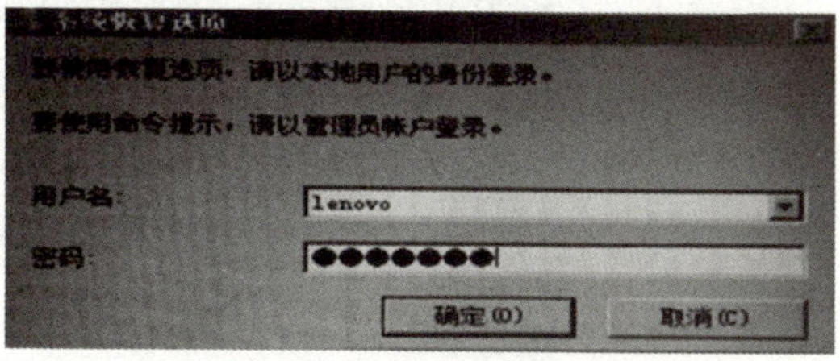

图 5-3-9 身份验证窗口

③ 身份验证窗口中输入账号及密码后点击“确定”，则会弹出“选择恢复工具”窗口，如图 5-3-10 所示。选择其中的“系统还原”后系统会弹出“系统还原”窗口，如图 5-3-11 所示。

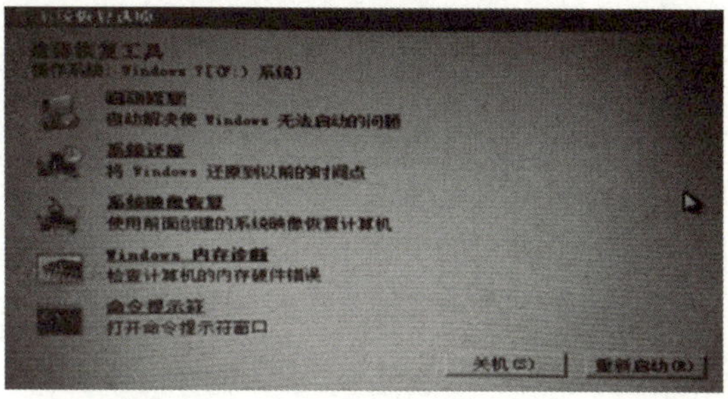

图 5-3-10 选择恢复工具

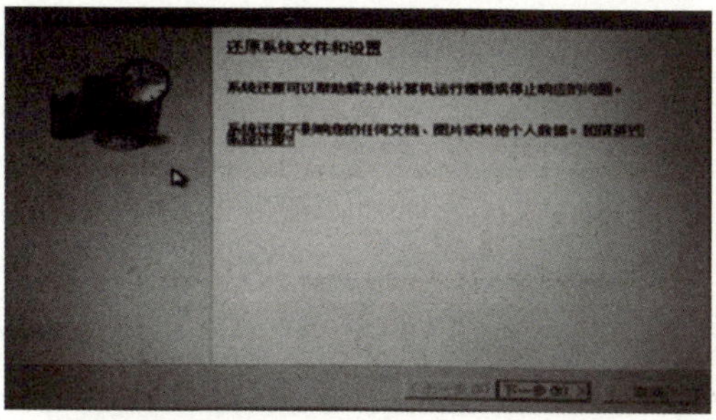

图 5-3-11 系统还原

④ 在图 5-3-11 窗口中点击“下一步”，则会弹出如图 5-3-12 所示对话框，让你选择将系统恢复到哪个还原点，窗口中列出了用户备份系统后创建的所有还原点；选中“显示更多还原点”复选框，则会显示出系统在安装重要软件或系统升级时自动创建的还原点，如图 5-3-13 所示。

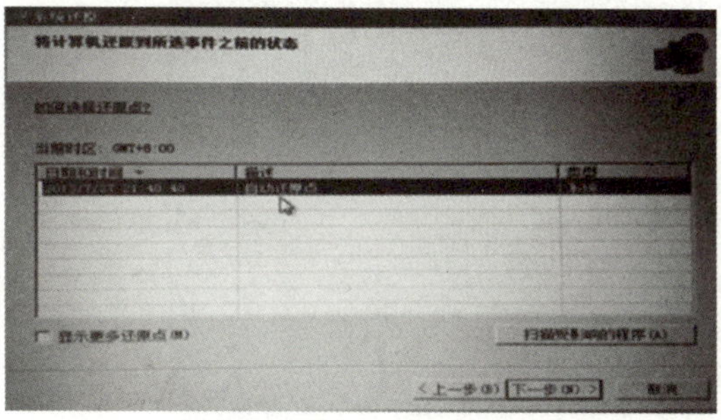

图 5-3-12 选择还原点

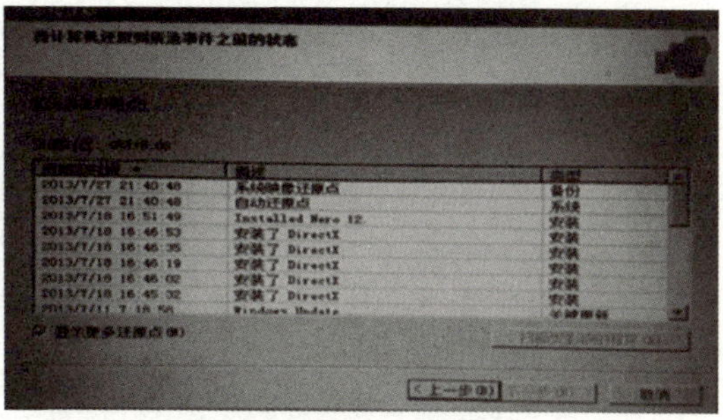

图 5-3-13 显示更多还原点

⑤ 点击“下一步”，则会弹出“确认还原点”对话框，如图 5-3-14 所示，点击“确认还原点”窗口中的“完成”按钮，即可开始还原，用 10～20 分钟系统便完好如初了。

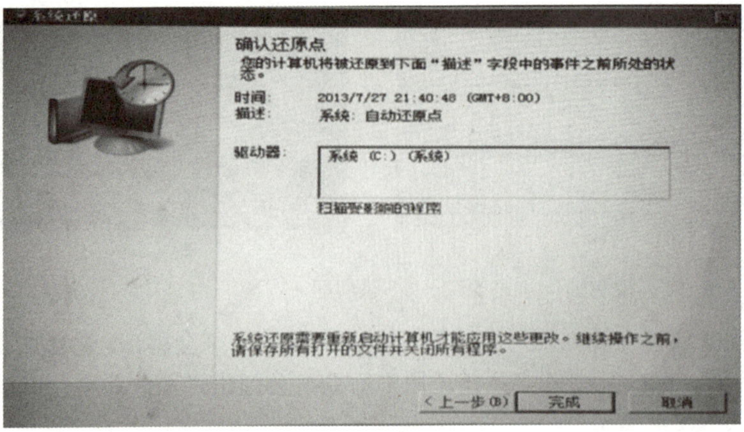

图 5-3-14　确认还原点

2. 使用 Ghost 备份与恢复系统

（1） 使用 Ghost 软件备份系统

使用 Ghost 软件进行备份与恢复系统时最好使用 Dos 版的 Ghost，这样比较安全与可靠。我们通常把 Ghost 文件复制到启动软盘（U 盘）里，也可将其刻录进启动光盘，具体步骤如下：

① 用启动盘（软盘或 U 盘或光盘）启动后进入 Dos 环境，在提示符下输入 Ghost，按 Enter 键即可运行 Ghost，首先出现的是关于界面，如图 5-3-15 所示。

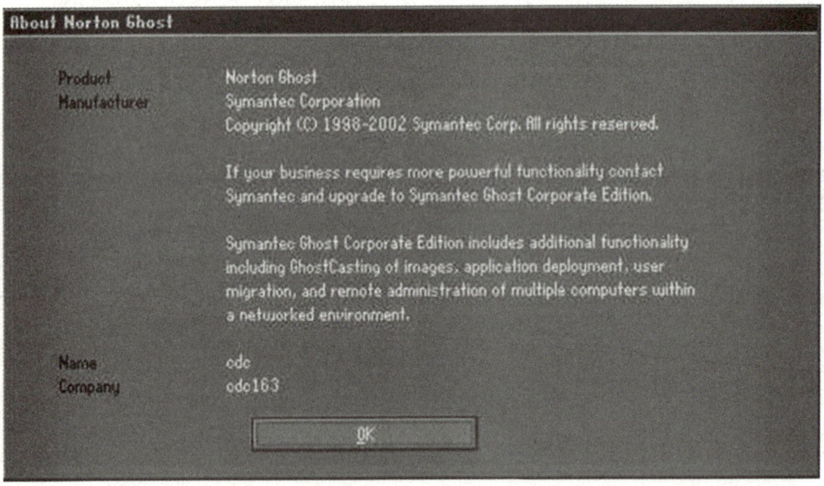

图 5-3-15　关于界面

② 单击"OK"按钮进入 Ghost 主界面（如图 5-3-16 所示），在主界面中选择"Local"→"Partition"→"To Image"菜单，弹出硬盘选择窗口（如图 5-3-17 所示）。

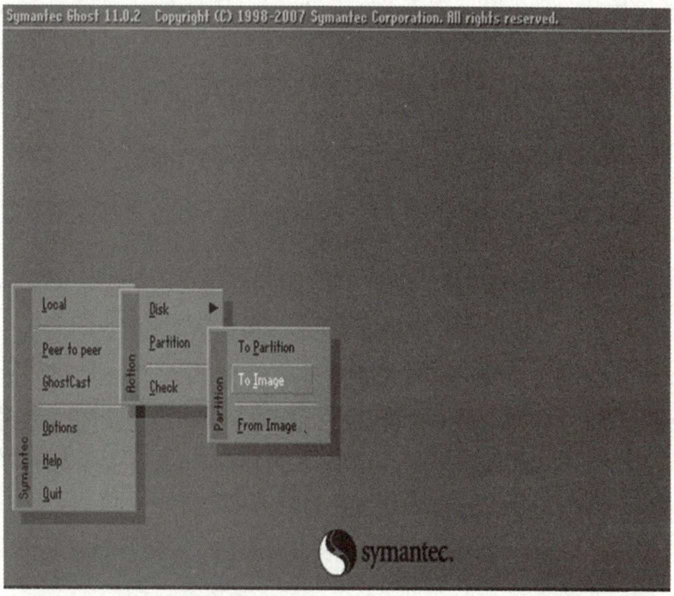

图 5-3-16　Ghost 主界面

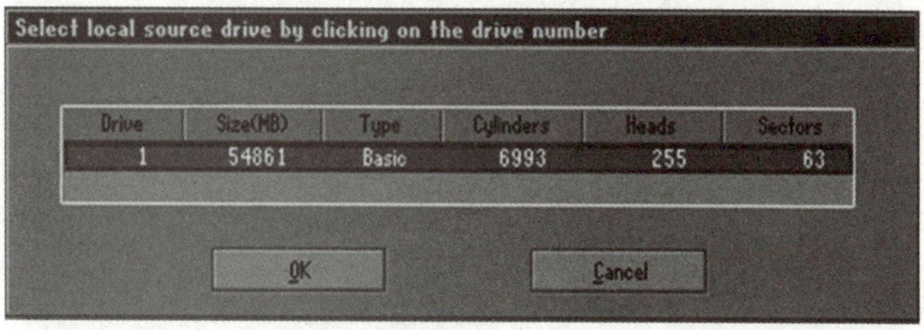

图 5-3-17　硬盘选择窗口

③ 在图 5-3-17 所示的“硬盘选择”窗口中，选择要进行备份的系统所在的硬盘，点击“OK”按钮，则会弹出“分区选择”窗口，让你选择要备份的系统所在的分区，通常选择第一个分区（即 C 盘），如图 5-3-18 所示。

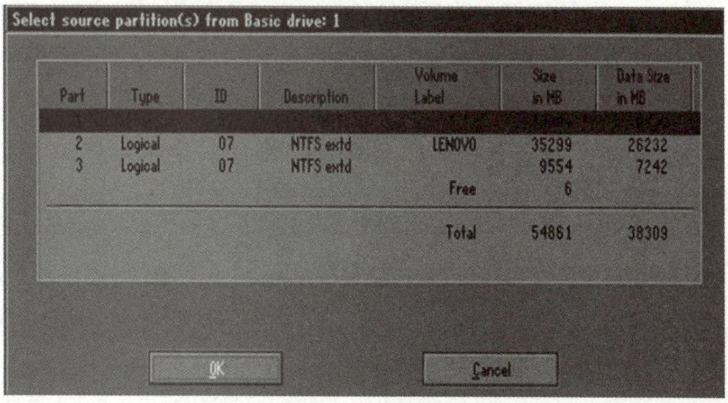

图 5-3-18　备份操作

④ 点击“OK”按钮，则弹出“硬盘选择”窗口，让你选择要将系统备份到哪个硬盘，如图 5-3-19 所示。

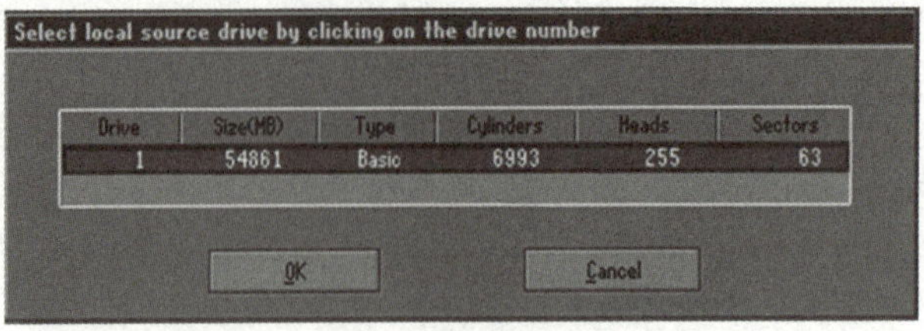

图 5-3-19　选择要备份硬盘

⑤ 在图 5-3-19 中选择系统备份目的硬盘后，点击“OK”按钮则会让你确定系统备份的文件名称和目录，若没有鼠标，可用键盘进行操作：Tab 键进行切换，按 Enter 键进行确认，方向键进行选择，如图 5-3-20 所示，在弹出的窗口中选择备份储存的目录路径并输入备份文件名称，注意备份文件的名称带有 GHO 的后缀名。

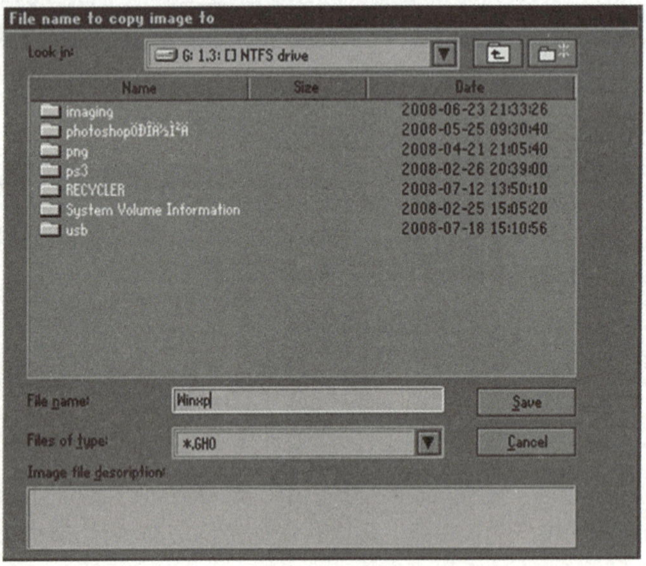

图 5-3-20　确定系统备份的文件名称和目录

⑥ 接下来确定系统备份时的数据压缩选项，如图 5-3-21 所示，给出 3 个选择：“No”表示不压缩，“Fast”表示压缩比例小而执行备份速度较快，“High”就是压缩比例高但执行备份速度相当慢。通常可以选择“Fast”，接着又出现一个提示窗口，如图 5-3-22 所示。

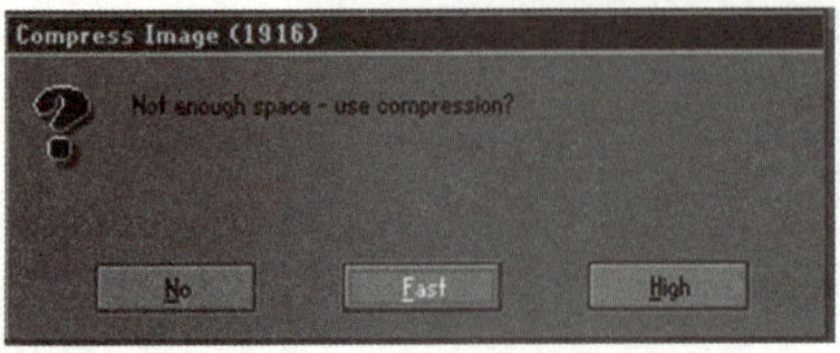

图 5-3-21　压缩选项

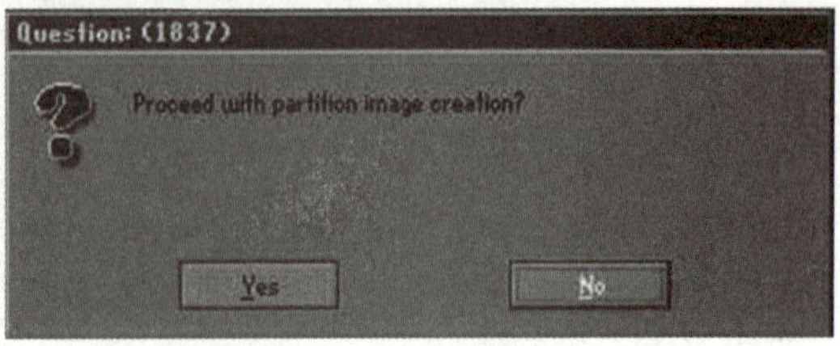

图 5-3-22　提示窗口

⑦ 用光标方向键移动到“Yes”上，按 Enter 键确定即开始进行系统分区盘的备份，备份进度界面如图 5-3-23 所示，Ghost 备份的速度相当快，不用久等就可以完成，备份的文件以 GHO 后缀名储存在设定的目录中。

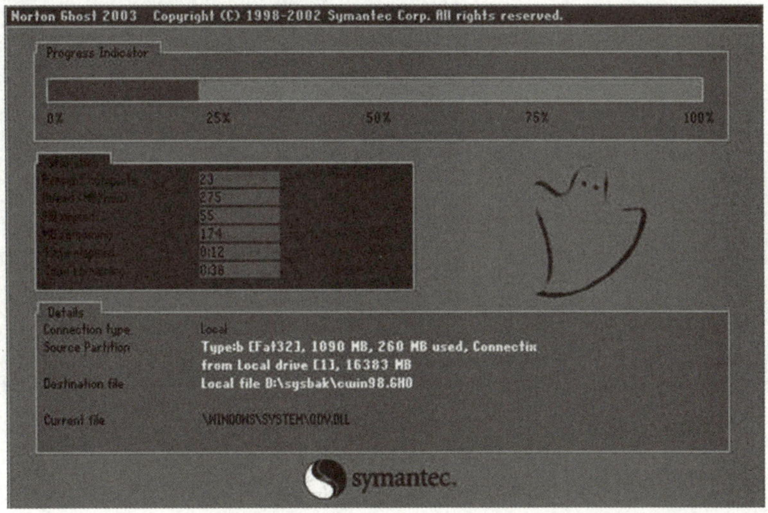

图 5-3-23　备份进度界面

⑧ 创建镜像文件成功后，会出现提示创建成功窗口，如图 5-3-24 所示。

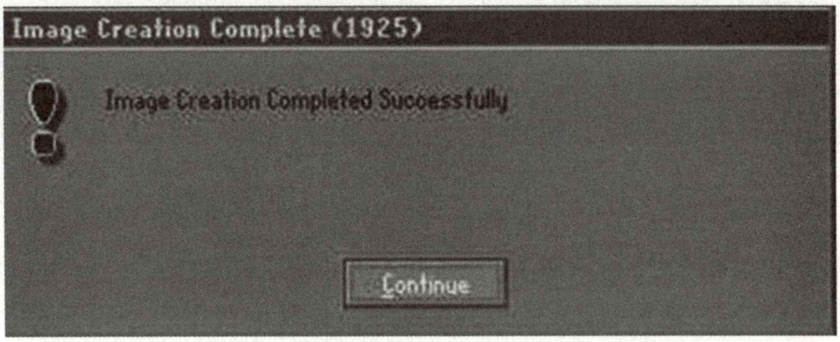

图 5-3-24　提示创建成功

（2） 使用 Ghost 软件恢复系统

制作好镜像文件，我们就可以在系统崩溃后还原，这样又能恢复到制作镜像文件时的系统状态。系统从镜像文件恢复的具体步骤如下：

① 用启动盘（软盘或 U 盘或光盘）启动后进入 Dos 环境，在提示符下输入 Ghost，按 Enter 键即可运行 Ghost，出现 Ghost 主菜单后，用光标方向键移动到菜单“Local”→“Partition”→“From Image”，如图 5-3-25 所示，然后按 Enter 键。

② 出现“选择镜像文件”窗口，如图 5-3-26 所示，在 File name 处输入镜像文件的完整路径及文件名（你也可以用光标方向键配合 Tab 键分别选择镜像文件所在路径、输入文件名，但比较麻烦），如 d:\sysback\win7.gho，再按 Enter 键。

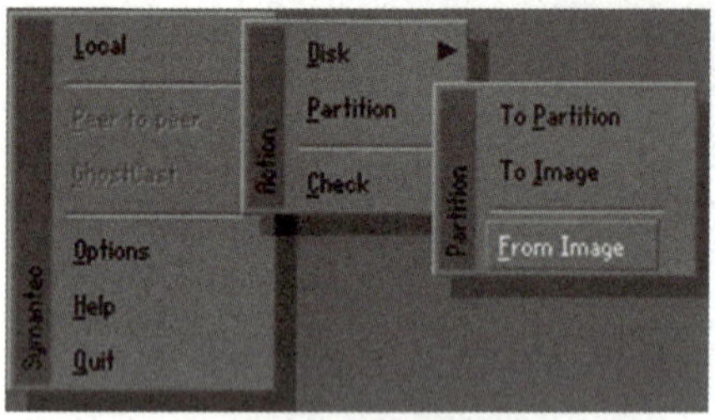

图 5-3-25　系统恢复菜单

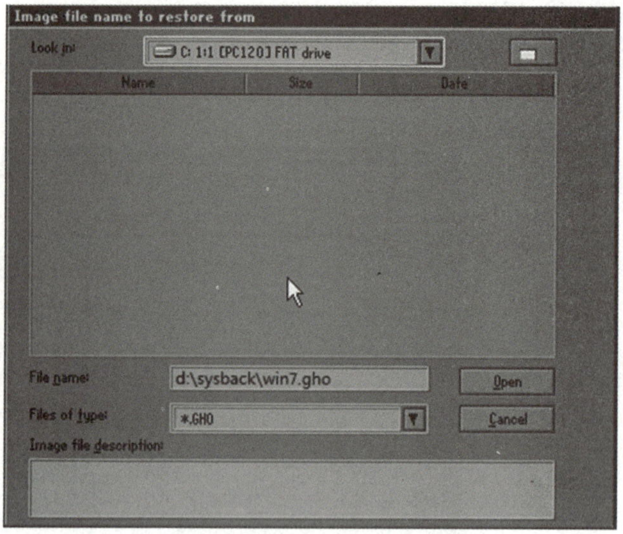

图 5-3-26　选择镜像文件

③ 系统弹出镜像文件中“选择源分区”窗口，如图 5-3-27 所示，让你选择要将镜像文件中哪个分区数据恢复，通常只有一个分区数据，直接按 Enter 键，即会弹出窗口选择要进行系统恢复的硬盘，如图 5-3-28 所示。

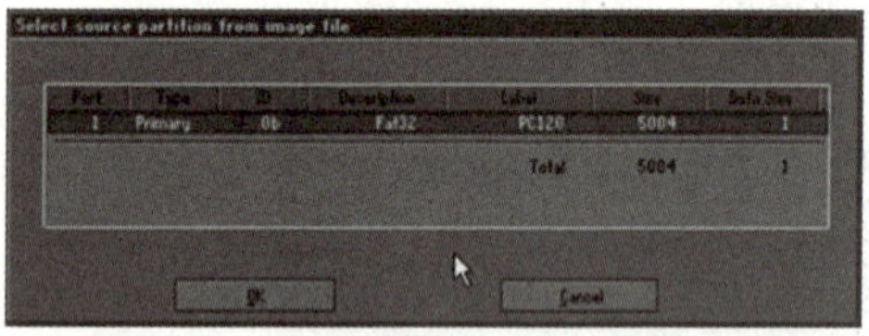

图 5-3-27　选择源分区

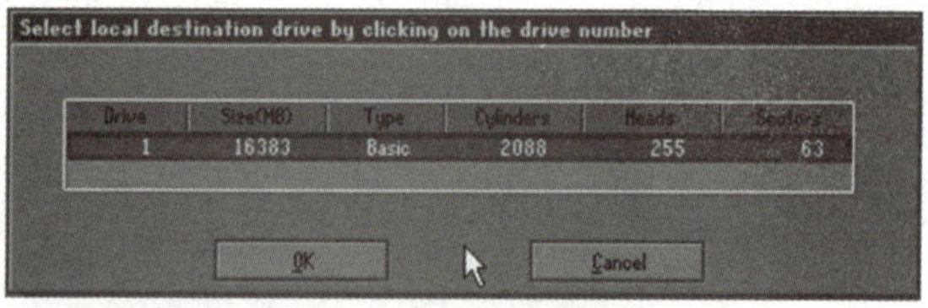

图 5-3-28　选择要进行系统恢复的硬盘

④ 点击图 5-3-28 中的“OK”按钮，则弹出目的分区选择窗口，如图 5-3-29 所示，选择要系统恢复的硬盘所在的分区，点击“OK”按钮后则又会弹出一个确认窗口，如图 5-3-30 所示。

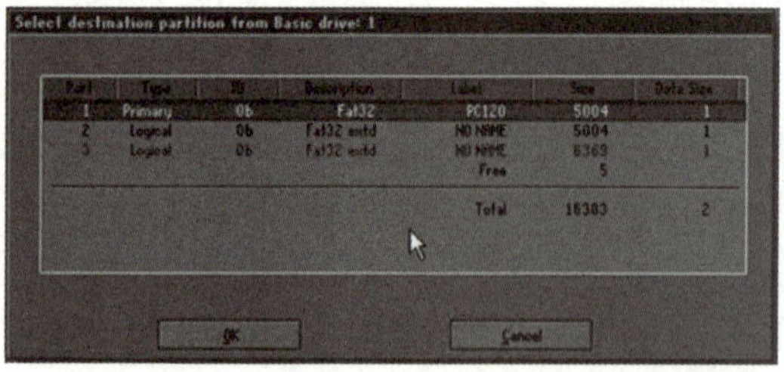

图 5-3-29　选择要系统恢复的分区

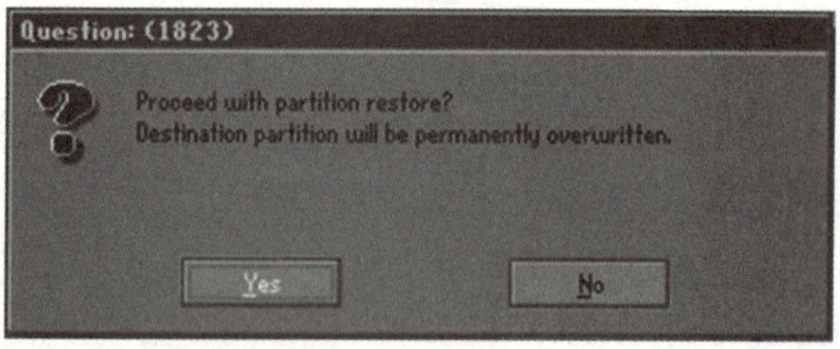

图 5-3-30　确认窗口

⑤ 点击图 5-3-30 中的“YES”按钮，即开始进行系统恢复，恢复时间通常会持续十几到二十几分钟，具体时间长短跟待恢复的系统分区容量的大小有关，具体恢复界面如图 5-3-22 所示，恢复完成后会弹出一个系统恢复成功提示窗口。

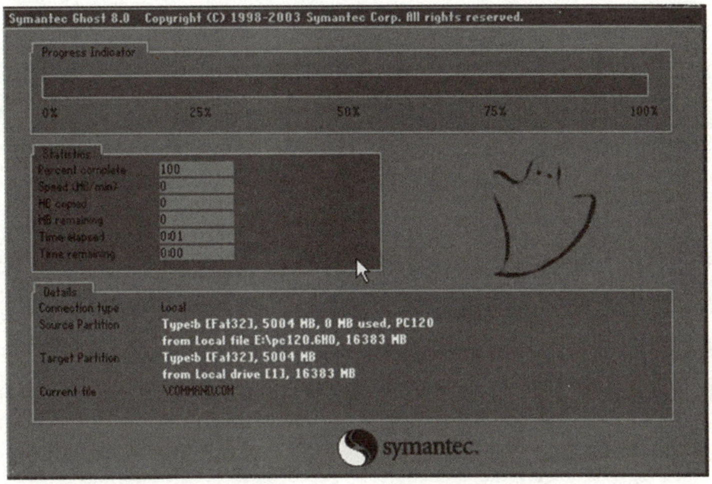

图 5-3-31 恢复界面

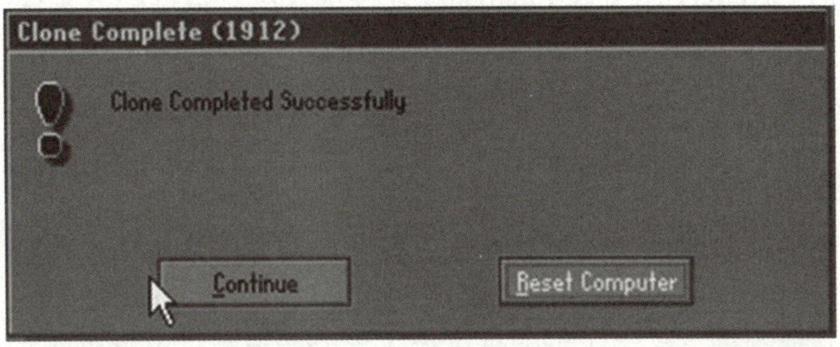

图 5-3-32 恢复成功提示窗口

提示：

使用 Ghost 进行系统备份，有整个硬盘（Disk）和分区硬盘（Partition）两种方式。在菜单中点击 Local（本地）项，在右面弹出的菜单中有 3 个子项，其中 Disk 表示备份整个硬盘（即克隆）、Partition 表示备份硬盘的单个分区、Check 表示检查硬盘或备份的文件，查看是否可能因分区、硬盘被破坏等造成备份或还原失败。

五、总结提高

通过本节的学习，读者学习了操作系统的备份与恢复的方法。

对操作系统进行备份与恢复的流程基本上是：先进行操作系统的备份，备份后会生成一个备份文件，该文件可能是可见的也可能是隐藏而不可见的。恢复操作系统则是使用先前备份时使用的备份工具读取备份文件来恢复操作系统。使用 Win7 自带的工具进行备份与恢复操作系统的方法只适合对 WIN7 操作系统进行备份与恢复，而使用 Ghost 软件则可以备份和恢复多种操作系统。

任务四 数据恢复

一、任务描述

计算机用户通常将大量的数据信息存贮在计算机的硬盘中，便于今后查询与管理。但是病毒感染、误格式化、误分区、误克隆、误删除、操作断电等原因很可能导致数据丢失而给用户带来巨大的损失。当发生数据丢失灾难，数据恢复是最后一道补救措施。尽可能短的时间内使得你丢失的数据恢复正常运营是尤为重要的。本任务主要介绍和学习数据恢复软件的使用。

二、任务分析

主要介绍使用 EasyRecovery 和 FinalData 软件进行用户数据的恢复操作。

三、相关知识点

1. 数据恢复

当存储介质出现损伤或由于人员误操作、操作系统本身故障所造成的数据看不见、无法读取、丢失。工程师通过特殊的手段读取在正常状态下不可见、不可读、无法读的数据。现实中很多人不知道删除、格式化等硬盘操作丢失的数据是可以恢复的，以为删除、格式化以后数据就不存在了。事实上，上述简单操作后数据仍然存在于硬盘中，懂得数据恢复原理知识的人只需几下便可将消失的数据找回来。

数据恢复使用的软件很多，有效率源 DATACOMPASS、PC-3000、Final Data、Easy Recovery、easy undelete、PTDD、WinHex、R-STUDIO、DiskGenius、RAID Reconstructor、AneData 安易硬盘数据恢复软件、D-Recovery 达思数据恢复软件、易我数据恢复等。

2. Easy Recovery

Easyrecovery 是一个非常著名的老牌数据恢复软件。该软件功能可以说是非常强大。无论是误删除/格式化还是重新分区后的数据丢失，其都可以轻松解决，甚至可以不依靠分区表按照簇来进行硬盘扫描。在文件修复中，该软件提供了对 Word 文档、Excel 电子表格、Powerpoint 简报、Access 数据库及 ZIP 压缩文件的修复功能，并且软件还提供了对电子邮件 Outlook 的修复功能，这款软件的功能十分强大。

3. FinalData

FinalData 具有强大的数据恢复功能，当文件被误删除（并从回收站中清除）、FAT 表或者磁盘根区被病毒侵蚀造成文件信息全部丢失、物理故障造成 FAT 表或者磁盘根区不可读，以及磁盘格式化造成的全部文件信息丢失之后，FinalData 都能够通过直接扫描目标磁盘抽取并恢复出文件信息（包括文件名、文件类型、原始位置、创建日期、删除日期、文件长度等），用户可以根据这些信息方便地查找和恢复自己需要的文件，甚至在数据文件已经被部分覆盖以后，专业版 FinalData 也可以将剩余部分文件恢复出来。

四、任务实施

1. 使用 Easy Recovery 进行数据恢复

安装原版软件可以一路按下“Next”按钮，安装完毕后会提示注册，按“SKIP”跳过就可以了。安装好原版软件之后，再安装汉化包。只要一路按“下一步”按钮就可以了。需要注意的地方是，安装汉化包之前，如果已经运行了 EasyRecovery，一定要先退出，再汉化，否则会导致汉化失败。安装好的 Easy Recovery 软件界面如图 5-4-1 所示。

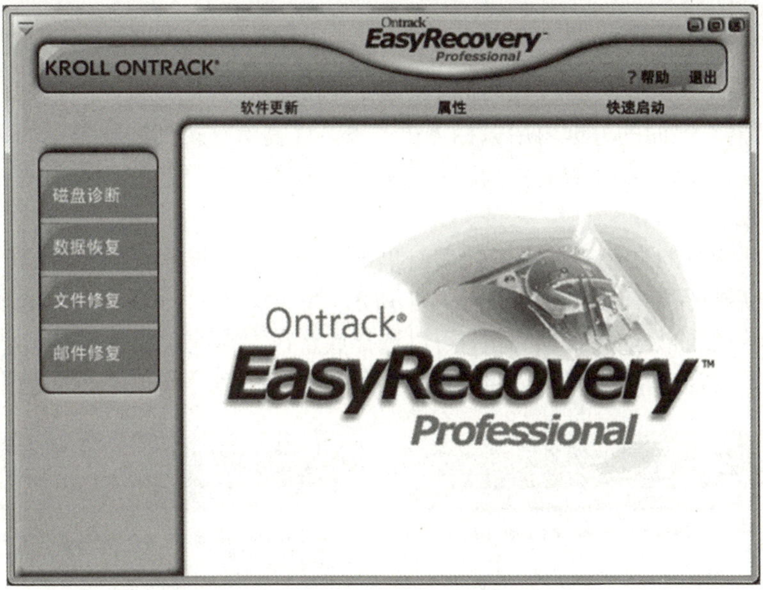

图 5-4-1　汉化版 EasyRecovery

（1）　找回被误删除的数据

要使用 EasyRecovery 找回被误删除的数据具体步骤如下：

① 选择 EasyRecovery 主界面左侧选项中的第二项“数据恢复”，然后选择右侧的“查找并恢复已删除的文件”，如图 5-4-2 所示，软件会自动扫描一下系统，稍等一会。然后会弹出一个窗口，让你选择要恢复的文件所在的分区，如图 5-4-3 所示。左面是选择分区，被删除的文件本来是在哪个分区的，那么就选择这个分区，如果被删除的文件原来是放在桌面上的，选择 C 分区，如果你 C 盘 D 盘 E 盘都有被误删的文件，不能一下通通恢复，需要重复恢复步骤。右边的“完整扫描”复选框一般不需要选择，如果你接下来恢复数据时发现不是所有被删除的文件都能被恢复，那么可以选择这个选项再重新恢复一遍。本例中 E 盘中的文件被误删除了，就选择 E 盘。

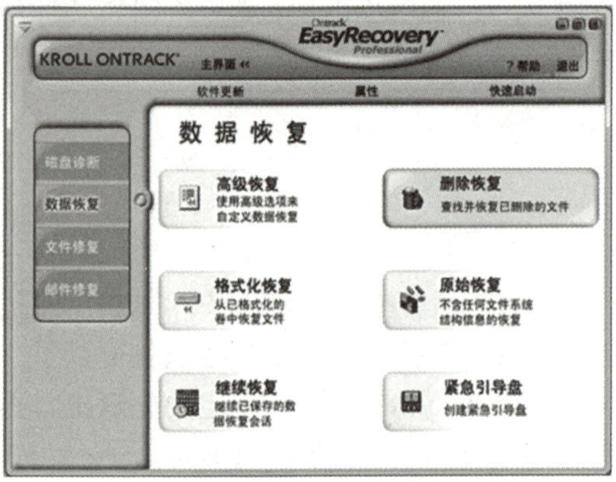

图 5-4-2　选择数据恢复

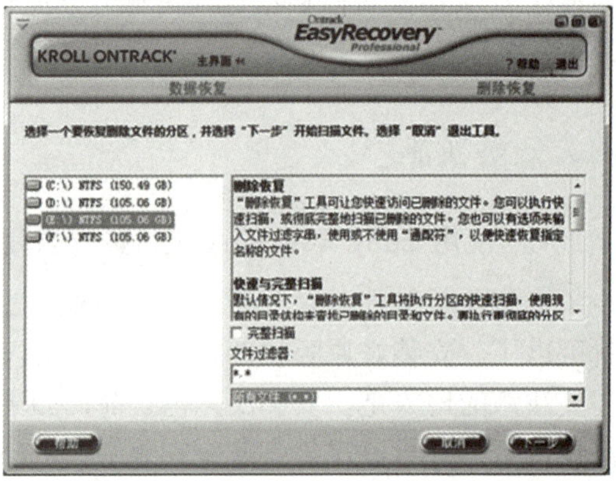

图 5-4-3　选择要数据恢复的分区

② 单击“下一步”，经过一段时间的扫描，程序会找到你被删除的数据。在左面窗口的“我的驱动器”前面的方框内用鼠标点击一下，恢复所有找到的数据。如果你只想恢复你想要的数据，可以在右边的文件列表中寻找，并在想要恢复的文件前面的方框内打勾，如图 5-4-4 所示。

③ 上述要恢复的文件选择完毕之后，单击“下一步”按钮，则会弹出一个窗口让你选择数据恢复后将保存在哪里，如图 5-4-5 所示。你可以在“恢复目的地选项”下拉列表框中选择将要恢复的数据保存到哪里，可以选择放置在本地硬盘或者保存到一个 FTP 服务器上面，点击“高级”按钮则可以将恢复的数据统统压缩到一个 ZIP 压缩包内。

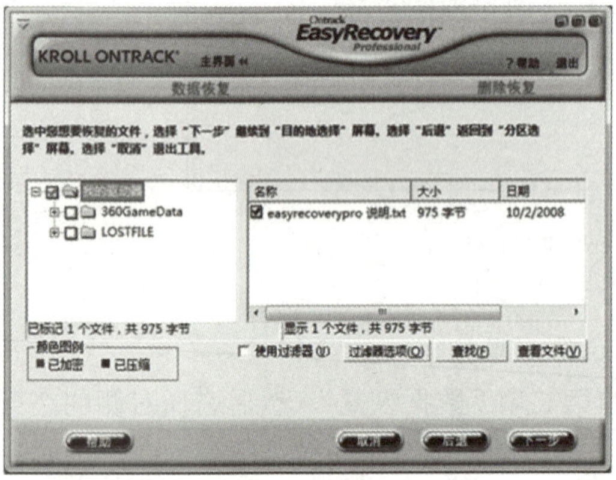

图 5-4-4　选择要恢复的文件

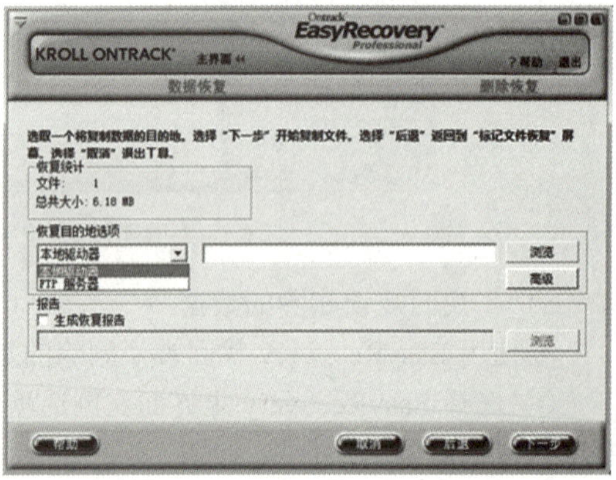

图 5-4-5　设置恢复目的地选项

提示一下，最好不要将这些要恢复的数据放在你的被删除文件的盘内，比如，你要恢复 E 盘的数据，那么恢复出来的数据最好不要放在 E 盘，否则很可能发生错误，导致恢复失败，或者数据不能完全被恢复。

④ 单击“下一步”，接下来程序就会恢复你的数据了，耐心的等待一下，恢复完毕后，就可以到相应的盘内找到你的数据了。

（2）　找回被格式化盘中的数据

① 在 EasyRecovery 主界面中选择左侧选项中的第二项“数据恢复”，然后选择右侧

的“从已格式化的卷中恢复文件”，如图 5-4-6 所示。软件会先扫描一下硬盘，稍等片刻，扫描完成后会弹出如图 5-4-7 所示的窗口，让你选择先去格式化过的要恢复数据的分区，在“以前的文件系统”下面的下拉列表框中可以选择该分区在格式化前使用的文件系统格式。

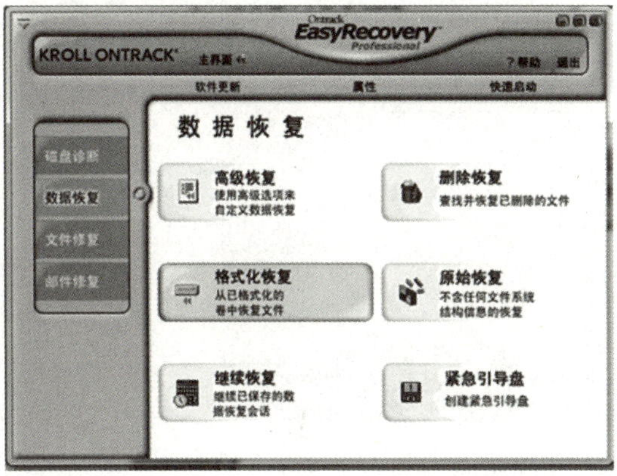

图 5-4-6 选择格式化恢复

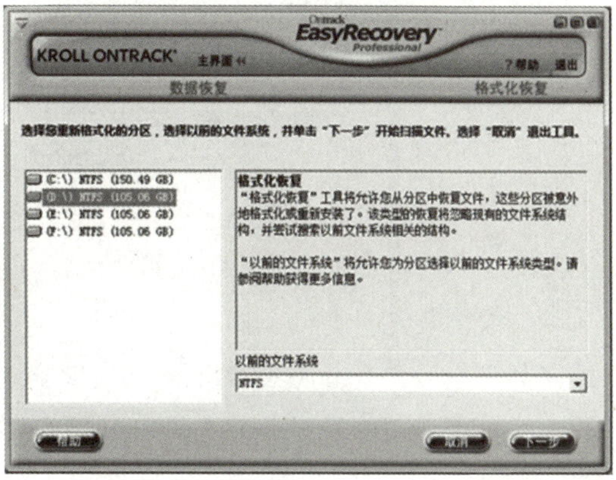

图 5-4-7 选择要恢复数据的分区

② 单击“下一步”按钮，程序会判断硬盘区块的大小，稍等一下，然后就会扫描要恢复的文件，如图 5-4-8 所示，时间比较长，是根据要恢复数据的分区大小来决定的。扫描结束后，列出丢失文件的列表，并且都放在 LOSTFILE 目录下，在前面的小方框内打上勾，恢复所有找到的文件。也可以用鼠标左键按一下 LOSTFILE 前面的＋号，显示列表，然后从中选取你要恢复的文件，如图 5-4-9 所示。

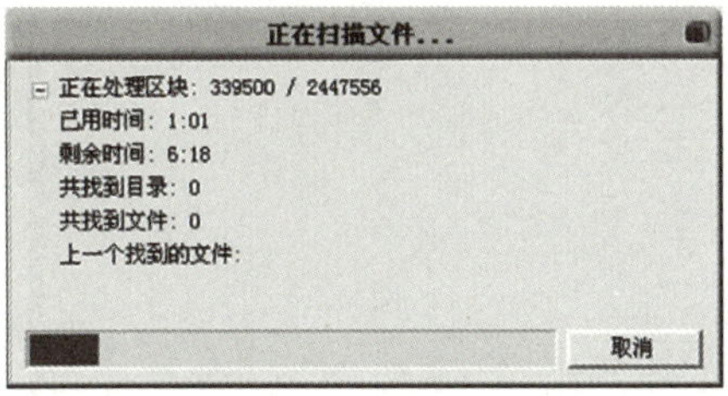

图 5-4-8 扫描文件

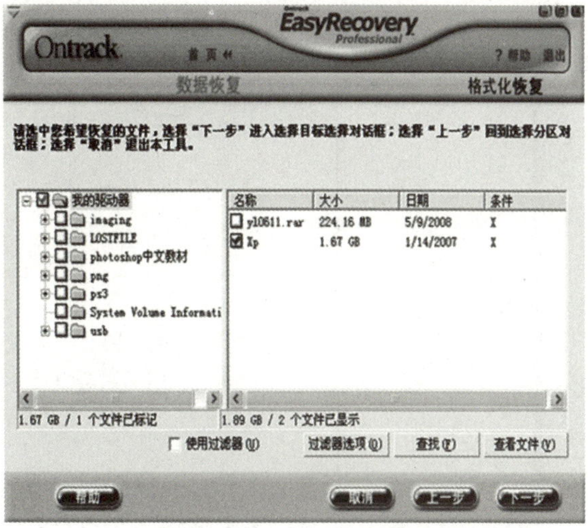

图 5-4-9 选择要恢复的文件

③ 单击“下一步”，弹出一个窗口让你选择数据恢复后将保存在哪里，如图 5-4-10 所示，具体设置和前面所述的相同。设置完成后点击“下一步”，软件即开始恢复数据了，这个过程是比较慢的。恢复完毕后，在相应盘内就可以看到恢复出来的数据了。

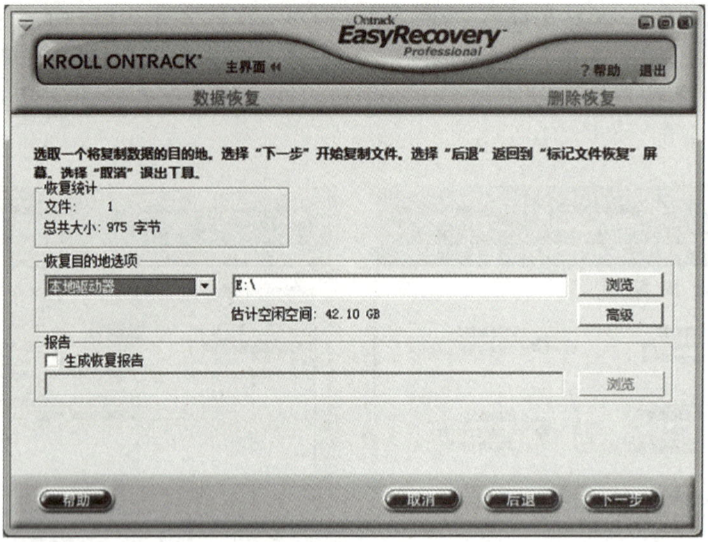

图 5-4-10 设置恢复目的地选项

2. 使用 FinalData 进行数据恢复

FINALDATA 支持安装版和绿化版两种方式。当您插入安装企业版 FINALDATA 3.0 的 CD-ROM 时，安装程序将会自动启动。FinalData 的安装步骤极为简单，只需要一直按“下一步”按钮就可以完成。但需要特别提醒用户注意的是，如果您安装软件时已有需要恢复的数据，那么绝对不要将软件安装在等待恢复数据的硬盘分区上，最理想的方法是将软件安装在另外一块硬盘上。FinalData 3.0 企业版安装程序完成后，程序界面如图 5-4-11 所示。

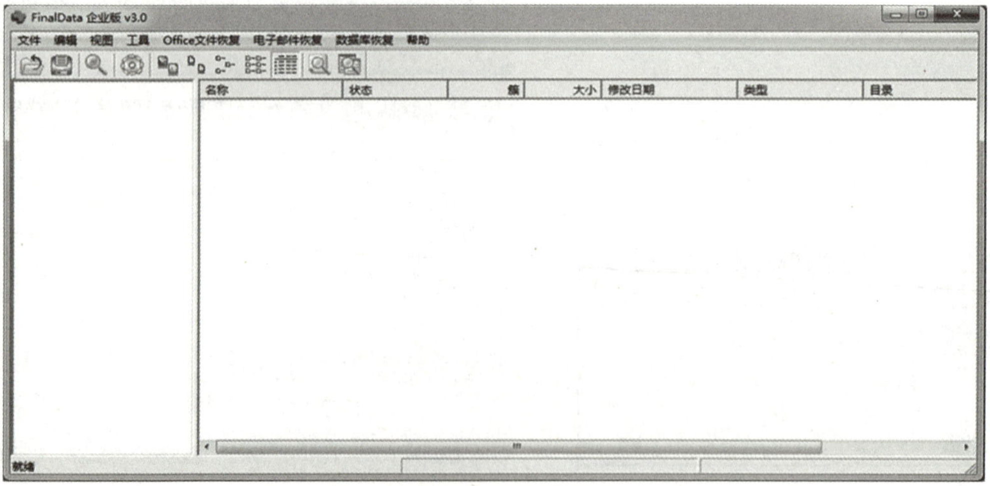

图 5-4-11 主界面

（1） 使用向导恢复已删除的文件

① 在 FINALDATA 3.0Wizard 如图 5-4-12 窗口中点击“恢复删除/丢失文件”按钮，则会弹出如图 5-4-13 所示的窗口。

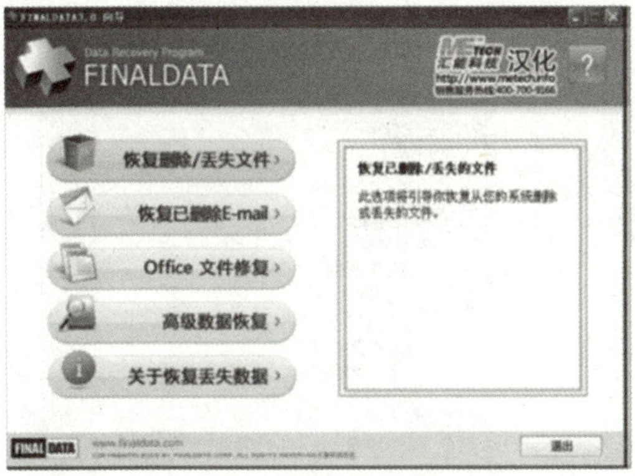

图 5-4-12　数据恢复向导

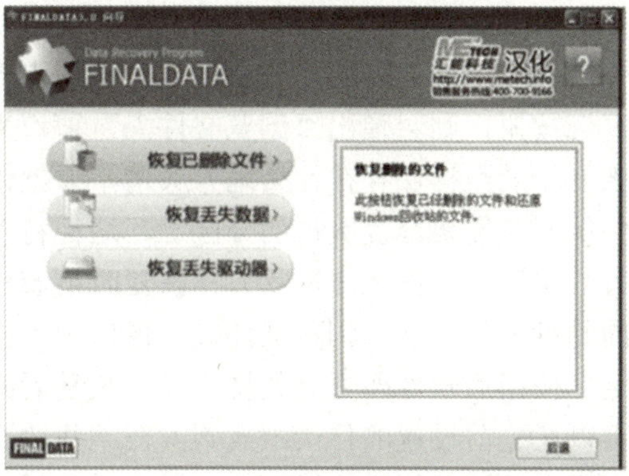

图 5-4-13　恢复删除/丢失文件

② 点击“恢复已删除文件”按钮，在弹出的“驱动器选择”窗口中选择需要恢复文件的硬盘分区，如图 5-4-14 所示，然后点击“扫描”按钮开始搜索该分区的文件，如图 5-4-15 所示。

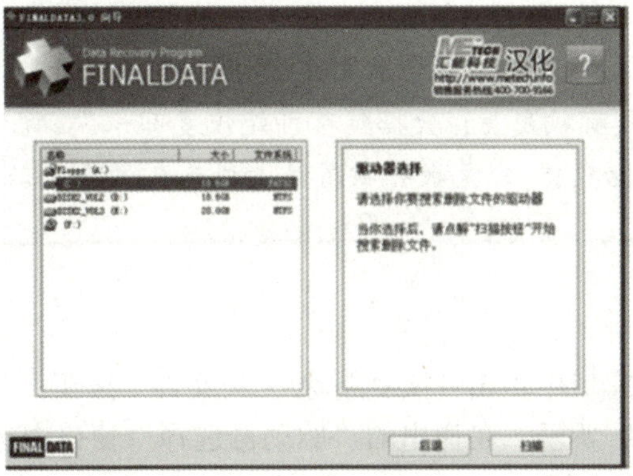

图 5-4-14　驱动器选择

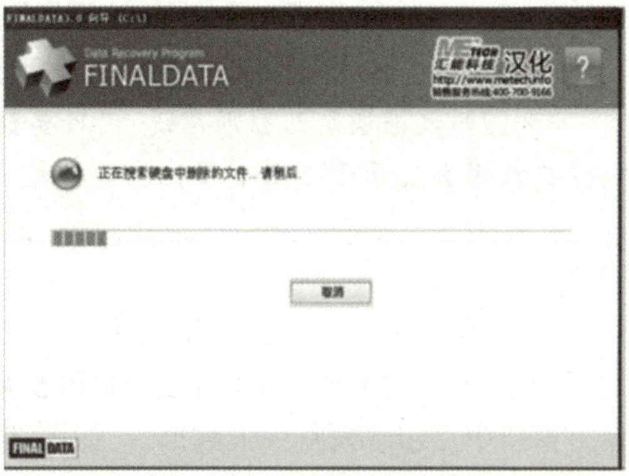

图 5-4-15　搜索分区文件

③ 在如图 5-4-16 窗口中会列出搜索到的文件，如果搜索到的文件太多，您可以点击“搜索/筛选”按钮，以过滤您需要恢复的文件，如图 5-4-17 所示。搜索完成后请选择您需要恢复的文件，然后点击“恢复”按钮。

图 5-4-16　搜索到的文件

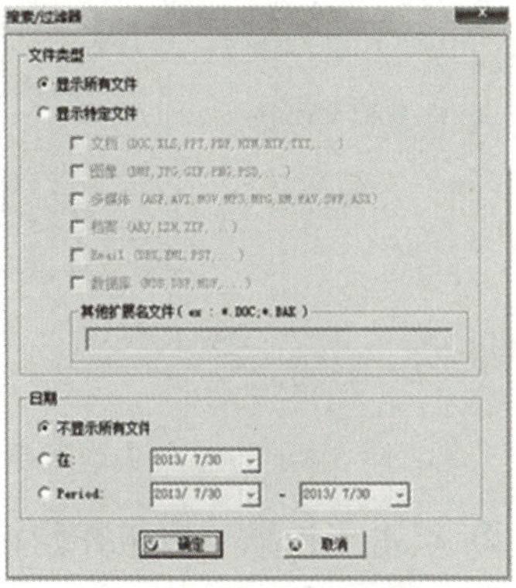

图 5-4-17　设置过滤条件

④ 在图 5-4-16 窗口中找到所有要恢复的文件，并选中文件名前面的复选框，然后点击“恢复”按钮，则会弹出“浏览文件夹”窗口来设置恢复好的数据保存在什么地方（请不要把恢复文件保存在需要修复数据的分区上，这样将覆盖原有数据造成数据无法恢复），在恢复时请选择其他的硬盘分区。在“浏览文件夹”窗口中点击“确定”按钮后软件即开始数据恢复，恢复后的数据可以在先前设置的目录中找到，在某些情况下，在恢复前被其他作品损坏的文件无法正常运行。

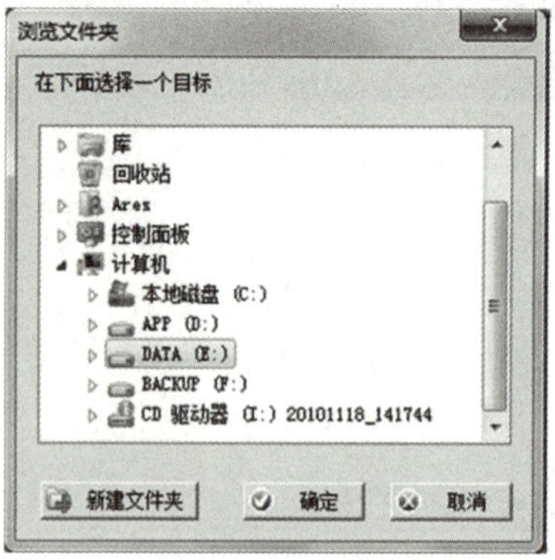

图 5-4-18　浏览文件夹

提示：

（1）有时候磁盘打不开，需要格式化才能打开。如果数据重要，千万别尝试格式化后再恢复，因为格式化本身就是对磁盘写入的过程，只会破坏残留的信息。

（2）数据恢复工程师常说：“只要数据没有被覆盖，数据就有可能恢复回来”，所以在数据丢失后千万不要再往存储介质中存储数据，以免数据被覆盖造成永久的丢失。

（2）　使用向导恢复格式化文件

① 在 FINALDATA 3.0Wizard 如图 5-4-12 窗口中点击“恢复删除/丢失文件”按钮，在弹出窗口中点击“恢复丢失数据”，如图 5-4-19 所示。在弹出的“驱动器选择”窗口中选择需要恢复的文件所在的硬盘分区，如图 5-4-20 所示。

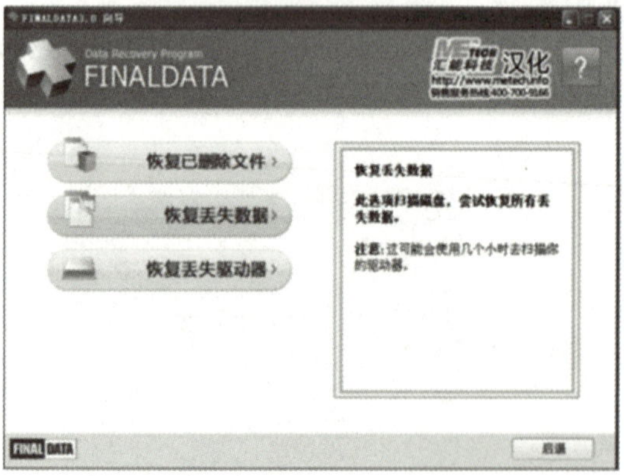

图 5-4-19　恢复丢失数据

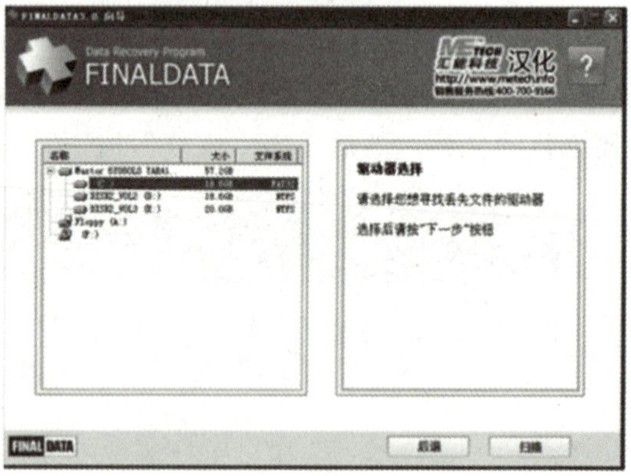

图 5-4-20　驱动器选择

② 点击“扫描”按钮开始搜索该分区的文件，如图 5-4-21 所示。在如图 5-4-22 窗口中会列出搜索到的文件。

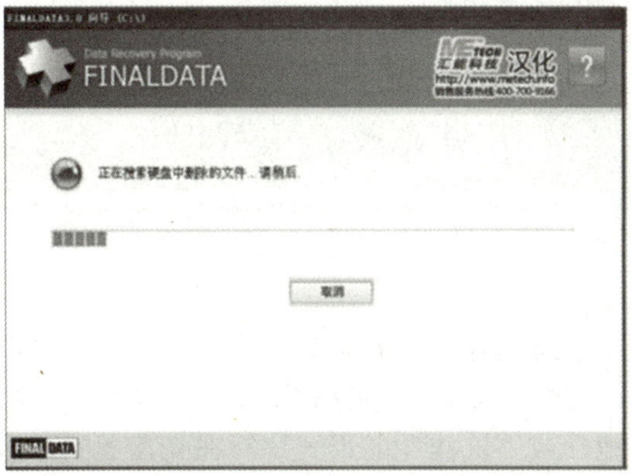

图 5-4-21　搜索分区文件

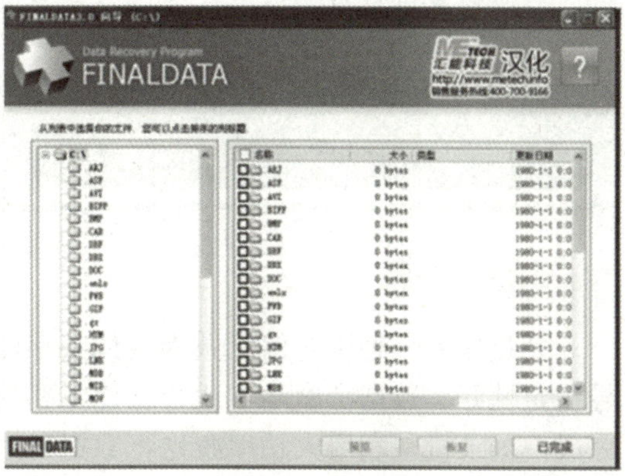

图 5-4-22　搜索到的文件

③ 找到所有要恢复的文件，并选中文件名前面的复选框，然后点击“恢复”按钮，则会弹出“浏览文件夹”窗口来设置恢复好的数据保存在什么地方，如图 5-4-23 所示。设置完成后点击“确定”按钮，软件即开始数据恢复，恢复后的数据可以在先前设置的目录中找到，如图 5-4-24 所示。

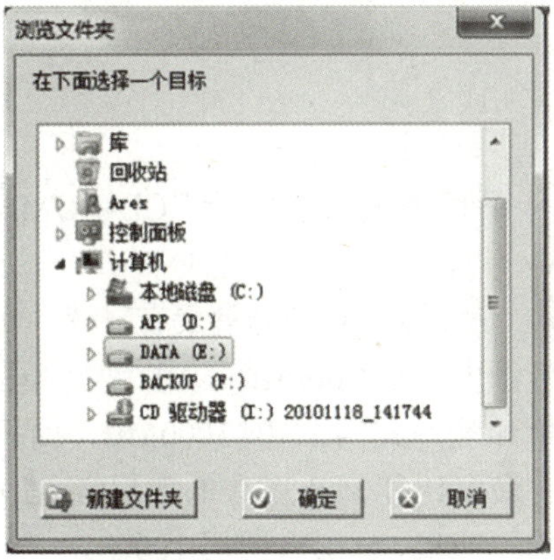

图 5-4-23　浏览文件夹

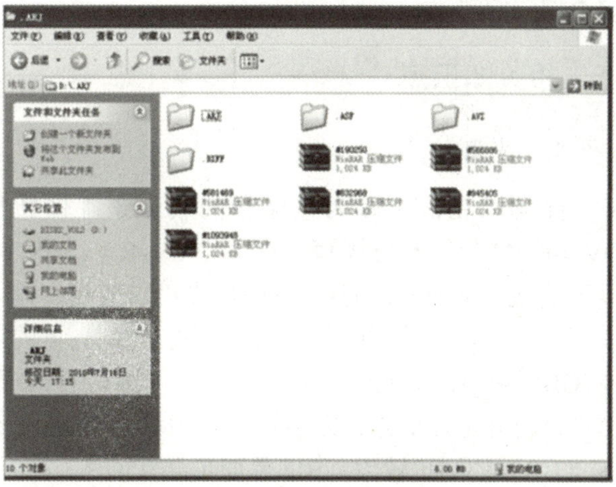

图 5-4-24　恢复的文件

五、总结提高

通过本节的学习，读者学习了数据恢复的方法。

灾难数据恢复工具是 IT 人员的必备工具之一，Easyrecovery、FinalData 以其强大、快速的恢复功能和简便易用的操作界面成为 IT 专业人士的首选工具。数据恢复工具对误删除、误格式化等的数据恢复步骤有所不同，但总的来说，数据恢复的大致步骤为：

选择数据恢复的方式（恢复误删除还是误格式化的数据等）；

选择要数据恢复的分区；

选择要恢复的数据文件；

点击恢复进行数据恢复，并选择恢复的数据的保存路径。

任务五　刻录数据光盘

一、任务描述

光盘作为一种以光信息做为载体来存储数据信息的存储介质，它具有容量大、数据信号稳定性好、数据密度高、适合长期保存的良好特性。光盘的数据存储主要靠光盘刻录机完成，刻录机是利用大功率激光将数据以“平地”或“坑洼”的形式烧写在光盘上的，而光盘刻录机同时要由光盘刻录软件驱动来实现数据刻录。本任务主要介绍和学习光盘及光盘刻录的一些知识。

二、任务分析

主要介绍如何在 Windows 资源管理器中刻录 CD 或 DVD，以及如何使用 Nero 软件来刻录数据光盘。

三、相关知识点

1. 光盘

光盘以光信息做为存储物的载体来存储数据，分不可擦写光盘（如 CD-ROM、DVD-ROM 等）和可擦写光盘（如 CD-RW、DVD-RAM 等）。

光盘主要有 CD 光盘、DVD 光盘、蓝光光盘（BD）三大类，此外光盘又有只读、可读可写及可写一次可读多次三中形式。CD 光盘的最大容量大约是 700MB，DVD 盘片单面 4.7GB，最多能刻录约 4.59G 的数据（因为 DVD 的容量计量方式为 1GB=1000MB，而操作系统的容量计量方式为 1GB=1024MB）（双面 8.5GB，最多约能刻 8.3GB 的数据），蓝光（BD）的则比较大，BD 单面单层 25GB、双面 50GB、三层 75GB、四层 100GB。

表 5-5-1 所示描述了不同种类的 CD 和 DVD，并提供了有关其正确用途的信息。

表 5-5-1　CD 和 DVD

光　盘	常规信息	容　量	兼 容 性
CD-ROM	称为“只读”光盘，通常用于存储商业程序和数据。不能在 CD-ROM 上添加或删除信息。	650 MB	与大多数计算机和设备高度兼容。
CD-R	可以多次将文件刻录到 CD-R（每次称为一个“会话”），但是无法从 Mastered 光盘中删除文件。每次刻录都是永久性的。	650 MB 700 MB	要在不同的计算机中读取该光盘，您必须先关闭会话。与大多数计算机和设备高度兼容。
CD-RW	可以多次将文件刻录到 CD-RW。也可以从光盘上删除不需要的文件，以便回收空间以及添加其他文件。CD-RW 可以多次刻录和擦除。	650 MB	与许多计算机和设备兼容。

（续表）

光 盘	常规信息	容 量	兼容性
DVD-ROM	称为“只读”光盘，通常用于存储商业程序和数据。不能在 DVD-ROM 上添加或删除信息。	4.7 GB	与大多数计算机和设备高度兼容。
DVD-R	可以多次将文件刻录到 DVD-R（每次称为一个“会话”），但是不能从光盘中删除文件。每次刻录都是永久性的。	4.7 GB	要在不同的计算机中读取该光盘，必须先关闭会话。与大多数计算机和设备高度兼容。
DVD+R	可以多次将文件刻录到 DVD+R（每次称为一个“会话”），但是不能从光盘中删除文件。每次刻录都是永久性的。	4.7 GB	要在不同的计算机中读取该光盘，必须先关闭会话。与许多计算机和设备兼容。
DVD-RW	可以多次将文件刻录到 DVD-RW（每次称为一个“会话”）。也可以从光盘上删除不需要的文件，以便回收空间以及添加其他文件。DVD-RW 可以多次刻录和擦除。	4.7 GB	无需关闭会话便可以在另一台计算机上读取该光盘。与许多计算机和设备兼容。
DVD+RW	可以多次将文件刻录到 DVD+RW（每次称为一个“会话”）。也可以从光盘上删除不需要的文件，以便回收空间以及添加其他文件。DVD+RW 可以多次刻录和擦除。	4.7 GB	无需关闭会话便可以在另一台计算机上读取该光盘。与许多计算机和设备兼容。
DVD-RAM	可以多次将文件刻录到 DVD-RAM。也可以从光盘上删除不需要的文件，以便回收空间以及添加其他文件。DVD-RAM 可以多次刻录和擦除。	2.6 GB 4.7 GB 5.2 GB 9.4 GB	DVD-RAM 光盘通常只能用于 DVD-RAM 驱动器，且不能被 DVD 播放机和其他设备读取。
DVD-R DL	可以多次将文件刻录到 DVD-R DL（每次称为一个“会话”），但是无法从 Mastered 光盘中删除文件。每次刻录都是永久性的。	8.5 GB	要在不同的计算机中读取该光盘，必须先关闭会话。与一些计算机和许多新 DVD 播放机相兼容。
DVD+R DL	可以多次将文件刻录到 DVD+R DL（每次称为一个“会话”），但是无法从 Mastered 光盘中删除文件。每次刻录都是永久性的。	8.5 GB	要在不同的计算机中读取该光盘，必须先关闭会话。与一些计算机和许多新 DVD 播放机相兼容。
BD-R	只能将文件刻录到 BD-R 一次（称为一个“会话”），但是无法从光盘中删除文件。每次刻录都是永久性的。	25 GB	要在不同的计算机中读取该光盘，必须先关闭会话。与运行 Windows 7 的计算机兼容。
BD-R DL	只能将文件刻录到 BD-R DL 一次（称为一个“会话”），但是不能从光盘中删除文件。每次刻录都是永久性的。	50 GB	要在不同的计算机中读取该光盘，必须先关闭会话。与运行 Windows 7 的计算机兼容。
BD-RE	可以多次将文件刻录到 BD-RE（每次称为一个“会话”）。也可以从光盘上删除不需要的文件，以便回收空间以及添加其他文件。BD-RE 可以多次刻录和擦除。	25 GB	无需关闭会话便可以在另一台计算机上读取该光盘。与运行 Windows 7 的计算机兼容。
BD-RE DL	可以多次将文件刻录到 BD-RE DL（每次称为一个“会话”）。也可以从光盘上删除不需要的文件，以便回收空间以及添加其他文件。BD-RE DL 可以多次刻录和擦除。	50 GB	无需关闭会话便可以在另一台计算机上读取该光盘。与运行 Windows 7 的计算机兼容。

各种类型的光盘，在结构上有所区别，但主要结构原理是一致的。常见的 CD 光盘非常薄，它只有 1.2mm 厚，但却包括了很多内容。CD 光盘主要分为五层，其中包括基板、记录层、反射层、保护层、印刷层等。

表 5-5-2 所示描述了各种不同的 CD 或 DVD 刻录方案，并提供使用相应格式的建议。

表 5-5-2 CD 或 DVD 刻录方案

目 的	请 使 用
刻录任何类型的文件，及在 Windows XP 或更高版本的计算机上使用刻录的光盘。	光盘：CD-R、CD-RW、DVD-R、DVD-R DL、DVD+R、DVD+R DL、DVD-RW、DVD+RW 或 DVD-RAM
	格式：实时文件系统
刻录任何类型的文件，及在任何计算机中使用刻录的光盘，包括安装以前的 Windows 版本（比 Windows XP 版本低）的计算机。	光盘：CD-R、CD-RW、DVD-R、DVD-R DL、DVD+R、DVD+R DL、DVD-RW、DVD+RW 或 DVD-RAM
	格式：Mastered
刻录任何类型的文件，及在 Windows Vista 或更高版本的计算机上使用刻录的光盘。	光盘：CD-R、CD-RW、DVD-R、DVD-R DL、DVD+R、DVD+R DL、DVD-RW、DVD+RW、DVD-RAM、BD-R 或 BD-RE
	格式：实时文件系统或 Mastered
刻录音乐或图片，并在普通的 CD、DVD 或可播放 MP3 文件和数字图片的蓝光光盘播放机中使用光盘。	光盘：CD-R、CD-RW、DVD-R、DVD+R、DVD-RW 或 DVD+RW
	格式：Mastered
刻录音乐或图片，并在任何计算机中使用光盘，包括安装以前的 Windows 版本（比 Windows XP 版本低）的计算机。	光盘：CD-R、CD-RW、DVD-R、DVD+R、DVD-RW 或 DVD+RW
	格式：Mastered
可以反复添加和擦除一个或多个文件（类似于使用 USB 闪存驱动器），并可以在安装 Windows XP 或更高版本的计算机上使用光盘。	光盘：CD-R、CD-RW、DVD-R、DVD-R DL、DVD+R、DVD+R DL、DVD-RW、DVD+RW 或 DVD-RAM
	格式：实时文件系统
可以反复添加和擦除一个或多个文件（类似于使用 USB 闪存驱动器），并可以在安装 Windows 7 的计算机上使用该光盘。	光盘：CD-R、CD-RW、DVD-R、DVD-R DL、DVD+R、DVD+R DL、DVD-RW、DVD+RW、DVD-RAM、BD-R 或 BD-RE
	格式：实时文件系统
将光盘保留在计算机的刻录机中，在方便时将文件复制到该光盘，例如进行例行备份时。	光盘：CD-R、CD-RW、DVD-R、DVD-R DL、DVD+R、DVD+R DL、DVD-RW、DVD+RW、DVD-RAM、BD-R 或 BD-RE
	格式：实时文件系统

提示：

（1）实时文件系统和 Mastered 都是数据在光盘中存放的文件系统格式。

（2）使用实时文件系统的光盘允许你随时将文件复制到光盘上面，而不是仅允许复制（刻录）文件一次，这时可以将光盘当做 U 盘一样使用，即可以添加和删除文件。

（3）使用 Mastered 格式的光盘通常能够与较旧的计算机兼容，但是将文件压缩成一个整体集合，然后刻录到光盘中去，光盘刻录好了不能再往光盘里添加文件、删除文件了。

2. Nero Burning Rom

Nero Burning Rom 是一个德国公司出品的先进且安全可靠的光盘刻录软件，目前最新的版本为 Nero Burning Rom Version 12，它支持中文长文件名烧录，也支持 ATAPI（IDE）的光盘刻录机，可以利用其先进的光盘刻录引擎刻录安全可靠的 CD、DVD 和 Blu-ray Discs 等多种类型的光盘，凭借更多新增功能和对 Windows® 8 的支持，成为用户刻录光盘的不二之选，是一个相当不错的光盘刻录程序。

使用 Nero Burning ROM 可以将音频 CD 翻录到 PC、重新合成它们，并创建便于在家中或汽车音响系统上播放的光盘。您还可以将音频文件转换成各种高质量音频格式，包括：APE、FLAC、AIFF 和 OGG 等。您可以为 MP3/MP3 PRO 设置可变的位速率，从而以最小的存储空间获取最高质量的输出。

光盘不可避免地会出现划痕。不过不必弃用被划伤的光盘。利用 Nero SecurDisc 技术，即使光盘出现划痕，或者因年代久远而状况不佳，刻录到光盘上的数据仍然可读。而且 SecurDisc 技术还使您能够创建受密码保护的数据光盘，从而最大限度地保护隐私。

利用 ImageRecorder，只需拖放操作，即可轻松地创建光盘映像文件。可将 ISO、NRG、CUE 和 IMG 光盘映像格式刻录到 CD、DVD 或 Blu-ray Disc。

通过使用 Nero DiscSpan，可以分割超大文件，然后将它们刻录到多张光盘。而且，利用全新的 Nero DiscSpan SmartFit 功能，它的功能得到进一步的改进，可以跨尽可能少的光盘自动保存数据。甚至可以通过混合光盘类型来经济地使用光学介质。

四、任务实施

1. 在 Windows 资源管理器中刻录 CD 或 DVD

（1） 使用“实时文件系统”格式刻录光盘

如果要刻录一张可以在运行 Windows XP 或更高版本的计算机上播放的数据光盘，则选择实时文件系统格式。使用“实时文件系统”格式刻录光盘具体步骤如下：

① 将可写入的光盘（例如 CD-R、CD-RW、DVD-R、DVD-RW 或 DVD+RW 光盘）插入电脑的 CD、DVD 或蓝光光盘刻录机中。

② 显示的“自动播放”对话框中，如图 5-5-1 所示，单击“使用 Windows 资源管理器将文件刻录到光盘”。如果未显示自动播放对话框，请单击开始按钮，然后单击“计算机”，最后双击您的光盘刻录机。

③ 在弹出“刻录光盘”对话框中，如图 5-5-2 所示，在“光盘标题”框中键入该光盘的名称，单击“类似于 USB 闪存驱动器”，该选项用于刻录使用实时文件系统格式的光盘。

图 5-5-1 自动播放

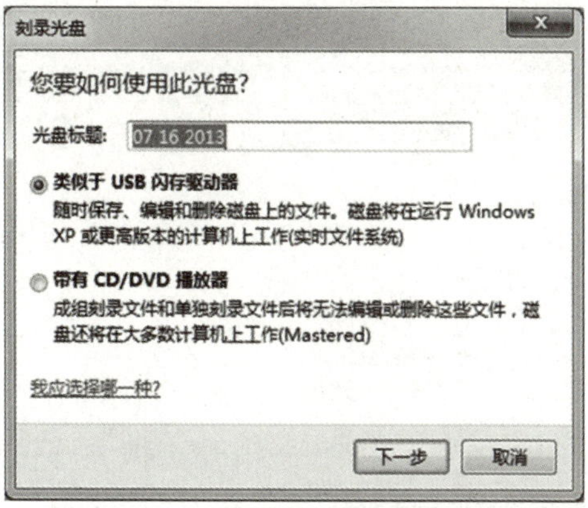

图 5-5-2 刻录光盘

④ 单击“下一步”按钮，则系统开始格式化光驱中的空白光盘，格式化光盘可能会花费几分钟的时间，如图 5-5-3 所示。当格式化完成时，会打开一个空光盘文件夹，如图 5-5-4 所示。

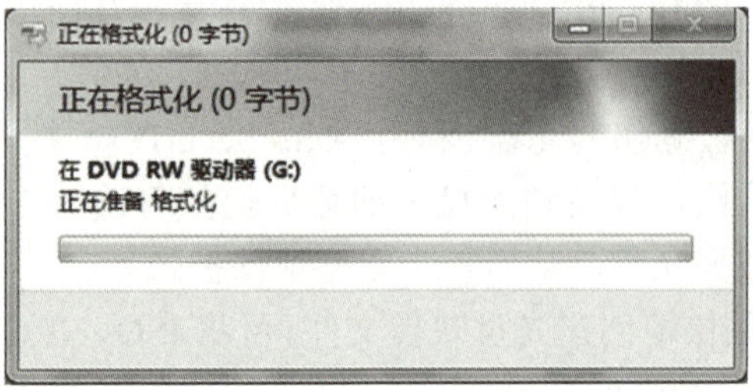

图 5-5-3　格式化光盘

图 5-5-4　打开空光盘文件夹

⑤ 打开包含要刻录的文件的文件夹，然后将文件拖到空光盘文件夹中。要选择多个项目，请按住 Ctrl 键，然后单击要刻录的文件。在将文件拖到光盘文件夹时，系统会自动将这些文件复制到光盘，如图 5-5-5 所示。如果不按上述过程拖放文件，还可以选择要在 Windows 资源管理器中刻录的文件，右键单击一个选定的文件，指向“发送到”，然后单击光盘刻录机驱动器。

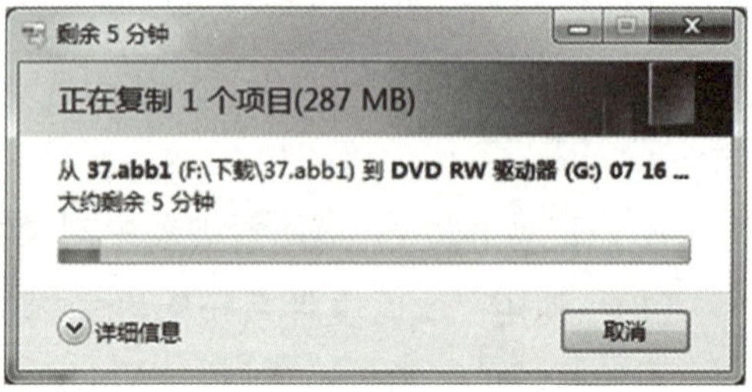

图 5-5-5　文件复制到光盘

⑥ 复制完文件和文件夹后，可能需要关闭光盘会话。关闭光盘会话可以用手动关闭和自动关闭两种方式实现：

- 手动关闭光盘会话：在 Windows 资源管理器中，单击光盘刻录机驱动器，然后单击工具栏上的“关闭会话”按钮，即可以关闭会话，这样可以在其他计算机中使用光盘，如图 5-5-6 所示。
- 自动关闭光盘会话：可以在光驱弹出光盘前自动关闭光盘会话，用户可以在如图 5-5-7 所示的光盘驱动器属性窗口中更改是否启用自动关闭光盘会话功能。

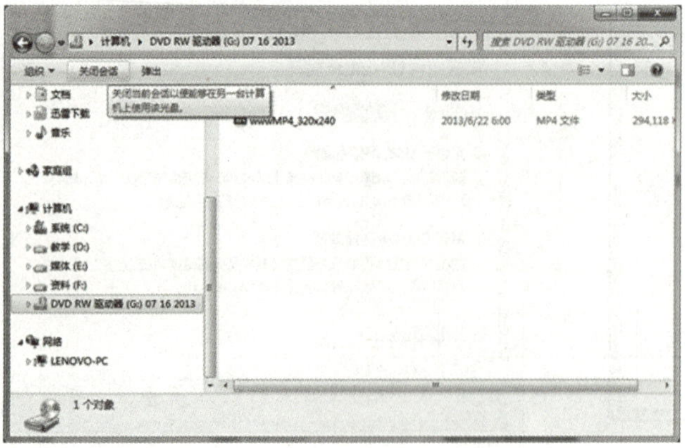

图 5-5-6　手动关闭光盘会话

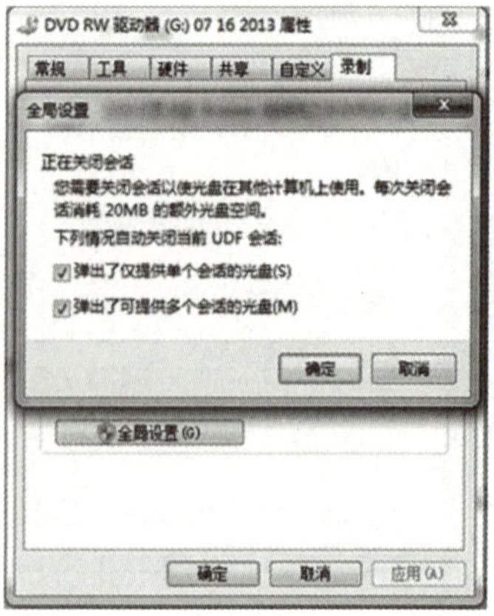

图 5-5-7　自动关闭光盘会话

提示：

（1）在为提供多个会话的光盘关闭光盘会话后，仍然可以向光盘添加更多文件，但是必须关闭每个附加会话，才能在其他计算机上使用该光盘。每个附加会话大约要占用 20 兆字节（MB）的光盘空间。

（2）如果从刻录机中取出光盘而没有关闭光盘会话，则可以稍后再关闭。只需将光盘插回计算机的光盘刻录机中，然后执行上述步骤关闭会话即可。

（3）有些程序可能会完成您的光盘，而不是关闭当前会话。不能向已完成的光盘添加任何其他文件。在使用 Windows 资源管理刻录 CD 或 DVD 时，不会完成此光盘。

（2）　使用“Mastered”格式刻录光盘

如果您需要的是可在任何电脑或其他一些消费电子设备（如 CD、DVD 和可以播放数字音乐文件、图片或音频文件的蓝光光盘播放机）上播放的光盘，则可以选择 Mastered 格式。使用“Mastered”格式刻录光盘的步骤：

① 将可写入的光盘（例如 CD-R、CD-RW、DVD-R、DVD-RW 或 DVD+RW 光盘）插入电脑的 CD、DVD 或蓝光光盘刻录机中。

② 在显示的“自动播放”对话框（如图 5-5-1 所示）中，单击“使用 Windows 资源管理器将文件刻录到光盘”。如果未显示自动播放对话框，请单击开始按钮，然后单击“计算机”，最后双击您的光盘刻录机。

③ 如图 5-5-8 所示，在“刻录光盘”对话框中，在“光盘标题”框中键入该光盘的名称，单击“使用 CD/DVD 播放机”。

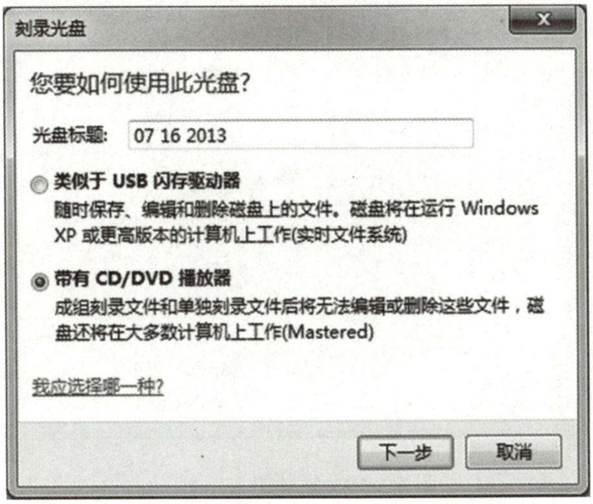

图 5-5-8　刻录光盘

④ 单击“下一步”按钮即打开包含要刻录的文件的文件夹，如图 5-5-9 所示，然后将文件拖到空光盘文件夹中。要选择多个项目，请按住 Ctrl 键，然后单击要刻录的文件。在工具栏上，单击“刻录到光盘”，然后按照向导中的步骤进行操作，选定的文件将复制到

光盘中。光盘刻录完成后，光盘刻录机托盘将打开，可以取出光盘。现在，您就可以在其他计算机或一些 CD、DVD 播放机中使用该光盘，此光盘会话已关闭。

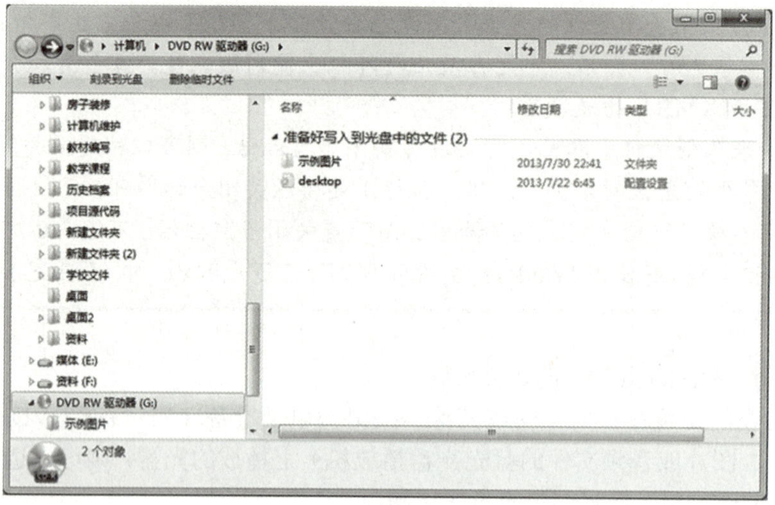

图 5-5-9　光盘驱动器文件夹

2. 使用 Nero Burning Rom 刻录 CD-ROM 光盘

借助 Nero Burning ROM，您可以编辑和刻录所有类型的文件和文件夹，图 5-5-10 所示为 Nero Burning ROM 软件的主界面。如果计算机上安装了 Blu-ray 刻录机，则可以刻录数据 CD、数据 DVD 和数据 Blu-ray 光盘。如果拥有 CD 刻录机，则只能刻录数据 CD。所有数据编辑方法的过程都是相同的。

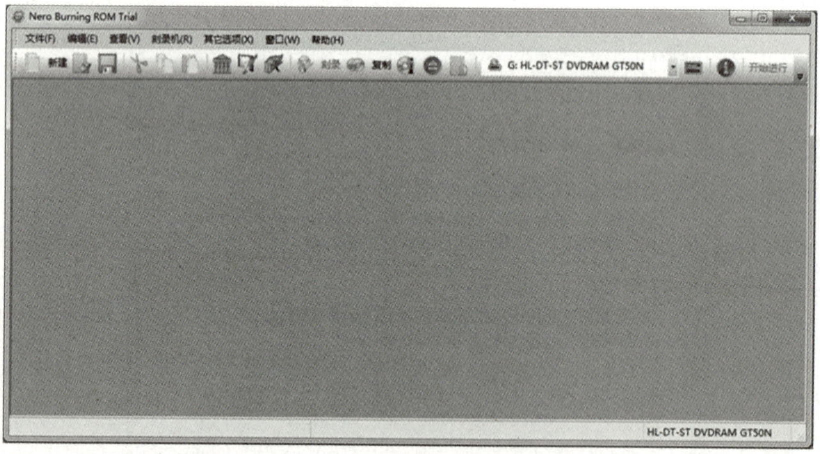

图 5-5-10　软件的主界面

要刻录一张 CD-ROM 光盘，具体操作步骤如下：

① 从自动弹出的“新编辑”窗口左侧的的下拉菜单中选择所需的光盘格式（CD、DVD、Blu-ray）。如果没有出现新编辑窗口，可单击主界面上的“新建”按钮打开此窗口，本例我们选择 CD，如图 5-5-11 所示。注意，该选择需要有技术上的可行性，例如，必须将音

频 CD 刻录为 CD。开始时可以选择数据 CD，然后更改为数据 DVD 等光盘。因此，在不知道文件所需空间的情况下开始编辑时，更改光盘类型便会很有帮助。

② 从窗口左侧的列表框（CD/DVD-ROM/Blu-ray 光盘（UDF）、CD/DVD-ROM/Blu-ray 光盘（ISO）或 CD/DVD-ROM/Blu-ray 光盘（UDF/ISO））中选择数据光盘所需的编辑类型。这里我们选择“CD-ROM（ISO）”，如图 5-5-12 所示。点击右侧的“信息”选项卡可以查看目前光盘的信息。选择某种光盘类型后即会显示具有适用于此编辑类型的配置选项的选项卡。在标签选项卡中可以设置光盘的名称。刻录选项卡可设置刻录过程的选项。

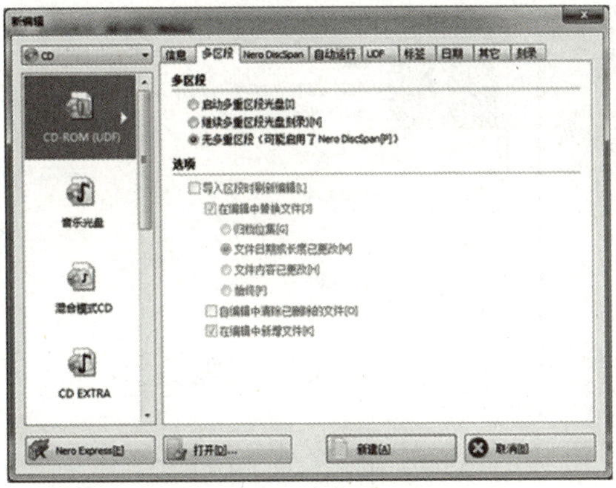

图 5-5-11　选择刻录 CD

图 5-5-12　光盘的信息

③ 如果要刻录的数据的文件大小远小于光盘大小，或者不确定编辑是否已完成，则启用多区段非常有用，借助多区段，用户在光盘刻录结束后还可以往光盘里添加新数据。这里我们选择启用多区段，点击“多区段”选项卡可以设置参数，如图 5-5-13 所示。

④ Nero DiscSpan 可以根据需要将文件刻录到多张光盘上，但 Nero DiscSpan 仅可用于 UDF 格式，本例采用的 ISO 格式不支持 DiscSpan 功能，所以无须对“Nero DiscSpan”选项卡（如图 5-5-14 所示）进行设置。

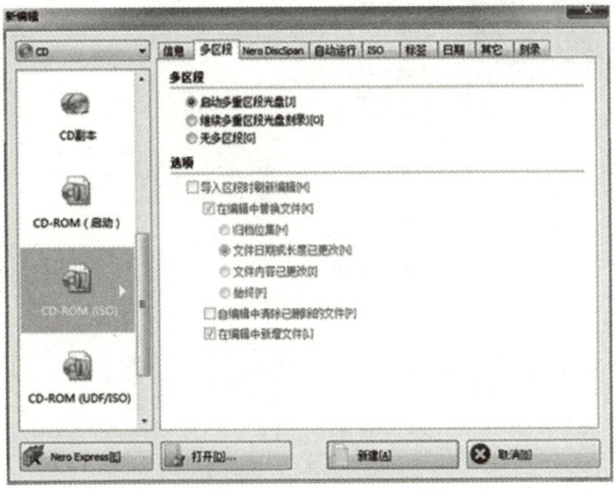

图 5-5-13　多区段选项卡

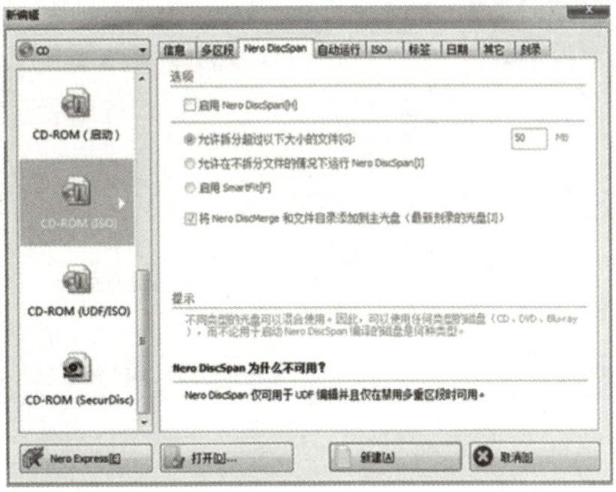

图 5-5-14　Nero DiscSpan 选项卡

⑤ 单击“新建”按钮，即会关闭新编辑窗口，并显示“文件选择”窗口，如图 5-5-15 所示，从文件浏览器区域选择要刻录的文件/文件夹。将所需文件/文件夹拖放到左侧的光

盘内容区域，包括在光盘插入到光盘驱动器时自动执行的文件（可执行文件或 HTML 文件）和用于在 Windows 资源管理器中表示光盘的图标文件（ICO 文件）。容量栏会指示需要的光盘空间。

⑥ 选择“文件”菜单中的“编译属性”菜单项，在弹出的“编译属性”窗口中点击“自动运行”选项卡，如图 5-5-16 所示，选择要在光盘插入到光盘驱动器时自动执行的文件（在 Windows 系统上），还可以选择一个图标用于在 Windows 资源管理器中表示光盘。该图标必须采用 *.ico 格式，如果选择其他格式，Nero Burning ROM 12 将进行转换。

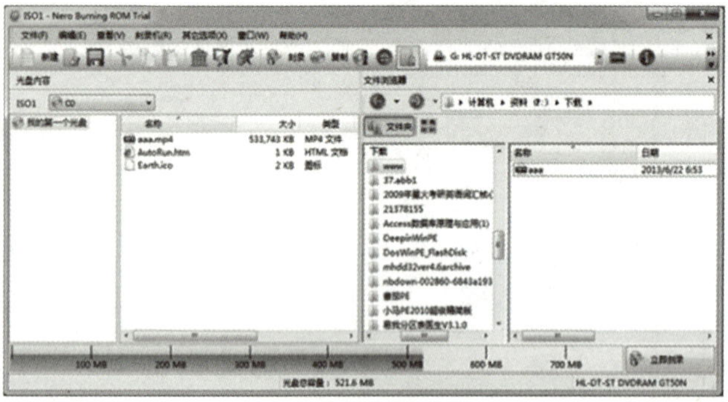

图 5-5-15　选择刻录文件

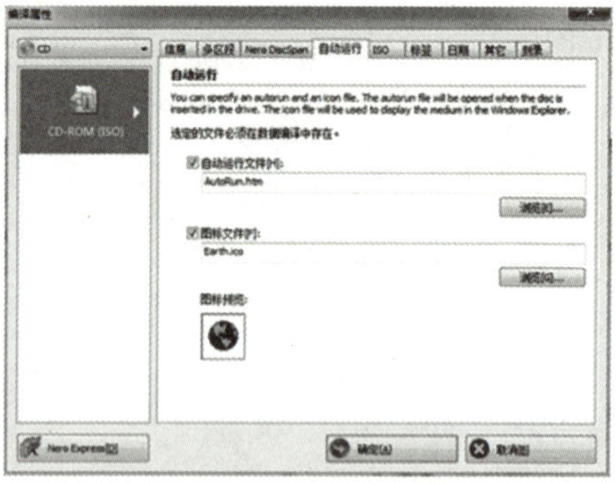

图 5-5-16　编译属性

⑦ “标签”选项卡设定光盘在 Windows 资源管理器中显示的文字标识，本例文字标识为“我的第一个光盘”，如图 5-5-17 所示。

⑧ 点击“刻录”选项卡设定刻录参数，如果要在刻录完成后检查写入数据，请启用“验证写入数据选项”；如果在刻录完成后需要检查光盘表面，请选中“SecurDisc 表面扫描”复选框，如图 5-5-18 所示。

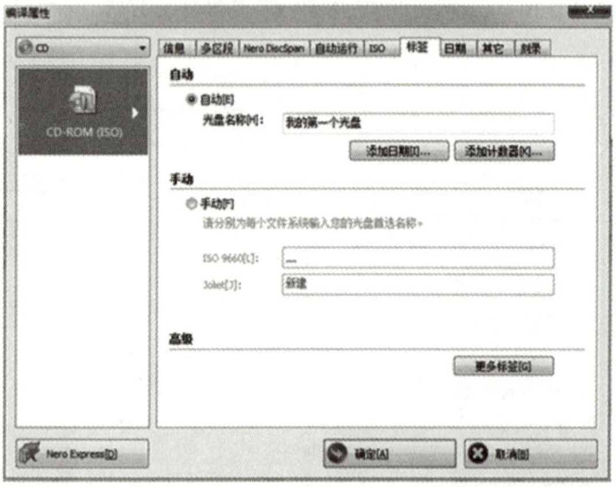

图 5-5-17　标签选项卡

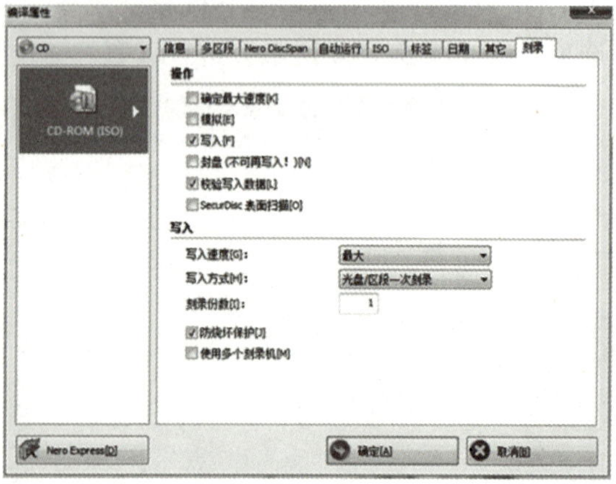

图 5-5-18　刻录选项卡

⑨ 点击“确定”按钮关闭“编译属性”窗口，在主窗口中选择“刻录机”菜单中的“选择刻录机”菜单项或点击工具栏中刻录机列表框右侧的按钮，打开“选择刻录机”窗口，如图 5-5-19 所示，可以选择用于刻录的刻录机。

⑩ 主窗口中点击“立即刻录”开始刻录光盘，如果刻录机上没有可刻录的空白光盘，则会弹出窗口提示放入空白光盘，如图 5-5-20 所示。

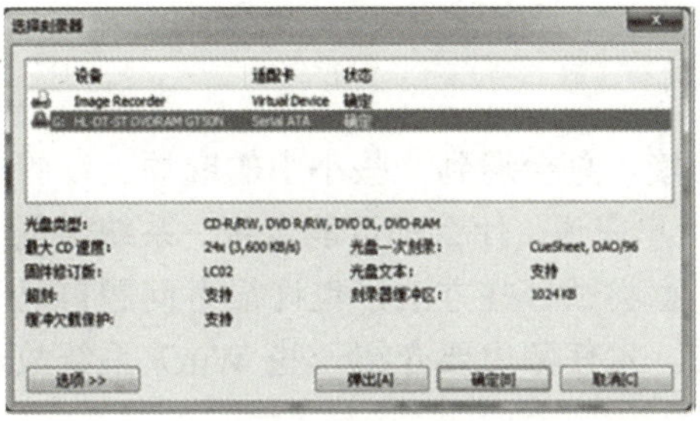

图 5-5-19　选择刻录机

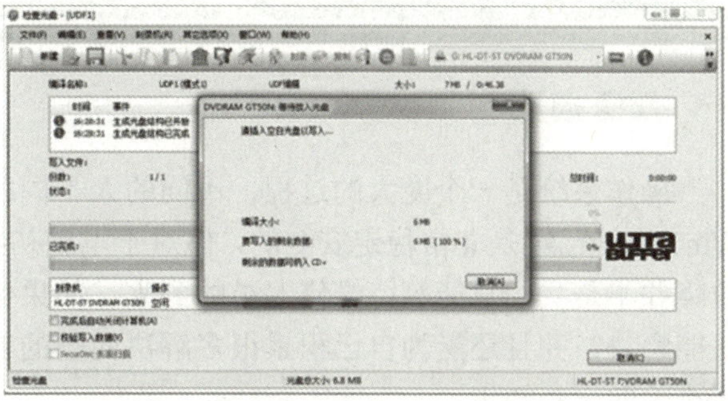

图 5-5-20　提示放入空白光盘

⑪ 在光盘驱动器中插入空白光盘后，软件即开始刻录光盘，并显示刻录的进度和耗时情况，如图 5-5-21 所示。刻录好的光盘插入光驱后在即会打开前面设定的 AutoRun.htm 文件，同时在 Windows 资源管理器中显示为预设的图标，如图 5-5-22 所示。

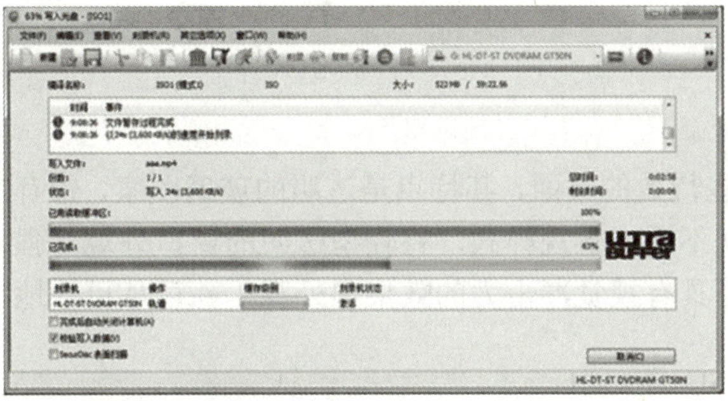

图 5-5-21　光盘刻录中界面

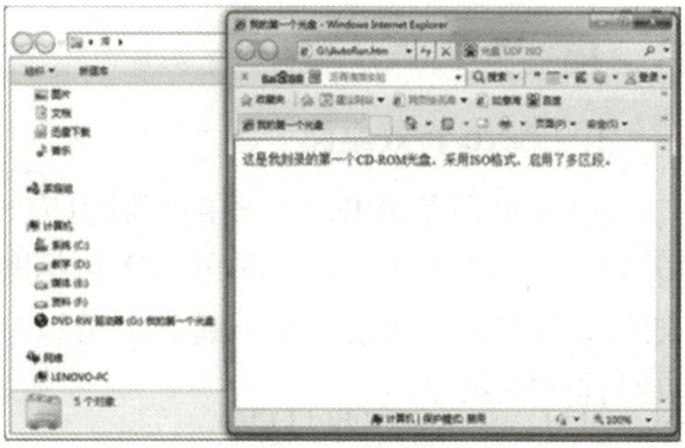

图 5-5-22　刻录好的光盘

五、总结提高

通过本节的学习，读者学习了光盘的相关常识及光盘的刻录方法。

Win7 操作系统嵌入了刻录光盘的功能，这对用户来说是非常方便的，如果对光盘的刻录有更高的要求，则可以使用 Nero Burning ROM 软件进行刻录光盘。

在 Windows 资源管理器中刻录光盘的流程基本上是：将光盘插入刻录机→选择光盘的刻录格式（实时文件系统或 Mastered）→将待刻录的文件拖入光盘所在的文件夹→关闭光盘会话。

使用 Nero Burning ROM 刻录光盘的流程基本上是：选择光盘的类型（CD、DVD 或 Blu-ray）→选择光盘的编辑类型→设置刻录参数→将待刻录的文件拖入光盘→选择刻录机→刻录光盘。

任务六　故障排除

一、任务描述

操作系统是一个庞大的过程，不同的人不同的环境，总会遇到一些小小的麻烦。尽管Win7系统已经是非常稳定安全的，但对于电脑初级用户来说，什么都可能发生。系统出现故障并不是我们只能等待维修人员的到来，如果你愿意尝试一些方法，也许很多问题自己就能解决，并且还能为自己积累很多解决问题的方法。本任务主要介绍一些Win7系统故障排除的一些知识。

二、任务分析

主要介绍如何找回附件中的小工具、修复Aero特效桌面、修复音量忽大忽小、修复音量忽大忽小、修复蓝屏等故障。

三、相关知识点

1. Aero特效桌面

Aero桌面是WIN7推出的一种具有一些特效的桌面，其特点是透明的玻璃图案、带有精致的窗口动画和新窗口颜色。它包括与众不同的直观样式，将轻型透明的窗口外观与强大的图形高级功能结合在一起。您可以享受具有视觉冲击力的效果和外观，并可从更快地访问程序中获益。

Aero桌面的与众不同之处在于：

- 玻璃效果：一个更直观的功能是它的玻璃窗口边框，如图5-6-1所示，可以让您关注打开窗口的内容。窗口行为已经过重新设计，具有精致的动画效果，另外可以将窗口最小化、最大化和重新定位，使其显示更流畅、更轻松。
- 任务栏预览：Aero桌面还为打开的窗口提供了任务栏预览。当指向任务栏按钮时，将显示一个缩略图大小的窗口预览，该窗口中的内容可以是文档、照片，甚至可以是正在运行的视频，如图5-6-2所示。

图5-6-1　透明的玻璃窗口

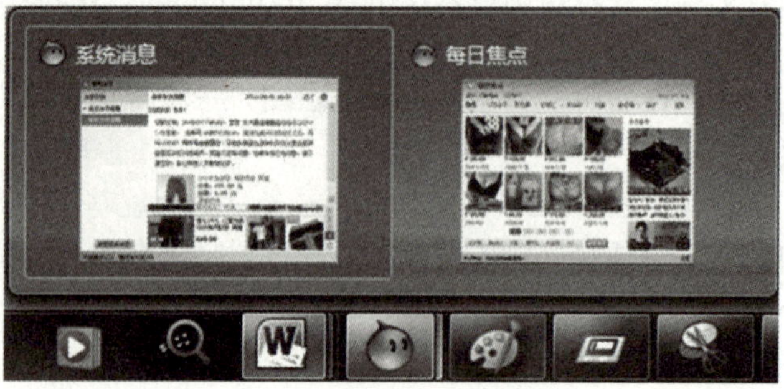

图5-6-2　任务栏预览

- 三维窗口切换：使用 Aero 三维窗口切换，可以快速预览所有打开的窗口（例如，打开的文件、文件夹和文档），而无需单击任务栏，如图 5-6-3 所示。三维窗口切换在一个“堆栈”中显示打开的窗口。在堆栈顶部，将看到一个打开的窗口。若要查看其他窗口，可以浏览堆栈。

图 5-6-3　Aero 三维窗口切换

2. XP 模式

现在大部分电脑用户都使用着 Win 7 操作系统，很多人会发现 Win 7 下有些开发程序以及许多较早版本的游戏是无法运行的。比如，开发 Java 使用的 Toolkit 软件便无法使用。Windows XP Mode 即 XP 模式是微软为企业用户解决 Windows 7 兼容性问题而提出的一个方案。通过 Windows XP Mode，就可以在 Windows 7 桌面上运行旧版的 Windows XP 业务软件。简单的说，XP 模式就是虚拟机里跑一个 XP，与普通的虚拟机不同的是，这个虚拟机 XP 里的软件可以直接拖到 Windows 7 下运行，将虚拟机最小化后，运行软件跟直接在 Windows 7 上运行的效果是一样的。Windows XP Mode 主要针对中小型企业设计，需单独下载，且仅适用于 Windows 7 专业版、旗舰版和企业版。Windows XP Mode 还需要 Windows Virtual PC 之类的虚拟机软件做支持方可运行，也就是说，实际意义上的 XP Mode 与虚拟机安装 XP 系统十分相似。

四、任务实施

1. 找回附件中的小工具

【故障现象】

在 Win7 系统中附加了很多实用性的小工具，如计算器、画图等，有时错误的操作会导致功能表中这些小工具的快捷方式丢失。

【分析处理】

这种问题通常可以试试如下两种方法：

（1） 在开始菜单的搜索栏中键入相关命令如图 5-6-4 所示，也可以按 Win+R 快捷键打开“运行”对话框再键入命令，如图 5-6-5 所示，以画图工具为例，键入“mspaint”，并调用。

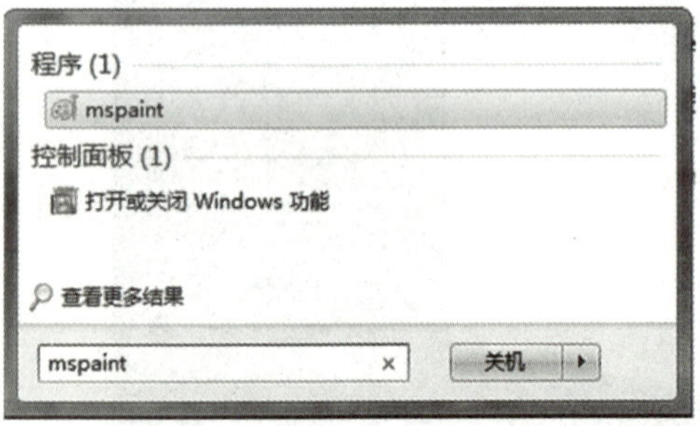

图 5-6-4 搜索命令

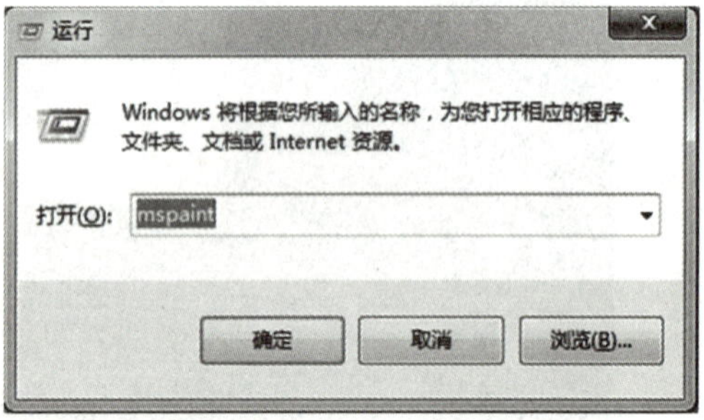

图 5-6-5 运行对话框

（2） 键入指令毕竟不是长久之计我们还可以从其他运行正常的计算机中复制一份完整的文件到自己的计算机即可。对于 Win7 系统，可以在地址栏中键入路径：%systemdrive%\ProgramData\Microsoft\Windows\Start Menu\Programs 复制“附件”文件夹来替换已损文件夹，一切恢复原状。

2. 修复 Aero 特效桌面

【故障现象】

强行重启系统会对系统造成或大或小的伤害，有时非法关机或强行重启系统会造成 Aero 特效消失的情况，尝试使用自动修复功能，却被提示“已禁用桌面窗口管理器”。

【分析处理】

这种问题通常可以试试如下两种方法骤解决：

（1） 进行一次全面的杀毒。

（2） 检查服务状态，试试重置服务，具体步骤如下：

① 在搜索框中键入“services.msc”打开服务窗口，如图 5-6-6 所示，双击打开“Desktop Window Manager Session Manager 服务”窗口。把“启动类型”改为“自动”、把“服务状态”设为“已启动”，点击“确定”按钮保存。若“启动”和“停止”按钮是灰色为不可用状态，需重启后尝试使用。

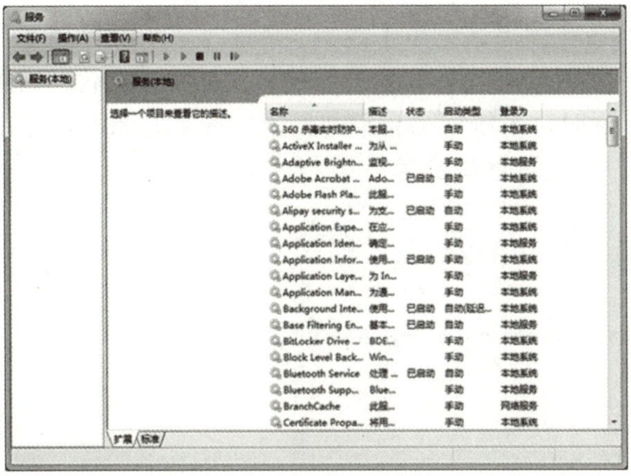

图 5-6-6　服务

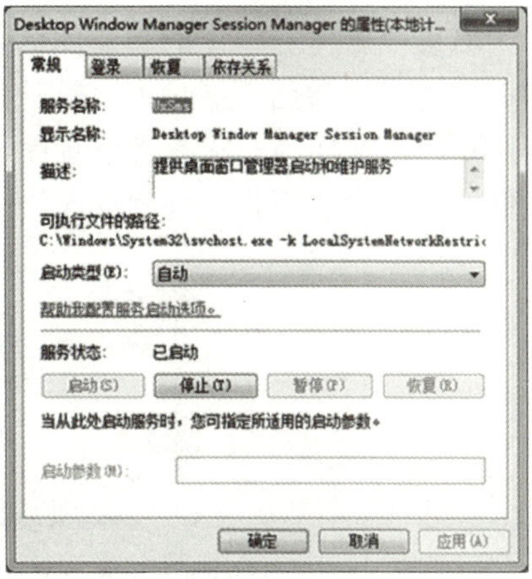

图 5-6-7　Desktop Window Manager Session Manager 服务

② 同样在“Themes 服务”设置下，先停止服务，然后再启动，把“启动类型”设置为“自动”，如图 5-6-8 所示。

③ 在开始搜索框中键入 msconfig.exe，点击“确定”按钮，打开系统配置窗口。单击“服务”选项卡，确认已勾选 Desktop Window Manager Session Manager 服务，点击“确定”按钮保存。这样，下次重启计算机时，系统将会自动启用这个服务，如图 5-6-9 所示。

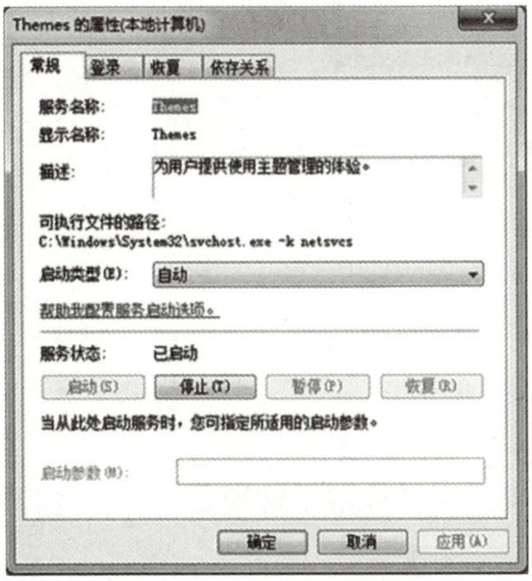

图 5-6-8　Themes 服务

图 5-6-9　系统配置

3. 修复音量忽大忽小

【故障现象】

在欣赏影片时，不时地会感觉到影片声音忽大忽小，听起来声音不连贯。

【分析处理】

其实这并不是系统的问题，而是 Win7 的一项人性化设计，一旦你的 QQ 或飞信发出提示音，系统就会自动降低当前音量，以便于提醒用户。如果您不喜欢这个功能，可以通过如下方法修改：

右键点击任务栏中的音量图标，然后在弹出式菜单中点击“声音”，在弹出“声音”窗口中选中“通信”选项卡，默认情况下窗口选中“将其他声音的音量减少 80%”，如图 5-6-10 所示这样当 QQ 或飞信有提示音出现时，系统就会自动降低当前音量的 80%。这里我们改为选中“不执行任何操作”，则可以修复前面的故障。

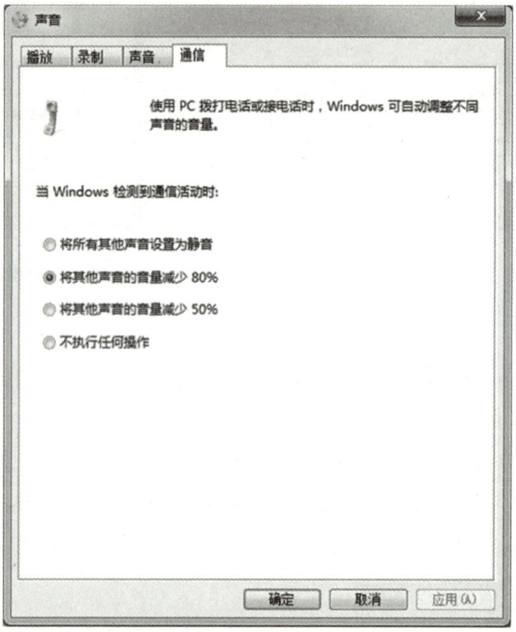

图 5-6-10　声音设置

4.　修复 XP 模式失效故障

【故障现象】

WIN7 的 XP 模式不能正常安装和使用。

【分析处理】

通常 WIN7 的 XP 模式失效的原因有以下 3 种：

（1） XP 模式需要 CPU 支持，微软的硬件虚拟化辅助工具可用于检测是否符合虚拟化要求；

（2） 必须在主板设置中将 AMD-V、Intel VT、VIA VT 的虚拟化功能激活；

（3） 最后一个原因可能是某些 OEM 厂商出于安全的考虑禁止了 XP 模式，用户可以在防火墙记录中查看是否被禁止。

如果上述方案都被排除，建议下载 VirtualBox 专业虚拟化软件，可以实现你在 Windows 7 中运行 XP 的愿望。

5.　修复蓝屏故障

【故障现象】

系统在启动过程中、运行一些软件时或正常使用中出现死机蓝屏，以安全模式引导时不能正常进入系统。

【分析处理】

出现此类故障一般是由于用户操作不当促使 Windows 系统损坏造成，有时碎片太多也会引发此类故障，有一次笔者在整理碎片后就解决了该故障，如若排除此项可能则有以下几种原因可能引发该故障：

（1） 内存原因：由于内存原因引发该故障的现象比较常见，出现此类故障一般是由于芯片质量不佳所造成，但有时我们通过修改 CMOS 设置中的延迟时间 CAS（将其由 3 改为 2）可以解决该问题，倘若不行则只有更换内存条。

（2） 主板原因：由于主板原因引发该故障的概率较内存稍低，一般由于主板原因出现此类故障后，计算机在蓝屏后一般也会死机，而且故障出现频繁，对此唯有更换主板。

（3） CPU 原因：由于 CPU 原因出现此类故障的现象比较少见，一般常见于 cyrix 的 CPU 上，对此我们可以降低 CPU 频率，看能否解决，如若不行，则只有更换了。

五、总结提高

通过本节的学习，读者学习了系统故障修复的方法。计算机的故障分为硬件故障和软件故障，我们在检查和维修计算机故障时应遵循以下原则：

- 先静后动：先分析故障原因，再动手检查和维修；
- 先软后硬：计算机出现故障后，因先排除软件系统的故障，然后再检查硬件设备故障。

练习题五

一、选择题

1. 默认的情况下，Win7 操作系统的虚拟内存页面文件 pagefile.sys 在硬盘的______。

A. C 盘　　B. D 盘　　C. E 盘　　D. F 盘

2. Win7 操作系统的注册表备份后生成的注册表文件通常其文件名后缀为______。

A. sys　　B. com　　C. reg　　D. txt

3. 下面不是计算机病毒的特性的是______。

A. 繁殖性　　B. 遗传性　　C. 破坏性　　D. 传染性

4. 下面软件中不是计算机杀毒软件的是______。

A. 瑞星杀毒软件　　B. 诺顿防病毒软件

C. 卡巴斯基反病毒软件　　D. 超级兔子软件

5. 使用 GHOST 软件对计算机系统进行备份后生成的镜像文件的后缀名为______。

A. DOCX　　B. SYS　　C. GHO　　D. TXT

6. 使用 WIN7 自带的工具恢复系统时，通常重启计算机，按住______不放，等待出现高级启动菜单来修复系统。

A. F1　　B. F2　　C. F8　　D. F10

7. 数据恢复软件不具备的功能是______。

A. 找回被误删除的数据　　B. 修复先前删除后被其他数据覆盖的文件

C. 找回被格式化的文件　　D. 找回由于操作停电而丢失的数据

8. CD 光盘的最大容量大约是______。

A. 500MB　　B. 600MB　　C. 700MB　　D. 4.7GB

9. 蓝光（BD）单面单层光盘的容量是______。

A. 25GB　　B. 30GB　　C. 40GB　　D. 50GB

10. 下列关于 CD、DVD 的说法正确的是______。

A. CD 光盘只能保存音乐数据

B. CD-ROM 是一种“只读”光盘，不能在 CD-ROM 上添加或删除信息

C. DVD 光驱可以读取 BD 光盘的数据

D. DVD 只能保存视频数据

二、判断题

1. 在 Windows 中，清理磁盘碎片是为了数据文件的安全。(　)

2. 虚拟内存中的数据其实是保存在硬盘中的。(　)

3. 计算机的病毒是由于计算机的硬件设计缺陷造成的。(　)

4. 目前的瑞星杀毒软件是可以免费下载使用的。(　)

5. 使用 GHOST 备份和恢复系统的操作最好在 Win7 操作系统环境下进行。(　)

6. 使用 Win7 自带的工具进行恢复系统前必须首先通过备份创建还原点。(　)

7. 使用数据恢复软件恢复回来的数据可以保存在待恢复文件所在的分区，但是不能与待恢复文件在同一个目录下。(　)

8. 用数据恢复软件恢复回来的文件不一定能够正常打开。(　)

9. DVD 光驱可以读取 CD-ROM 光盘的数据。(　)

10. 蓝光（BD）光盘是以后存储大容量数据文件的主要介质。(　)

三、操作题

1. 备份你的计算机系统中当前整个注册表的数据。

2. 使用瑞星杀毒软件对你的计算机做全面的病毒查杀，查杀完毕后自动关闭计算机。

3. 使用 Win7 自带的工具备份系统 C 盘，然后再使用 Ghost 软件备份系统 C 盘，最后比较这两种备份方法产生的备份数据的大小。

4. 格式化 D 盘，然后分别用 EasyRecovery 和 FinalData 恢复 D 盘的数据，并比较这两个软件的数据恢复效率。

5. 使用 Nero Burning Rom 刻录一张可以自启动的 Win7 系统光盘。

项目六　使用外设与网络

外部设备简称外设，是指连在计算机主机以外的硬件设备。外设对数据和信息起着传输、转送和存储的作用，是计算机系统的重要组成部分。随着计算机应用的普及和网络化、信息化应用的日益广泛，对外设的需求也不断增长。熟悉和掌握常用的外设使用方法是当代社会的基本计算机应用技能之一。

任务一　安装音响

一、任务描述

对于刚刚接触电脑的初学者，需要掌握声音设备的基本使用方法。本任务将学习声卡的安装方法和音箱的连接方式。

二、任务分析

要使用声音设备并能初步应用，首先要学会声卡驱动程序的安装；要认识声卡的各种类型，了解音响的性能和参数；熟悉各种音箱接口，了解不同接口的连接方式。

三、相关知识点

1. 声卡种类

声卡是一台多媒体电脑的主要设备之一，现在的声卡一般有板载声卡（图 6-1-1）和板卡式声卡（图 6-1-2）之分。在早期的电脑上并没有板载声卡，电脑要发声必须通过独立声卡来实现。集成声卡是指芯片组支持整合的声卡类型，比较常见的是 AC'97 和 HD Audio，使用集成声卡的芯片组的主板就可以在比较低的成本上实现声卡的完整功能。板载声卡一般有软声卡和硬声卡之分。这里的软硬之分，指的是板载声卡是否具有声卡主处理芯片之分，一般软声卡没有主处理芯片，只有一个解码芯片，通过 CPU 的运算来代替声卡主处理芯片的作用。而板载硬声卡带有主处理芯片，很多音效处理工作就不再需要 CPU 参与了。

图 6-1-1　板载声卡

图 6-1-2　独立声卡

2. 声卡接口

图 6-1-3 是创新公司的 Sound Blaster 16.声卡，卡上有一个 IDE 接口和 CD 音频接口，外部接口有麦克风插口（Mic）、立体声输出插口（Speaker）连接音箱或耳机；线性输入（Line in）可连接 CD 播放机、单放机合成器等；输出插口（Line out）可连接功放、游戏杆和 MIDI 设备等。

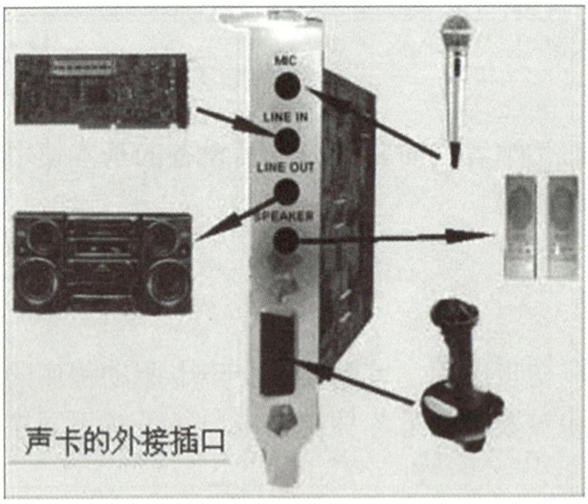

图 6-1-3　声卡接口

线型输入接口，标记为“Line In”。Line In 端口将品质较好的声音、音乐信号输入，通过计算机的控制将该信号录制成一个文件。通常该端口用于外接辅助音源，如影碟机、收音机、录像机及 VCD 回放卡的音频输出。

线型输出端口，标记为“Line Out”。它用于外接音箱功放或带功放的音箱。

话筒输入端口，标记为“Mic In”。它用于连接麦克风（话筒），可以将自己的歌声录下来实现基本的“卡拉 OK 功能”。

扬声器输出端口，标记为“Speaker”或“SPK”。它用于插外接音箱的音频线插头。

MIDI 及游戏摇杆接口，标记为“MIDI”。几乎所有的声卡上均带有一个游戏摇杆接口来配合模拟飞行、模拟驾驶等游戏软件，这个接口与 MIDI 乐器接口共用一个 15 针的 D 型连接器（高档声卡的 MIDI 接口可能还有其他形式）。该接口可以配接游戏摇杆、模拟方向盘，也可以连接电子乐器上的 MIDI 接口，实现 MIDI 音乐信号的直接传输。

3. 音箱种类

多媒体音箱（图 6-1-4）的种类按照不同的分类法有不同的款式。下面我们来看看一些常见的分类：

按照箱体材质不同分，常见的有塑料音箱和木质音箱。

按照喇叭单元的数量分，有单喇叭单元的（全频带单元）和双（或三）喇叭单元的（二或三分频）。

按照声道数量分有 2.0 式（双声道立体声）、2.1（双声道另加—超重低音声道）、4.1 式（四声道加一超重低音声道）、5.1 式（五声道加—超重低音声道）音箱。

按喇叭单元的结构分，有普通喇叭单元、平面喇叭单元、铝带单喇叭单元等。注：普通喇叭单元又可以根据振膜（纸盆）的材料不同来分，如中低音单元有纸盆、羊毛盆、PVC 盆、聚丙烯盆、金属盆……等材料，高音单元有金属球顶，软膜球顶……。

根据电脑输出口来分，有普通接口（声卡输出）音箱和 USB 接口音箱。

根据功率放大器的内外置分，有有源音箱（放大器内置最常见）和无源音箱（放大器外置、非常高档的或有特别要求的才采用。

按价格分，一般认为价格每对（不含超重低音、下同）在 200 元以下的为普通音箱、价格每对在 200 元～800 元之间的为中档产品，价格在 800 元以上的一般为高档产品（当然也不能绝对这样分、还要看品牌和实际性能）。

按用途来，有普通用途音箱、有娱乐用途为主的音箱（游戏、VCD、DVD 和音乐欣赏）和专业用途音箱（HIFI 制作、发烧音乐欣赏）。

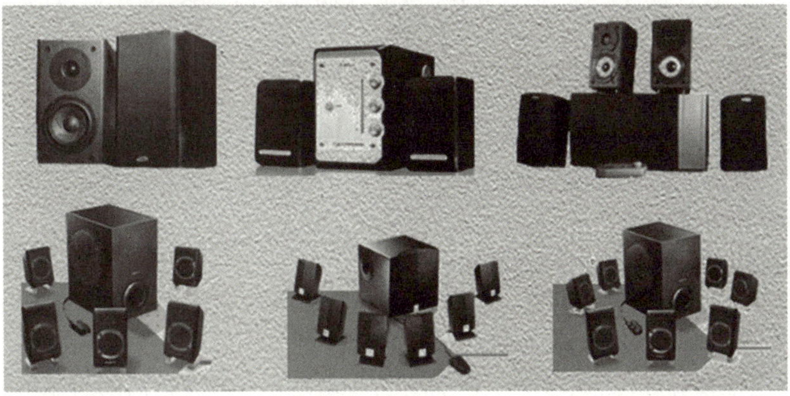

图 6-1-4　音箱

四、任务实施

1. 安装板卡式声卡

（1） 取下机箱后面板 PCI 插槽对应的挡板。

（2） 将声卡插入主板 PCI 插槽中，在插入过程中，要把声卡垂直地插入 PCI 插槽，用力适中并要插到底部，保证卡和插槽良好接触。

（3） 确定声卡与 PCI 插槽连接稳固后，使用螺钉将其固定在机箱面板上。

2. 安装声卡驱动

（1） 普通安装方式

第一步，放入声卡驱动盘；

第二步，选择适合自己声卡型号的驱动程序点击安装就好了。

（2） 不知道自己的声卡型号又有声卡驱动盘

第一步，上网下载一个三方软件，如优化大师，里面有个硬件检测，在那里可以看到自己的声卡型号；

第二步，选择适合自己声卡型号的驱动程序点击安装就好了。

（3） 不知道自己的声卡型号又没有声卡驱动盘

第一步，上网下载一个第三方软件，如优化大师，里面有个硬件检测，在那里你可以看到自己的声卡型号；

第二步，上百度搜索，比如你的声卡检测出来是 CMI8738，你就搜索“CMI8738 驱动下载”，然后在结果里选择一个可以下载的链接下载下来，点击就可以安装了。如果下完优化大师看里面的声卡型号是“无”呢？用主板驱动光盘进去直接搜索就可以，或网上找到相应驱动装了。装系统时，会自动安装的，如果没装，把声卡驱动光盘放进去，到“控制面板”里，点击“添加硬件”，按照提示，一步一步下去，就可以了。用电脑的驱动光盘就可以安装了，里面有声卡，如果你没有驱动光盘就在电脑硬件的官方网站下载，然后安装。在网上找个声卡驱动，到驱动之家看看，然后下载下来。右键单击我的电脑→属性→硬件→设备管理器，然后看哪一项带有问号→双击→带有黄色感叹号的项→右键点击→更新驱动程序软件。

3. 连接音箱

音箱是多媒体电脑的重要外部设备。音箱的连接和摆放是有一定的讲究的，如果连接和摆放不对，就可能造成音箱工作不正常，或达不到理想的音箱效果。下面以 2.1 声道音箱连接介绍安装步骤。

（1） 整理好连接音箱的音频线。

（2） 将音箱后部的卡子打开，把红色音频线插入红色的卡子中，将卡子搬下，固定好。用同样的方法连接好其他几根连接。

（3） 拿出主音频线，将其中红、白插头的一端插入低音音箱后部的线路输入插孔中，位置与线路输入孔的颜色相对应。

（4） 将音频线的另一端插入主机后部的音频输出孔中。

（5） 接好音箱电源，完成音箱的连接。

五、总结提高

通过本节的学习，读者对声卡和声卡驱动安装有了初步的认识，并能连接音频线。下面介绍几个应用小技巧：

1. 目前，市场上大部分主板已经集成了声卡设备，所以这一步基本可以省略。

2. 使用其他第三方软件也可以实现声卡驱动的安装，如驱动精灵，驱动人生等。操作简单而且实用，具体使用方法可以自己实践一下。

任务二 安装打印机

一、任务描述

打印机（printer）是计算机的输出设备之一，用于将计算机处理结果打印在相关介质上。打印机已经成为办公室不可缺少的计算机外设。如何正确连接并使用打印机是办公人员必须掌握的计算机基本技能之一。

二、任务分析

要对打印机操作，首先要了解打印机的种类，了解基本工作原理；要掌握在局域网环境中，将网络中的一台打印机连接到本机，能够让打印机正常打印。

三、相关知识点

1. 打印机种类

衡量打印机好坏的指标有三项：打印分辨率、打印速度和噪声。打印机的种类很多，按打印元件对纸是否有击打动作，分击打式打印机与非击打式打印机。按打印字符结构，分全形字打印机和点阵字符打印机。按一行字在纸上形成的方式，分串式打印机与行式打印机。按所采用的技术，分柱形、球形、喷墨式、热敏式、激光式、静电式、磁式、发光二极管式等打印机。

针式打印机：针式打印机在打印机历史的很长一段时间上曾经占有着重要的地位，从9针到24针。

喷墨打印机：喷墨打印机因其有着良好的打印效果与较低价位的优点因而占领了广大中低端市场。

激光打印机：激光打印机则是近年来高科技发展的一种新产物，也是有望代替喷墨打印机的一种机型，分为黑白和彩色两种，它为我们提供了更高质量、更快速、更低成本的打印方式。

2. 主流品牌

主流打印机有：EPSON 打印机（图 6-2-1）、HP 打印机（图 6-2-2）、富士施乐激光打印机（图 6-2-3）等。

图 6-2-1　EPSON 打印机

图 6-2-2　惠普打印机

图 6-2-3　施乐打印机

四、任务实施

提示：

打印机的安装分 2 个步骤：硬件安装和驱动程序安装。这两个步骤的顺序不定，视打印机不同而不同。如果是串口打印机一般先接打印机，然后再装驱动程序；如果是 USB 口的打印机一般先装驱动程序再接打印机。

1. 连接线缆

按照打印机说明书，打印机的数据线只有一端在计算机上能接，由于计算机连接线有比较规范的连接标准，所以一般不会接错。

2. 安装本地打印机

如果驱动程序安装盘是以可执行文件方式提供，则最简单的方法是直接运行 SETUP.exe 就可以按照其安装向导提示一步一步完成。

如果只提供了驱动程序文件，则安装相对麻烦。这里以 Windows XP 系统为例介绍。首先打开控制面板，然后双击面板中的打印机和传真图标，如图 6-2-4 所示。

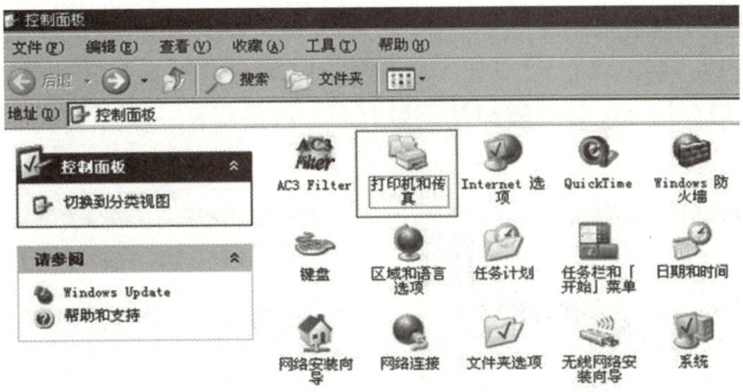

图 6-2-4　控制面板

接着弹出如图 6-2-5 所示的窗口。

这个窗口将显示所有已经安装了的打印机（包括网络打印机）。安装新打印机直接点左边的添加打印机，接着弹出添加打印机向导，如图 6-2-6 所示。

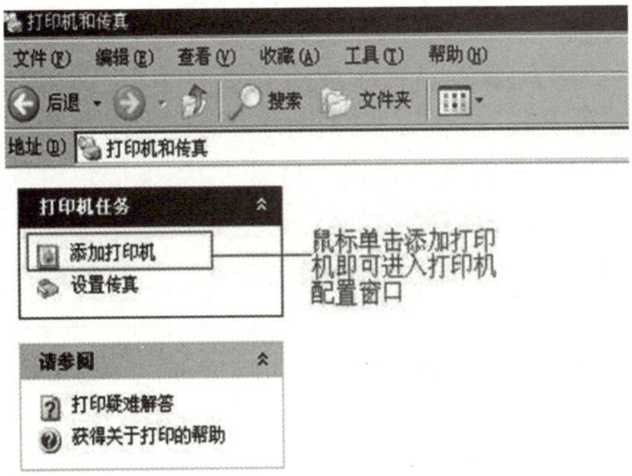

图 6-2-5　添加打印机按钮

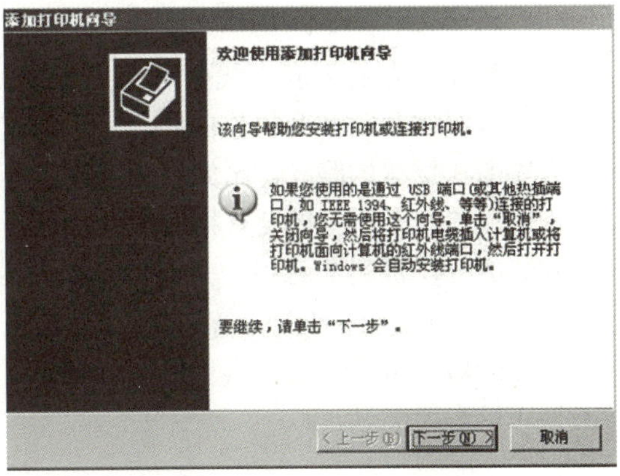

图 6-2-6　添加打印机向导-1

点击“下一步”按钮，出现图 6-2-7 窗口，询问是安装本地打印机还是网络打印机，默认是安装本地打印机。

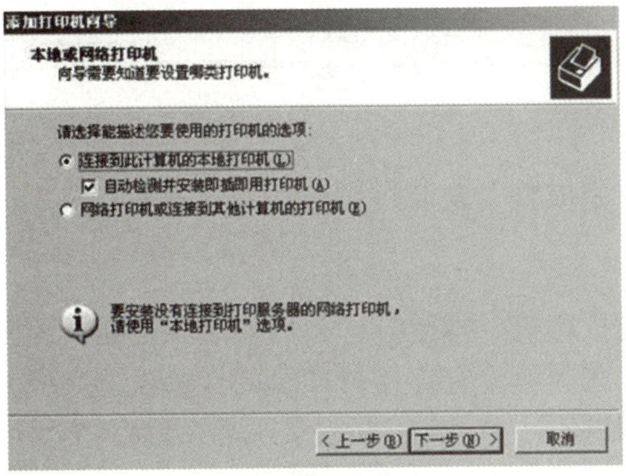

图 6-2-7　添加打印机向导-2

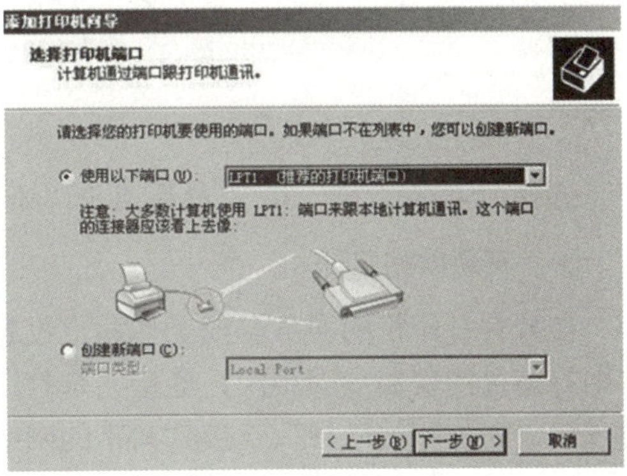

图 6-2-8　添加打印机向导-3

如果安装本地打印机直接点“下一步”，系统将自动检测打印机类型；如果系统里有该打印机的驱动程序，系统将自动安装；如果没有自动安装则会报一个错，点击“下一步”出现如图 6-2-8 所示窗口。这里一般应使用默认值，点击“下一步”，弹出询问打印机类型，如图 6-2-9 所示的窗口。

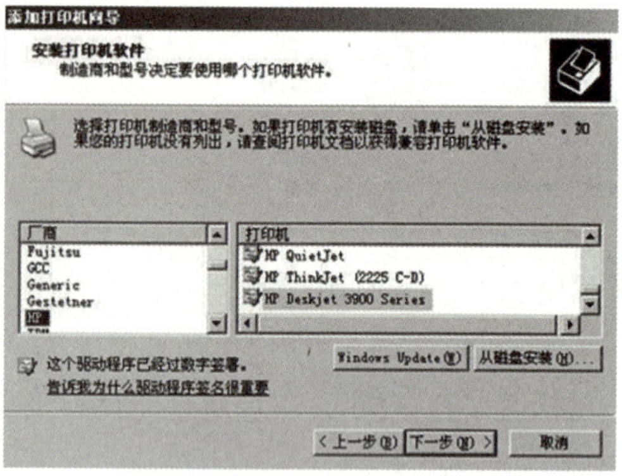

图 6-2-9　添加打印机向导-4

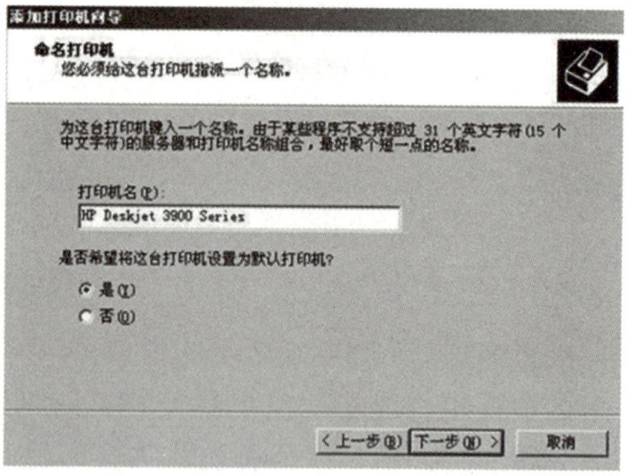

图 6-2-10　添加打印机向导-5

如果能在左右列表中找到对应厂家和型号，则直接选中然后点击“下一步”；如果没有则需要提供驱动程序位置的路径，选择“从磁盘安装”，然后在弹出的对话框中选择你驱动程序所在位置的路径，比如软驱，光盘等，找到正确位置后点击“打开”（如果提供位置不正确，点击打开后将没有相应，暗示重新选择），系统将开始安装，然后系统提示你给正在安装的打印机起个名字，并询问是否做为默认打印机（即发出打印命令后，进行相应的那一台），如图 6-2-10 所示。

选择后点击“下一步”。然后出现如图 6-2-11 窗口，询问是否打印测试页，一般新装的打印机都要测试。

图 6-2-11　添加打印机向导-6

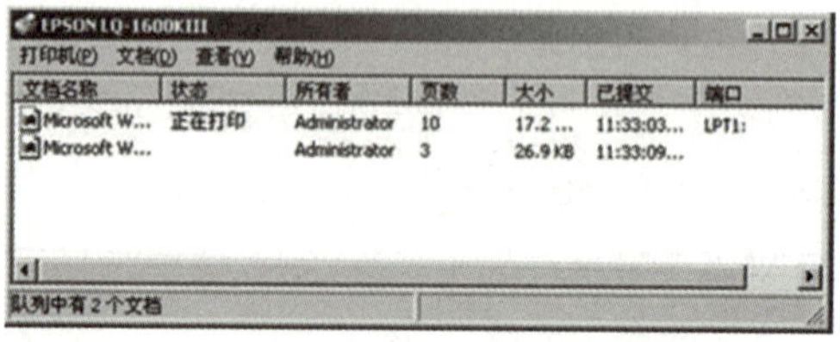

图 6-2-12　打印机管理

选择后点击“下一步”，最后点击“确定”，完成整个安装过程。

3. 安装网络打印机

在接有打印机的服务器或工作站上设置本地打印机，本地打印机的安装和上面介绍的本地打印机的安装步骤相同。连接共享打印机（在其他没有连接打印机的计算机上完成），通过“添加打印机向导”连接到共享的网络打印机：

（1）选择“开始”→“设置”→“打印机”，弹出“打印机”对话框。

（2）双击“添加打印机”图标，出现“添加打印机向导”对话框，单击“下一步”，出现“本地或网络打印机”对话框，选择“网络打印机”，单击“下一步”。

（3） 出现“查找打印机”对话框，选择“键入打印机名，或者单击“下一步”，浏览打印机，输入共享打印机的路径和名称，单击“下一步”。

（4） 弹出“默认打印机”对话框中，选择“是”，根据向导完成安装。添加完的共享网络打印机在“打印机”对话框中显示一个共享打印机的图标。

网络打印测试：在局域网的任一台客户机上使用网络打印机，打印一个 Word 文档。如果能够正常打印，表示网络打印机设置正确。

网络打印管理：查看网络打印机的打印状态，进行暂停、取消等管理。方法：双击“打印机”窗口中的“网络打印机图标”。

五、总结提高

通过本节的学习，读者了解了打印设备的种类，并对它们进行管理，能应用基本的操作方法。在本节中讲到了网络打印机的添加方法，默认情况下，服务器打印机是不开启共享状态的。要想将其显示出来，需要对其进行共享设置。

任务三 安装扫描仪

一、任务描述

扫描仪属于计算机辅助设计（CAD）中的输入系统，通过计算机软件和计算机，输出设备（激光打印机、激光绘图机）接口，组成丝网印前计算机处理系统，而适用于办公自动化（OA），广泛应用在标牌面板、印制板、印刷行业等。熟练掌握扫描仪的使用方法能够提供办公效率。

二、任务分析

学会使用扫描仪并能初步应用，掌握它的连接方法，学会驱动程序的安装。

三、相关知识点

1. 主要性能指标

（1） 分辨率

分辨率是扫描仪最主要的技术指标，它表示扫描仪对图像细节上的表现能力，即决定了扫描仪所记录图像的细致度，其单位为 PPI（Pixels Per Inch）。通常用每英寸长度上扫描图像所含有像素点的个数来表示。大多数扫描的分辨率在 300～2400PPI 之间。PPI 数值越大，扫描的分辨率越高，扫描图像的品质越高，但这是有限度的。当分辨率大于某一特定值时，只会使图像文件增大而不易处理，并不能对图像质量产生显著的改善。对于丝网印刷应用而言，扫描到 600PPI 就已经足够了。

扫描分辨率一般有两种：真实分辨率（又称光学分辨率）和插值分辨率。

光学分辨率就是扫描仪的实际分辨率，它决定了图像的清晰度和锐利度的关键性能指标。

插值分辨率则是通过软件运算的方式来提高分辨率的数值，即用插值的方法将采样点周围遗失的信息填充进去，因此也被称作软件增强的分辨率。例如扫描仪的光学分辨率为300PPI，则可以通过软件插值运算法将图像提高到600PPI，插值分辨率所获得的细部资料要少些。尽管插值分辨率不如真实分辨率，但它却能大大降低扫描仪的价格，且对一些特定的工作例如扫描黑白图像或放大较小的原稿时十分有用。

（2） 灰度级

灰度级表示图像的亮度层次范围。级数越多扫描仪图像亮度范围越大、层次越丰富，多数扫描仪的灰度为 256 级。256 级灰阶中以真实呈现出比肉眼所能辨识出来的层次还多的灰阶层次。

（3） 色彩数

色彩数表示彩色扫描仪所能产生颜色的范围。通常用表示每个像素点颜色的数据闫数即比特位（bit）表示。所谓 bit 这是计算机最小的存贮单位，以 0 或 1 来表示比特位的值，越多的比特位数可以表现越复杂的图像资讯。例如常说的真彩色图像指的是每个像素点由三个 8 比特位的彩色通道所组成即 24 位二进制数表示，红绿蓝通道结合可以产生 2^24=16.67M（兆）种颜色的组合，色彩数越多扫描图像越鲜艳真实。

（4） 扫描速度

扫描速度有多种表示方法，因为扫描速度与分辨率，内存容量，软盘存取速度以及显示时间，图像大小有关，通常用指定的分辨率和图像尺寸下的扫描时间来表示。

2. 扫描仪分类

- 平台式扫描仪（图 6-3-1）

优点：扫描速度快捷，质素高。

缺点：体积大，而且限制扫描文件的面积。

- 入纸扫描仪（图 6-3-2）

优点：竖立设计，能处理各种大小文件。

缺点：较平台式慢，而价钱不如平台式扫描仪低廉。

图 6-3-1 平台扫描仪

图 6-3-2 入纸扫描仪

- 名片扫描仪（图 6-3-3）

优点：方便携带，而且可直接接上手提电脑等器材。

缺点：限制用途，价钱并不划算。

- 手提扫描仪（图 6-3-4）

优点：方便。

缺点：每次只能处理数行文字或部份图片，而且只限黑白色。

图 6-3-3 名片扫描仪

图 6-3-4 手提扫描仪

四、任务实施

1. 连接硬件

确认扫描仪的硬件连接是否完成，检查扫描仪的电源连接是否安全，是否在允许电压范围内。待一切确认正常，将扫描仪电源打开。

2. 安装驱动

待扫描仪电源指示灯处于常亮状态后，启动计算机电源。进入操作系统后，取出扫描仪随机附带的驱动程序安装光盘（通常此光盘有明显的说明标记），将光盘放入光盘驱动器中（一定要保证光盘驱动器正常）。

通常此类光盘都属于自启动光盘，即插入光驱后，自动可以运行。如果没有自启动功能，可以直接单击装有光盘的光盘驱动器图标，进入光盘目录列表，从中单击标有“Setup. exe”的可执行程序图标。也可以将鼠标移至任务栏的“开始”按钮上，单击，选择“运行”选项，在弹出的“运行”对话框中输入“Setup”，然后单击“确定”按钮同样可以启动驱动安装程序。

启动安装程序后即可按照其指导步骤进行安装，方法大同小异，在此不再赘述。

3. 使用扫描相关软件

最后还需要安装专用的扫描仪软件，每款扫描仪都会自带一张光盘，盘内装有三至五种扫描专用软件，其中包括图像扫描、处理及文字识别等软件，可根据需要进行安装。此外还应安装一些非常著名的图像处理软件，例如 Adobe 公司的 Photoshop 等。

扫描仪安装完成后，要检验一下扫描仪的扫描质量。分别对文本、图片进行扫描，看一下清晰度和色彩。扫描仪分辨率设置得越高，扫描质量越好，但文件也越大，所以要根据实际需要进行选择。

扫描仪种类很多，安装方法大体相同，但使用方法有所不同。例如，使用成册扫描仪时，要将待扫描的书放在扫描仪的架子上，像看书一样，一页一页地翻，就可以完成扫描。成册扫描仪在图书馆、档案馆中使用特别方便。

在条件允许的情况下，安装和使用不同类型的扫描仪，以提高扫描仪应用水平。

任务四 路由器与网络配置

一、任务描述

随着计算机的发展和网络的普及，路由器的应用越来越广泛，特别是小型的家庭路由器。掌握家庭小型路由器的配置来组建小型家庭网络将越来越普遍。能针对不同的计算机配置不同的上网策略。有效限制您的家庭对不安全、不健康网站的访问，并管理家中电脑上网的时间范围。

二、任务分析

要进行家庭路由器的配置，首先要了解路由器的概念和作用，了解一些计算机网络基本知识。

三、相关知识点

1. 路由器作用

路由器的一个作用是连通不同的网络，另一个作用是选择信息传送的线路。选择通畅快捷的近路，能大大提高通信速度，减轻网络系统通信负荷，节约网络系统资源，提高网络系统畅通率，从而让网络系统发挥出更大的效益来。路由器的主要工作就是为经过路由器的每个数据帧寻找一条最佳传输路径，并将该数据有效地传送到目的站点。由此可见，选择最佳路径的策略即路由算法是路由器的关键所在。为了完成这项工作，在路由器中保存着各种传输路径的相关数据——路径表（Routing Table），供路由选择时使用。路径表中保存着子网的标志信息、网上路由器的个数和下一个路由器的名字等内容。路径表可以是由系统管理员固定设置好的，也可以由系统动态修改，可以由路由器自动调整，也可以由主机控制。

（1） 静态路径表

由系统管理员事先设置好固定的路径表称之为静态（static）路径表，一般是在系统安装时就根据网络的配置情况预先设定的，它不会随未来网络结构的改变而改变。

（2） 动态路径表

动态（Dynamic）路径表是路由器根据网络系统的运行情况而自动调整的路径表。路由器根据路由选择协议（Routing Protocol）提供的功能，自动学习和记忆网络运行情况，在需要时自动计算数据传输的最佳路径。

2. 路由器主要特点

共享 Internet 网络：兼容各种宽带接入商提供的接入方式，通过连接以太网、xDSL 或者 Cable Modem。

使用方便，管理简单：全中文的配置环境，通过 Web 界面设置和管理。提供快速设置、设置向导功能，只需要简单操作，即可设置完成家庭多台电脑同时上网。

灵活的上网控制：能针对不同的计算机配置不同的上网策略。支持网站地址过滤功能，有效限制您的家庭对不安全、不健康网站的访问，并管理家中电脑上网的时间范围。

拥有各种网络应用：支持 UPnP、DHCP 服务端、DNS、DDNS（动态域名解析）、NTP（网络时间）等功能，完善地支持各种语音、视频聊天，各种网络游戏等 Internet 的网络应用。支持 IPSec、L2TP、PPTP 等传统 VPN 业务的透传，使家庭办公也能够安全可靠。

保护家庭网络安全：可避免家里的计算机直接暴露在 Internet 网络中。提供主流的防黑客攻击保护，能够抵御各种黑客攻击和常见病毒入侵，使家庭上网更加安全。

四、任务实施

1. 本地链接的设置

（1） 用右键单击“网上邻居”，选择“属性”选项，在弹出的窗口中双击打开“本地连接”图标，在新窗口中单击“属性”按钮，选中“Internet 协议（TCP/IP）”选项，单击“属性”按钮。

（2） 在弹出的窗口中，选择“使用下面的 IP 地址”，在“IP 地址”后面的文本框输入 192.168.1.X（X 范围 2-254）；“子网掩码”后面输入 255.255.255.0；“默认网关”后面则输入：192.168.1.1。填完以后单击“确定”按钮。

（3） 或者对（2）步中 IP、DNS 处均选择自动获得。

2. 路由器的设置

通过上面的方法我们已经把计算机和路由器成功地连接在了一起，接下来我们就可以通过路由器的管理界面开始对路由器进行设置了。那么如何进入路由器的主管理界面呢？

（1） 打开 IE 浏览器，在“地址栏”输入 192. 168.1.1 并按 Enter 键后，会弹出一个要求输入用户名和密码的对话框。按路由器的说明书输入用户名和密码：如 admin、admin。

（2） 单击“确定”按钮后，进入路由器的主管理界面。在路由器的主管理界面左侧的菜单列，是一系列的管理选项，通过这些选项就可以对路由器的运行情况进行管理控制了。

在本例中，TL-R410 路由器的出厂默认设置信息为：“IP 地址：192.168.1.X；子网掩码：255.255.255.0；用户名和密码：admin、admin”。

（3） 进入路由器管理界面

第一次进入路由器管理界面（也可以在路由器主管理界面点击左边菜单中的“设置向导”选项），会弹出一个“设置向导”界面，单击“下一步”按钮。

（4） WAN 口设置

在弹出的“WAN 口设置”界面中，选择“PPPOE”选项，在“上网账号”和“上网口令”对话框中分别输入对应的用户名和密码。由于 ADSL 可以自动分配 IP 地址、DNS 服务器，所以这两项都不填写。直接在对应链接模式中，选择“自动连接”项，这样一开机就可以连入网络，大大增加了办公效率。

（5） 设置路由器的 DHCP 功能

DHCP 是路由器的一个特殊功能，使用 DHCP 我们可以避免因手工设置 IP 地址及子网掩码所产生的错误，同时也避免了把一个 IP 地址分配给多台工作站所造成的地址冲突。使用 DHCP 不但能大大缩短配置或重新配置网络中工作站所花费的时间，而且通过对 DHCP 服务器的设置还能灵活的设置地址的租期。

单击界面左侧的“DHCP 服务器”选项，在弹出的“DHCP 设置”窗口中，单击“启用”按钮。而“地址池开始地址”和“地址池结束地址”选项分别为 192.168.1.X 和 192.168.1.Y（X〈Y，要注意 X 不能是 0、1，Y 不能是 255），在此我们可以任意输入 IP 地址的第 4 地址段。设置完毕后单击“保存”按钮。

在进行了以上设置后，只要打开局域网中的任何一台电脑，启动 IE 浏览器，都可以共享资源、上网冲浪了。

五、总结提高

通过本节的学习，读者可以进行路由器的配置，并对它们进行管理，能应用基本的操作方法。

在本节中讲到了 DHCP 选项，默认情况下，被隐 DHCP 是启用的。将 DHCP 设置成禁用状态，并且 WAN 接口不连接线缆，路由器可以等同于普通交换机使用。

练习题六

一、问答题

1. 常见的打印机有哪几类？
2. 请列举 3 种主流的打印机。
3. 扫描仪有哪些种类？主要性能指标有哪些？
4. 声卡有哪些种类？并请列举声卡常见的接口。
5. 请简单介绍信箱的分类。

二、操作题

1. 将打印机连接到本地电脑，并编辑 Word 文档，将 Word 文档的内容打印出来。
2. 将音箱连接到电脑，并播放音乐。

参 考 文 献

[1] 陈云志．计算机组装与维护[M]．杭州：浙江大学出版社，2009.8
[2] 张浩．计算机安装与维护案例教程[M]．北京：北京大学出版社，2010.8
[3] 胡钢，邹成俊．计算机组装与维护[M]．青岛：中国海洋大学出版社，2011.9
[4] 曹建国．计算机组装与维护[M]．北京：清华大学出版社，2012.01
[5] 中关村在线[M]．http://www.zol.com.cn/
[6] 太平洋电脑网[M]．http://www.pconline.com.cn/
[7] 微软中国[M]．http://www.microsoft.com/zh-cn/default.aspx
[8] 华军软件园[M]．http://www.onlinedown.net/
[9] 百度百科[M]．http://baike.baidu.com/
[10] 维基百科[M]．http://zh.wikipedia.org/

反侵权盗版声明